Gruber I Neumann

Erfolg im Mathe-Abi 2022

Übungsbuch Prüfungsaufgaben
Teil1: hilfsmittelfreier Prüfungsteil
Grundkurs Hessen

mit Tipps und Lösungen

Helmut Gruber, geb. 1968, studierte Mathematik und Physik in Konstanz und Freiburg und ist seit 1995 Mathematiklehrer in der Oberstufe.

Robert Neumann, geb. 1970, studierte Mathematik und Physik in Freiburg und unterrichtet Mathematik in der Oberstufe seit 1999.

Printed in EU
www.freiburger-verlag.de

Gruber | Neumann

Erfolg im Mathe-Abi 2022

Prüfungsaufgaben
Teil 1: hilfsmittelfreier Prüfungsteil
Grundkurs Hessen

mit Tipps und Lösungen

Freiburger Verlag

Inhaltsverzeichnis

Analysis

Vorwort

Erfolg von Anfang an

...ist das Geheimnis eines guten Abiturs. Das vorliegende Übungsbuch ist speziell auf die grundlegenden Anforderungen des hilfsmittelfreien Teils (HMF) des Mathematik-Abiturs im Grundkurs in Hessen abgestimmt. Es umfasst die Bereiche Analysis, Geometrie und Stochastik sowie Abitur-Musteraufgaben und Original-Prüfungsaufgaben.

Der hilfsmittelfreie Teil besteht aus mehreren kleinen Aufgaben, die ohne Taschenrechner und ohne Formelsammlung zu lösen sind. Genau hierfür wurde das vorliegende Buch konzipiert: Es fördert das Grundwissen und die Grundkompetenzen in Mathematik, vom einfachen Rechnen und Formelanwenden bis hin zum Verstehen von gedanklichen Zusammenhängen. Das Übungsbuch ist eine Hilfe zum Selbstlernen (learning by doing) und bietet die Möglichkeit, sich intensiv auf die Prüfung vorzubereiten und gezielt Themen zu vertiefen. Hat man Erfolg bei den grundlegenden Aufgaben, machen Mathematik und das Lernen mehr Spaß.

Der blaue Tippteil

Hat man keine Idee, wie man eine Aufgabe angehen soll, hilft der blaue Tippteil zwischen Aufgaben und Lösungen weiter: Zu jeder Aufgabe gibt es dort Tipps, die helfen, einen Ansatz zu finden, ohne die Lösung vorwegzunehmen.

Die Kontrollkästchen ☐

Damit Sie immer den Überblick behalten können, welche Aufgaben Sie schon bearbeitet haben, befindet sich neben jedem Aufgabentitel ein Kontrollkästchen zum Abhaken.

Erklärvideos

Im Internet finden Sie unter **frv.tv/hessen** viele Videos, in denen die grundlegenden Themen an einfachen Beispielen erklärt werden. Die entsprechenden Stellen sind im Buch mit einem Kamerasymbol gekennzeichnet.

Wie arbeiten Sie mit diesem Buch?

Am Anfang jedes Kapitels finden Sie eine kurze Übersicht über die jeweiligen Themen. Die einzelnen Kapitel bauen zwar aufeinander auf, doch ist es nicht zwingend notwendig, das Buch der Reihe nach durchzuarbeiten. Die Aufgaben sind in der Regel in ihrer Schwierigkeit gestaffelt. Von fast jeder Aufgabe gibt es mehrere Variationen zum Vertiefen.
Im Lösungsteil mit ausführlichen verständlichen Lösungswegen finden Sie die notwendigen Formeln, Rechenverfahren und Denkschritte sowie alternative Lösungswege.

Im Anhang ab Seite 179 befinden sich die Muster- und Abituraufgaben mit Tipps und Lösungen.

Der Ablauf der Abiturprüfung

Die Abiturprüfung besteht aus zwei Teilen:

Prüfungsteil 1, Hilfsmittelfreier Prüfungsteil (Erlaubte Hilfsmittel: Ein Wörterbuch der deutschen Rechtschreibung und eine Liste der fachspezifischen Operatoren)

Prüfungsteil 2, Aufgaben differenziert nach Rechnertechnologie (Erlaubte Hilfsmittel: Ein Wörterbuch der deutschen Rechtschreibung, ein wissenschaftlich-technischer Taschenrechner oder ein CAS, eine gedruckte Formelsammlung eines Schulbuchverlags sowie eine Liste der fachspezifischen Operatoren)

Die Schülerin/ der Schüler wählt vor der Prüfung aus den zur Verfügung gestellten Aufgaben der Bereiche B und C jeweils eine Aufgabe aus:

Prüfungsteil 1 (45 Minuten)

Analysis Lineare Algebra/ Analytische Geometrie Stochastik

A (HMF)

Prüfungsteil 2 (3,5 Stunden)

Analysis
B 1

oder

Analysis
B 2

Lineare Algebra
Analytische Geometrie
C 1

oder

Stochastik
C 2

Die Abiturprüfung besteht also aus drei Teilaufgaben: Dem hilfsmittelfreien Teil, einer Analysisaufgabe B1 oder B2 und einer Aufgabe der Analytischen Geometrie C1 oder einer Stochastikaufgabe C2. Die gesamte Prüfungszeit beträgt 255 Minuten, d.h. 4 Stunden und 15 Minuten.

Allen SchülerInnen, die sich auf das Abitur vorbereiten, wünschen wir viel Erfolg.

Helmut Gruber, Robert Neumann

Analysis

1 Ableiten □

Tipps ab Seite 65, Lösungen ab Seite 89

Name	$f(x)$	$f'(x)$	Bemerkungen
Potenzregel	$a \cdot x^n$	$n \cdot a \cdot x^{n-1}$	Die Potenzregel gilt auch für negative und gebrochene Exponenten
Kettenregel	$u(v(x))$	$u'(v(x)) \cdot v'(x)$	«äußere Ableitung mal innere Ableitung»
Produktregel	$u(x) \cdot v(x)$	$u'(x) \cdot v(x) + u(x) \cdot v'(x)$	«u-Strich mal v plus u mal v-Strich»
e-Funktion	e^x	e^x	Die Ableitung ist gleich der Funktion
Sinusfunktion	$\sin(x)$	$\cos(x)$	
Kosinusfunktion	$\cos(x)$	$-\sin(x)$	

1.1 Ganzrationale Funktionen □

Leiten Sie alle angegebenen Funktionen einmal ab:

a) $f(x) = 4x^5 - 2x^3$ b) $f(x) = 2x^3 - 6x^2$ c) $f(x) = x^4 - 3x^2 + 4$

d) $f(x) = (4x+1)^3$ e) $f(x) = 5 \cdot \left(2x^2+1\right)^4$ f) $f(x) = x^3 \cdot (3x+2)$

g) $f(x) = x^3 \cdot (2x+1)^4$ h) $f_a(x) = ax^3 - 3ax^2$ i) $f_t(x) = t^2x^2 - 4tx + t^2$

1.2 Exponentialfunktionen □

Leiten Sie alle angegebenen Funktionen einmal ab:

a) $f(x) = 3x^2 \cdot e^{-4x}$ b) $f(x) = \frac{1}{2}x^3 \cdot e^{2x}$ c) $f(x) = (2x+5) \cdot e^{-x}$

d) $f(x) = (3x^2 - 4) \cdot e^{-2x}$ e) $f(x) = (4x + e^{-x})^2$ f) $f(x) = (e^x + e^{-x})^3$

1.3 Trigonometrische Funktionen □

Leiten Sie alle angegebenen Funktionen einmal ab:

a) $f(x) = \frac{1}{6} \cdot \sin\left(3x^2\right)$ b) $f(x) = \frac{1}{2} \cdot \cos\left(2x^3\right)$ c) $f(x) = 2x \cdot \cos\left(\frac{1}{2}x^2 + 4\right)$

d) $f(x) = x^2 \cdot \sin(4x+3)$ e) $f(x) = x^2 \cdot \cos\left(\frac{1}{2}x - 1\right)$ f) $f(x) = (x + \cos(x))^3$

2 Stammfunktionen und Integrale □

Tipps ab Seite 65, Lösungen ab Seite 91

Für eine Stammfunktion F einer Funktion f gilt: $F'(x) = f(x)$.
Das Bilden einer Stammfunktion kann man daher als die Umkehrung des Ableitens bezeichnen. Die Stammfunktion ist nur bis auf die Konstante c bestimmt, da diese beim Ableiten wieder wegfällt. Folgende Stammfunktionen werden häufig benötigt:

$f(x)$	$F(x)$	$f(x)$	$F(x)$
$x^n;\ n \neq -1$	$\frac{1}{n+1} \cdot x^{n+1} + c$	$a \cdot x^n;\ n \neq -1$	$\frac{1}{n+1} \cdot a \cdot x^{n+1} + c$
e^x	$e^x + c$	$a \cdot e^{k \cdot x + b}$	$\frac{a}{k} \cdot e^{k \cdot x + b} + c$
$\sin(x)$	$-\cos(x) + c$	$a \cdot \sin(b \cdot x)$	$-\frac{a}{b} \cdot \cos(b \cdot x) + c$
$\cos(x)$	$\sin(x) + c$	$a \cdot \cos(b \cdot x)$	$\frac{a}{b} \cdot \sin(b \cdot x) + c$

2.1 Stammfunktionen □

Geben Sie je eine Stammfunktion für alle folgenden Funktionen an.

2.1.1 Potenzfunktionen mit natürlichen Exponenten □

a) $f(x) = 2x^3 - \frac{4}{3}x^2 + 2$

b) $f(x) = 10x^4 + 2x^3 - x$

c) $f(x) = 3x^3 - 4x$

d) $f_a(x) = 4ax^3 - 3ax^2$

e) $f_t(x) = 2tx^2 - t^2x + 1$

2.1.2 Exponentialfunktionen □

a) $f(x) = 3e^{2x}$

b) $f(x) = 4e^{-x}$

c) $f(x) = 3 \cdot e^{-3x} + x^3$

d) $f(x) = 6 \cdot e^{3x+2}$

e) $f(x) = 2\left(x^2 - 6e^{3x}\right)$

f) $f(x) = 2 \cdot e^{-2x} + \frac{1}{x^2}$

2.1.3 Trigonometrische Funktionen □

a) $f(x) = 3 \cdot \cos(2x+1)$

b) $f(x) = 4 \cdot \sin(-3x+2)$

c) $f(x) = \frac{2}{3} \cdot \cos(\pi x)$

d) $f(x) = 4 \cdot \cos(4x+4)$

e) $f(x) = 3 \cdot \sin(3x-9)$

2.2 Integrale

Berechnen Sie folgende Integrale:

a) $\int_0^{\frac{\pi}{2}} (4 \cdot \sin(2x))\,dx$ b) $\int_{-1}^{0} (1+e^{-x})\,dx$ c) $\int_1^2 \left(1+\frac{3}{x^2}\right) dx$

d) $\int_0^1 \left(2x^3+1\right) dx$ e) $\int_1^3 \left(6x^2+2x\right) dx$ f) $\int_0^2 \left(2x-2e^{-2x}\right) dx$

2.3 Integralgleichungen

a) Bestimmen Sie $u > 0$ so, dass gilt: $\int_0^u \frac{1}{2}x^2 dx = \frac{9}{2}$.

b) Bestimmen Sie $u > 0$ so, dass gilt: $\int_1^u x^4 dx = \frac{31}{5}$.

c) Bestimmen Sie $u > 0$ so, dass gilt: $\int_0^u 2e^x dx = 1$.

2.4 Flächeninhalt zwischen zwei Kurven

Um den Flächeninhalt zwischen zwei Kurven zu bestimmen, berechnet man das Integral der Differenz der Funktionen über dem Intervall der beiden Schnittstellen. Dabei gilt «obere Kurve minus untere Kurve»:

$$A = \int_{x_1}^{x_2} \left(f(x) - g(x)\right) dx$$

Sind die Schnittstellen x_1 und x_2 nicht bekannt, müssen diese zuerst bestimmt werden.

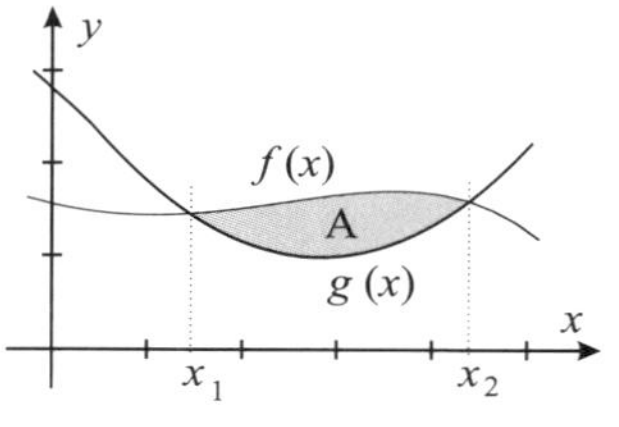

Berechnen Sie jeweils den Flächeninhalt zwischen den zwei Kurven:

a) $f(x) = x+1$, $g(x) = x^2+1$

b) $f(x) = 4-x^2$, $g(x) = x^2-4$

c) $f(x) = 2 \cdot \sin(x)$, $g(x) = -\sin(x) x \in [0;\ \pi]$

Tipp: Machen Sie sich eine Skizze der beiden Graphen.

d) Gegeben sind die Gerade g mit der Gleichung $y = 2$ und die Funktion f mit $f(x) = \frac{1}{2}x^2$.
Berechnen Sie den Flächeninhalt der schraffierten Fläche.

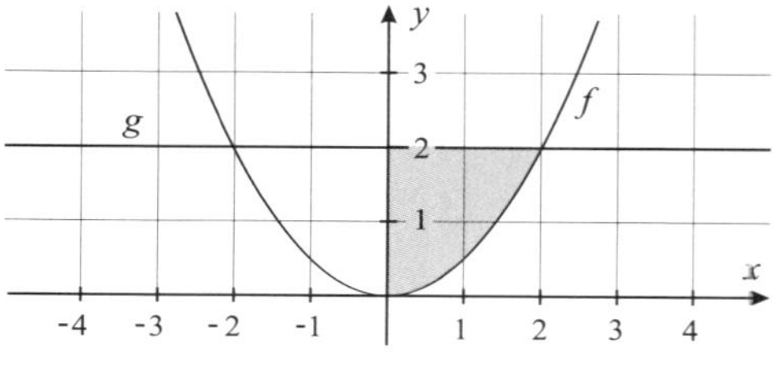

e) Gegeben sind die Gerade g mit der Gleichung $y = 3$ und die Funktion f mit $f(x) = x^2 - 1$.
Berechnen Sie den Flächeninhalt der schraffierten Fläche.

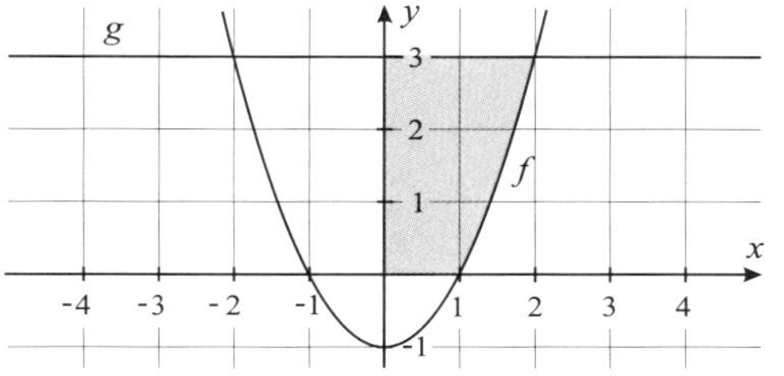

3 Gleichungen

Tipps ab Seite 67, Lösungen ab Seite 96

3.1 Potenzgleichungen

Bei Gleichungen, in denen x als Quadrat oder höhere Potenz vorliegt, sollten Sie zuerst versuchen, x auszuklammern. Geht das nicht, z.B. weil ein absolutes Glied vorliegt, so hilft entweder die *pq-Formel* oder die *abc-Formel* (Mitternachtsformel) weiter. Sie sollten eine dieser beiden Formeln auswendig können.
Oft hilft der Satz vom *Nullprodukt*: «Ein Produkt ist genau dann gleich Null, wenn (mindestens) einer der Faktoren gleich Null ist.» Hierzu setzt man die einzelnen Faktoren gleich Null.

Beispiel:

Gesucht sind die Lösungen der Gleichung $x^3 - 5x^2 + 4x = 0$
Zuerst wird ausgeklammert: $x\left(x^2 - 5x + 4\right) = 0$. Also ist entweder $x_1 = 0$ oder $x^2 - 5x + 4 = 0$. Die Gleichung lässt sich mit der pq- bzw. der abc-Formel lösen. Man erhält $x_2 = 1$ und $x_3 = 4$. Die Lösungen der Ausgangsgleichung sind damit $x_1 = 0$, $x_2 = 1$ und $x_3 = 4$.

Aufgaben:
Lösen Sie folgende Gleichungen:

a) $x^2 + 3x - 4 = 0$
b) $x^2 + \frac{2}{5}x - \frac{3}{5} = 0$
c) $(x-1) \cdot (x-4)^2 = 0$
d) $x^2 \cdot (3x - 6) = 0$
e) $x^3 - 4x = 0$
f) $2x^4 - 3x^3 = 0$
g) $x^4 - 3x^3 + 2x^2 = 0$
h) $x^3 - 5x^2 + 6x = 0$
i) $x^4 - 4x^2 + 3 = 0$
j) $2x^4 - 5x^2 + 2 = 0$
k) $2x^3 - 5 = 15$
l) $3x^4 + 8 = 29$

3.2 Potenzgleichungen mit Parameter

Beim Lösen von Gleichungen mit Parameter geht man genauso vor wie beim Lösen von Potenzgleichungen. Dabei ist zu beachten, dass Lösungen nur existieren, wenn nicht durch Null geteilt wird und unter der Wurzel keine negative Zahl steht. Die Anzahl der Lösungen hängt also vom Parameter ab.

Beispiel:

Bestimmen Sie die Anzahl der Lösungen der Gleichung $\frac{1}{2}x^2 - 6x + 2a = 0$ in Abhängigkeit des Parameters a.

Zuerst wird die gegebene Gleichung mit Hilfe der abc-Formel gelöst:

$$x_{1,2} = \frac{-(-6) \pm \sqrt{(-6)^2 - 4 \cdot \frac{1}{2} \cdot 2a}}{2 \cdot \frac{1}{2}} = \frac{6 \pm \sqrt{36 - 4a}}{1}$$

Die Anzahl der Lösungen erhält man durch folgende Überlegungen:
Ist der Term unter der Wurzel negativ, gibt es keine Lösung, ist er Null, gibt es eine Lösung, ist er positiv, gibt es zwei Lösungen. Dies führt zu folgenden Fallunterscheidungen:
Keine Lösung für $36 - 4a < 0$ bzw. $9 < a$.
Eine Lösung für $36 - 4a = 0$ bzw. $a = 9$.
Zwei Lösungen für $36 - 4a > 0$ bzw. $9 > a$.

Aufgaben:

Bestimmen Sie die Anzahl der Lösungen in Abhängigkeit vom Parameter:

a) $x^2 + 4x + 2t = 0$ b) $3x^2 - 4x = 2a$ c) $x^2 - 3tx + \frac{9}{4} = 0$

d) $9x^2 - 3ux + 1 = 0$ e) $ax - 2x = 5$ f) $tx = 3x + 4$

3.3 Exponentialgleichungen

Beim Lösen von Exponentialgleichungen gelten die gleichen Regeln, die oben schon erwähnt wurden. Zusätzlich ist zu beachten:

- Der Satz vom Nullprodukt hilft oft weiter, beachten Sie, dass $e^x \neq 0$ ist.
- Es gilt $e^{2x} = (e^x)^2$, sowie $e^0 = 1$ und $\ln(1) = 0$.
- Um eine Exponentialgleichung nach x aufzulösen, wird die Gleichung auf beiden Seiten «logarithmiert», da $\ln(e^z) = z$ ist. Beispiel:

$$\begin{aligned} e^{2x} &= 3 \mid \ln \\ \ln\left(e^{2x}\right) &= \ln(3) \\ 2x &= \ln(3) \\ x &= \frac{\ln(3)}{2} \end{aligned}$$

Lösen Sie folgende Gleichungen:

a) $\left(x^2 - 4\right) \cdot e^{0,5x} = 0$ b) $e^{3x} - 3e^x = 0$ c) $e^{5x} = 4e^{2x}$

d) $(2x + 4) \cdot \left(e^{2x} - 4\right) = 0$ e) $\left(2x^2 - 2\right) \cdot \left(e^{-x} - 2\right) = 0$ f) $e^{2x} - 6e^x + 5 = 0$

g) $e^{4x} - 5e^{2x} + 6 = 0$

3.4 Trigonometrische Gleichungen □

Bei trigonometrischen Gleichungen ist das angegebene Intervall zu beachten.
In jedem Fall ist es hilfreich, sich eine Skizze der zugehörigen Sinusfunktion (bzw. Kosinusfunktion) zu machen. Steht im Argument des Sinus bzw. Kosinus mehr als nur x, geht man wie folgt vor:
Zuerst wird substituiert, dann die entsprechende Gleichung gelöst und zum Schluss wieder resubstituiert. Diese Lösungen der Gleichung müssen im angegebenen Intervall liegen. Ansonsten verwendet man den Satz vom Nullprodukt oder führt eine andere geeignete Substitution durch.

Beispiel:

Gesucht ist die Lösungsmenge der Gleichung $\sin(2x) = 1;\ x \in [0; 2\pi]$.

Die Substitution $2x = z$ führt zu $\sin(z) = 1$. Um diese Gleichung zu lösen, ist eine Skizze hilfreich:

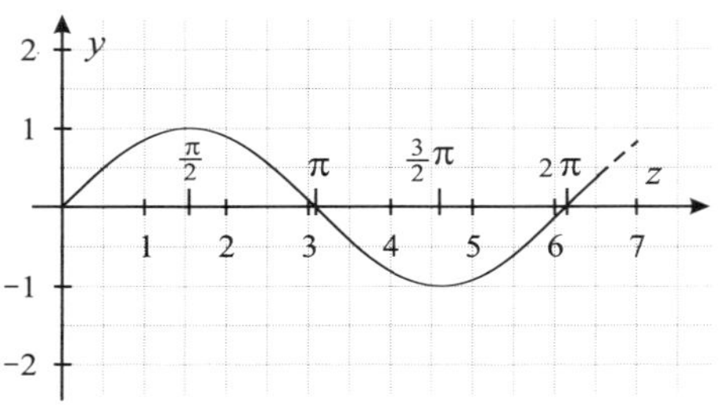

Da $\sin(z)$ die Periode 2π besitzt, sind $z_1 = \frac{\pi}{2}$, $z_2 = \frac{5}{2}\pi$, $z_3 = \frac{9}{2}\pi, \ldots$ mögliche Lösungen.
Die Resubstitution $z_1 = \frac{\pi}{2} = 2x_1$ ergibt $x_1 = \frac{\pi}{4}$, $z_2 = \frac{5}{2}\pi = 2x_2$ ergibt $x_2 = \frac{5}{4}\pi$, $z_3 = \frac{9}{2}\pi = 2x_3$ ergibt $x_3 = \frac{9}{4}\pi = 2{,}25\pi$, wobei die letzte Lösung nicht mehr im angegebenen Intervall $[0; 2\pi]$ liegt.
Als Lösungsmenge erhält man also $\mathrm{L} = \left\{ \frac{1}{4}\pi; \frac{5}{4}\pi \right\}$.

Bestimmen Sie für das angegebene Intervall jeweils die Lösungsmenge der Gleichung:

a) $\sin(3x) = 1;\ x \in [0; 2\pi]$

b) $\cos\left(x - \frac{\pi}{2}\right) = -1;\ x \in [-\pi; 2\pi]$

c) $\cos(x) \cdot (\sin(x) - 1) = 0;\ x \in [0; \pi]$

d) $\sin(x) \cdot (\sin(x) + 1) = 0;\ x \in [0; 2\pi]$

e) $\cos(x) \cdot (\cos(x) + 1) = 0;\ x \in [0; \pi]$

f) $\left(x^2 - 4\right) \cdot \sin\left(x - \frac{\pi}{2}\right) = 0;\ x \in [0; 2\pi]$

4 Funktionen und Graphen ☐

4.1 Von der Gleichung zur Kurve ☐

Tipps ab Seite 68, Lösungen ab Seite 100

In diesem Kapitel geht es um die Grundfunktionen und ihre Verschiebung, Streckung und Spiegelung. Dazu sollten Sie die Graphen der wichtigsten Grundfunktionen kennen:

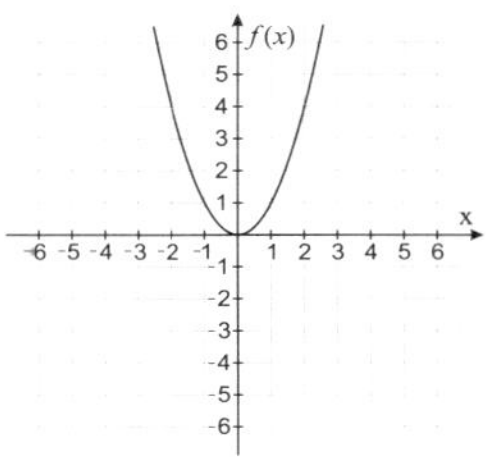

$f(x) = x^2$

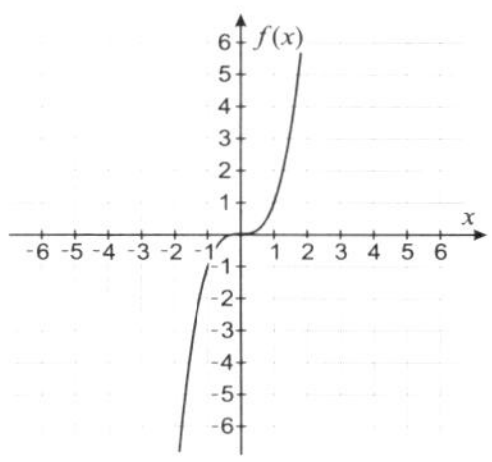

$f(x) = x^3$

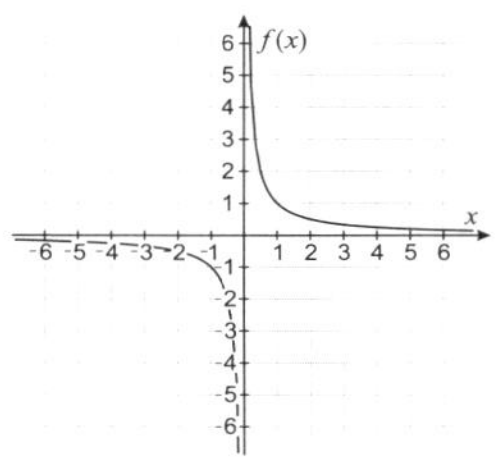

$f(x) = \frac{1}{x}$

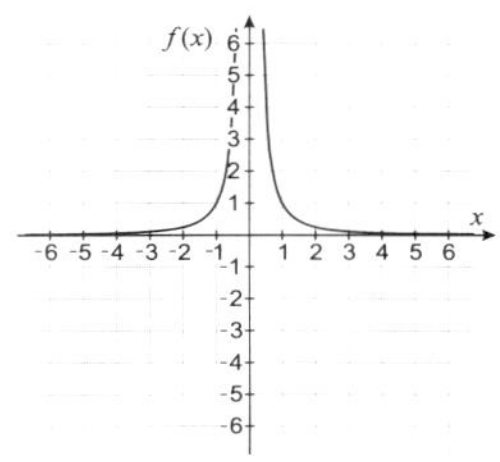

$f(x) = \frac{1}{x^2}$

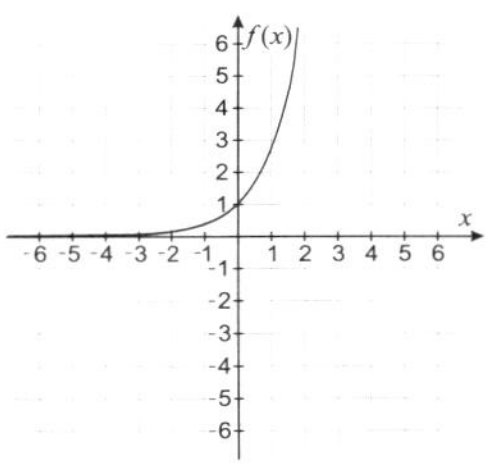

$f(x) = e^x$

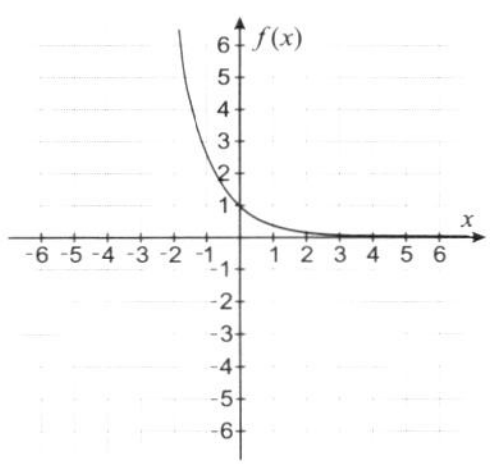

$f(x) = e^{-x}$

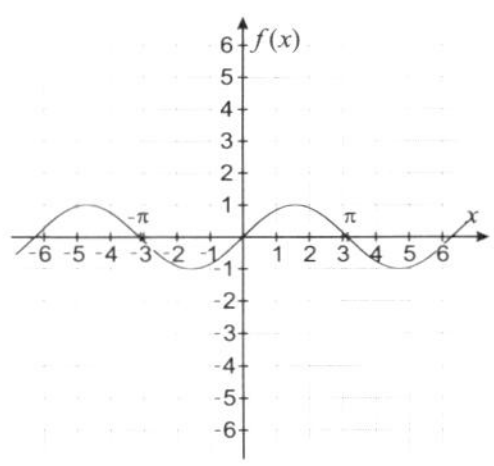

$f(x) = \sin(x)$

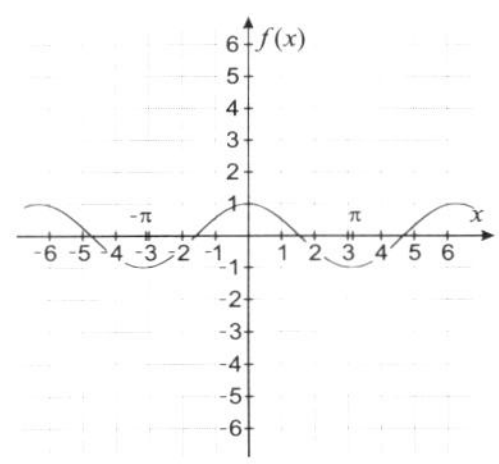

$f(x) = \cos(x)$

Diese Grundfunktionen lassen sich verschieben und strecken:

Beispiel:

Die Parabel $f(x) = x^2$

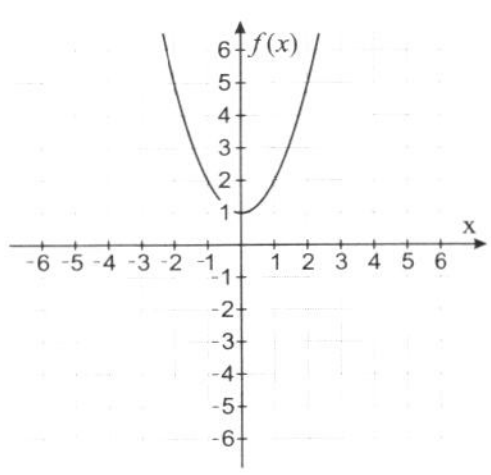

$f(x) = x^2 + 1$

Verschiebung um 1 LE in y-Richtung: das absolute Glied ist 1.

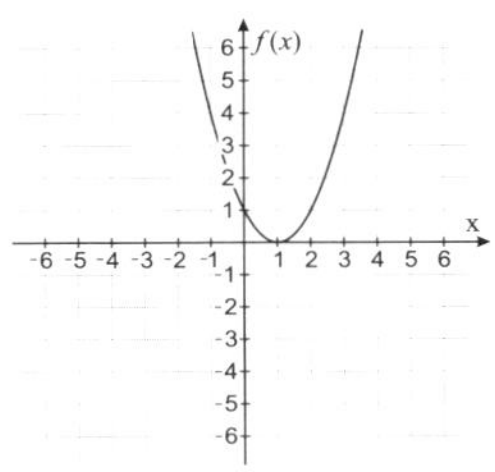

$f(x) = (x-1)^2$

Verschiebung um 1 LE in x-Richtung: x wird ersetzt durch $(x-1)$.

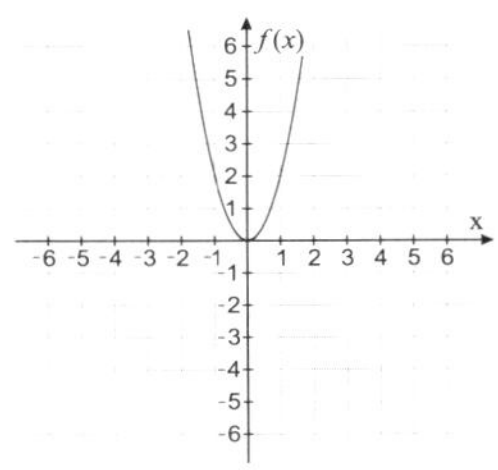

$f(x) = 2 \cdot x^2$

Streckung in y-Richtung um den Faktor 2. Die Funktionsgleichung wird mit 2 multipliziert.

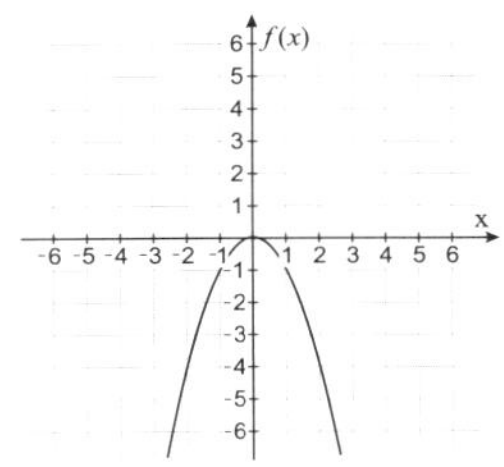

$f(x) = -x^2$

Spiegelung an der x-Achse: Die Funktionsgleichung wird mit -1 multipliziert.

Weitere Variationen:

- Spiegelung an der y-Achse: Hierzu wird x ersetzt durch $(-x)$
- Stauchen in x-Richtung: Hierzu wird x ersetzt durch $a \cdot x$. Der Graph wird bei einem Faktor, der größer als 1 ist, gestaucht, d.h. in x-Richtung «kürzer» und bei einem Faktor, der kleiner als 1 ist, gestreckt, d.h. in x-Richtung «länger».

Tipp: Skizzieren Sie zuerst dern Graph der zugehörigen Grundfunktion und anschließend schrittweise eine eventuelle Spiegelung, Streckung/Stauchung sowie die Verschiebungen in x-bzw. y-Richtung.

4.1.1 Ganzrationale Funktionen □

Skizzieren Sie die Graphen folgender Funktionen und bestimmen Sie die Schnittpunkte mit den Koordinatenachsen.

a) $f(x) = \frac{1}{2}x + 1$ b) $f(x) = -\frac{3}{4}x$ c) $f(x) = (x-1)^2 - 4$

d) $f(x) = -x^2 + 4$ e) $f(x) = -\frac{1}{2}x^2 + 4,5$ f) $f(x) = (x-1)^3 + 1$

4.1.2 Trigonometrische Funktionen □

Skizzieren Sie die Graphen folgender Funktionen und geben Sie jeweils die Periode an.

a) $f(x) = 2\sin(x)$ b) $f(x) = \frac{1}{2}\cos(x)$ c) $f(x) = \sin(2x)$

d) $f(x) = -\sin(2x) + 1$ e) $f(x) = \sin\left(\frac{1}{2}\pi(x+1)\right)$ f) $f(x) = \frac{1}{2}\sin(\frac{\pi}{4}x) + \frac{3}{2}$

4.1.3 Exponentialfunktionen □

Skizzieren Sie den Graph folgender Funktionen und bestimmen Sie jeweils die Asymptote.

a) $f(x) = e^{x-1} + 1$ b) $f(x) = -e^{x-1} + 1$ c) $f(x) = e^{-(x-1)} + 2$

4.2 Aufstellen von Funktionen mit Randbedingungen □

Tipps ab Seite 69, Lösungen ab Seite 103

In diesem Abschnitt geht es darum, eine Funktion so aufzustellen, dass sie bestimmte vorgegebene Bedingungen erfüllt («Steckbriefaufgabe»). Dazu wird die gesuchte Funktion zuerst in ihrer allgemeinen Form aufgeschrieben. Aus dieser können Sie die Anzahl der benötigten Parameter ablesen. Für jeden dieser Parameter brauchen Sie eine «Information» aus der Aufgabenstellung. Aus jeder «Information» ergibt sich eine Gleichung. Damit erhalten Sie eine Gleichungssystem, welches Sie mit dem Gaußschen Eliminationsverfahren lösen können.

Beispiel

Gesucht ist die Gleichung einer Parabel mit Tiefpunkt $(1 \mid -4)$, die durch $(0 \mid -3)$ geht.

Die allgemeine Parabelgleichung lautet: $f(x) = ax^2 + bx + c$, die Ableitung ist $f'(x) = 2ax + b$. Es sind also drei Parameter zu bestimmen. Folgende Bedingungen müssen gelten:
$f(1) = a \cdot 1^2 + b \cdot 1 + c = -4$,
$f'(1) = 2a \cdot 1 + b = 0$ (weil es sich um einen Tiefpunkt mit Steigung Null handelt) und
$f(0) = a \cdot 0^2 + b \cdot 0 + c = -3$. Daraus ergibt sich folgendes Gleichungssystem:

$$\begin{array}{lccccccc} \text{I} & a & + & b & + & c & = & -4 \\ \text{II} & 2a & + & b & & & = & 0 \\ \text{III} & & & & & c & = & -3 \end{array}$$

Aus Gleichung III liest man $c = -3$ ab. Damit erhält man:

$$\begin{array}{lccccc} \text{Ia} & a & + & b & = & -1 \\ \text{II} & 2a & + & b & = & 0 \\ \text{III} & & & c & = & -3 \end{array}$$

Subtrahiert man Gleichung Ia von Gleichung II, erhält man $a = 1$ und durch Einsetzen $b = -2$. Damit lautet die Gleichung der gesuchten Parabel $f(x) = x^2 - 2x - 3$.

Für andere Funktionenklassen (e-Funktionen, etc.) ist die Vorgehensweise analog: Immer müssen Sie zuerst die allgemeine Funktionsgleichung aufstellen, anschließend bestimmen Sie die Parameter. Zur konkreten Vorgehensweise können Sie im Tippteil nachsehen.

4.2.1 Ganzrationale Funktionen □

a) Eine Parabel geht durch $P_1(0 \mid 4)$, $P_2(1 \mid 0)$ und $P_3(2 \mid 18)$. Bestimmen Sie die Gleichung dieser Parabel.

b) Eine Parabel hat den Hochpunkt $M(1 \mid 3)$ und geht durch $Q(0 \mid 2)$. Bestimmen Sie die Gleichung der Parabel.

c) Eine zur y-Achse symmetrische Parabel hat in $P(1 \mid 6)$ die Steigung 2. Bestimmen Sie die Gleichung der Parabel.

d) Eine zur y-Achse symmetrische Parabel schneidet die x-Achse an der Stelle $x = \sqrt{3}$ und geht durch $T(0 \mid -3)$. Bestimmen Sie die Gleichung der dazugehörigen Funktion.

e) Der Graph einer ganzrationalen Funktion 3. Grades hat den Wendepunkt $W(0 \mid 0)$ und den Hochpunkt $H(2 \mid 2)$. Bestimmen Sie die Gleichung der Funktion.

f) Der Graph einer ganzrationalen Funktion 3. Grades hat im Punkt $P(0 \mid 1)$ die Steigung $m_P = -1$ und den Wendepunkt $W(-1 \mid 4)$. Bestimmen Sie die Gleichung der dazugehörigen Funktion.

g) Bestimmen Sie a und b so, dass der Graph der Funktion f mit $f(x) = ax^4 + bx^2$ den Wendepunkt $W(1 \mid -2{,}5)$ hat.

4.2.2 Exponentialfunktionen □

Bestimmen Sie jeweils die zugehörige Funktionsgleichung:

a) Der Graph der Funktion $f(x) = a \cdot e^{kx}$ geht durch die Punkte $P(0 \mid 2)$ und $Q\left(4 \mid 2e^{12}\right)$.

b) Der Graph der Funktion $f(x) = a \cdot e^{kx}$ geht durch die Punkte $A(0 \mid 3)$ und $B\left(2 \mid 3e^{8}\right)$.

c) Bei der Funktion $f(x) = a \cdot e^{kx}$ gilt: $f'(0) = 6$ und $f(0) = 3$.

d) Bei der Funktion $f(x) = a \cdot e^{kx}$ gilt: $f'(0) = 4$ und $f(0) = 2$.

e) Der Graph der Funktion $g(x) = e^x$ wird an der x-Achse gespiegelt und um 2 LE nach rechts und 3 LE nach unten verschoben.

4.2.3 Trigonometrische Funktionen □

Tipp: Eine verallgemeinerte Sinusfunktion hat die Gleichung:
$f(x) = a \cdot \sin(b \cdot (x - c)) + d$.
Eine verallgemeinerte Kosinusfunktion hat die Gleichung:
$f(x) = a \cdot \cos(b \cdot (x - c)) + d$.

a) Der Graph der Sinusfunktion g mit $g(x) = \sin(x)$ ist um 3 LE nach oben verschoben und hat die Periode $p = \pi$. Bestimmen Sie die Funktionsgleichung der modifizierten Funktion.

b) Der Graph der Sinusfunktion g mit $g(x) = \sin(x)$ ist um den Faktor 2,5 in y-Richtung gestreckt, hat die Periode $p = \frac{\pi}{2}$ und ist um 3 LE nach rechts und sowie 1,5 LE nach unten verschoben. Bestimmen Sie die Funktionsgleichung der modifizierten Funktion.

c) Der Graph der Kosinusfunktion g mit $g(x) = \cos(x)$ ist um 2 LE nach links und um 4 LE nach oben verschoben, um den Faktor 0,8 in y-Richtung gestaucht und der Abstand zwischen zwei Hochpunkten beträgt 3π LE. Bestimmen Sie die Funktionsgleichung der modifizierten Funktion.

d) Der Graph der Kosinusfunktion g mit $g(x) = \cos(x)$ ist um 1 LE nach rechts und um 2 LE nach unten verschoben, um den Faktor 1,7 in y-Richtung gestreckt und der Abstand zwischen zwei Wendepunkten beträgt $\frac{\pi}{2}$ LE. Bestimmen Sie die Funktionsgleichung der modifizierten Funktion.

4.3 Von der Kurve zur Gleichung

Tipps ab Seite 70, Lösungen ab Seite 107

Wenn der Graph einer Funktion gegeben ist und die Funktionsgleichung gesucht ist, gibt es drei Möglichkeiten, diese aufzustellen:

1. Man kann besondere Punkte und ihre Steigungen sowie Asymptoten am gegebenen Graph ablesen und mit Hilfe eines allgemeinen Ansatzes die Funktionsgleichung, analog wie im Kapitel «Aufstellen von Funktionen» beschrieben, bestimmen.
2. Sind alle Nullstellen bekannt, kann man bei ganzrationalen Funktionen den sogenannten «Linearfaktoren»-Ansatz wählen. Sind x_1, x_2, ...x_n Nullstellen, so gilt: $f(x) = a \cdot (x - x_1) \cdot (x - x_2) \cdot \ldots \cdot (x - x_n)$; den Faktor a erhält man, indem man die Koordinaten eines gegebenen Punktes in die Funktionsgleichung einsetzt.
3. Man erkennt, dass es sich um den Graph einer verschobenen, gestreckten oder gespiegelten Grundfunktion handelt.

4.3.1 Ganzrationale Funktionen

Nachfolgend sind die Graphen einiger Funktionen angegeben. Bestimmen Sie einen möglichen Funktionsterm.

a)

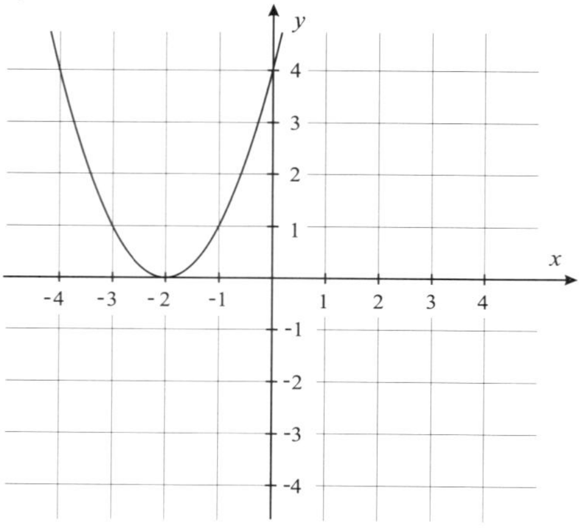

b)

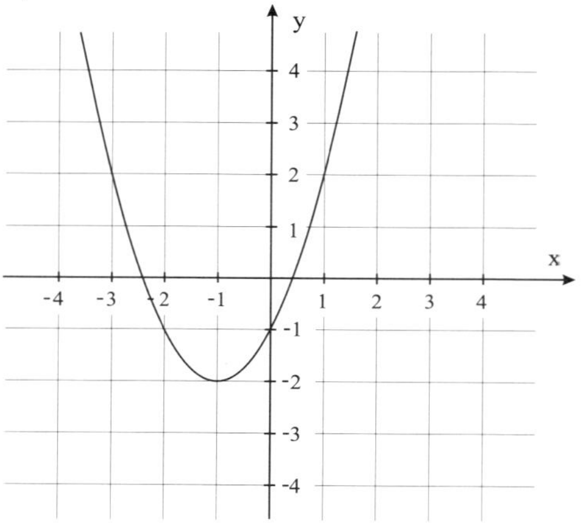

c)

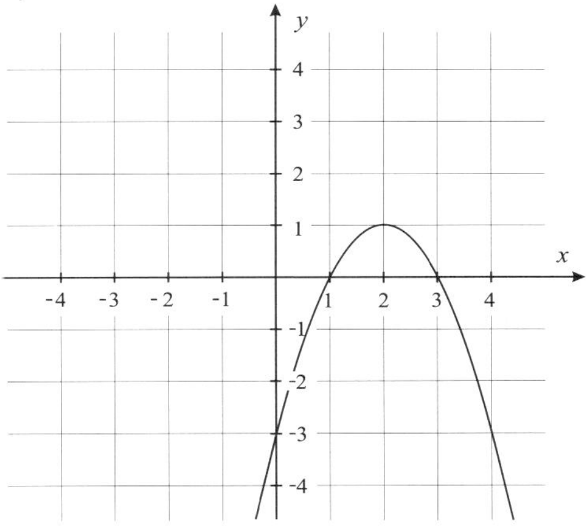

d)

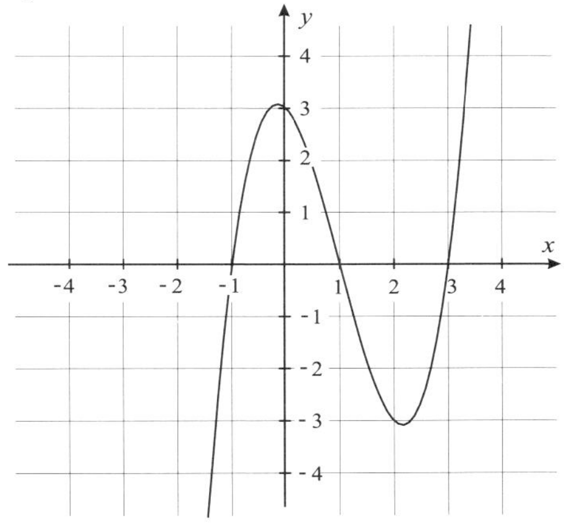

4.3.2 Trigonometrische Funktionen

□

Bestimmen Sie einen möglichen Funktionsterm.

a)

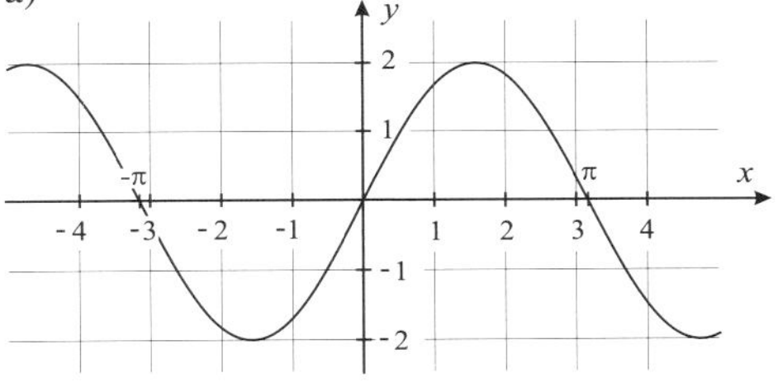

b)

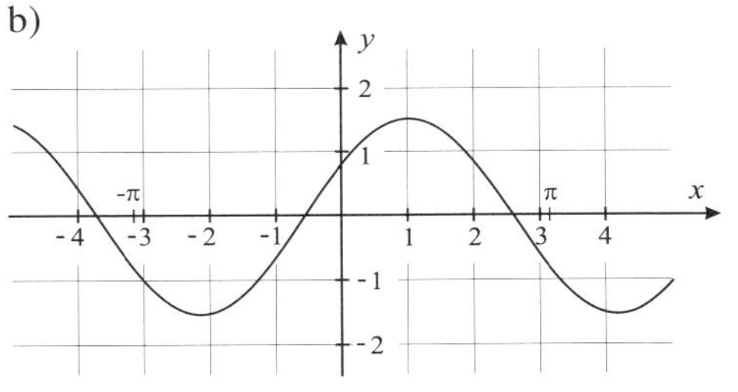

c)

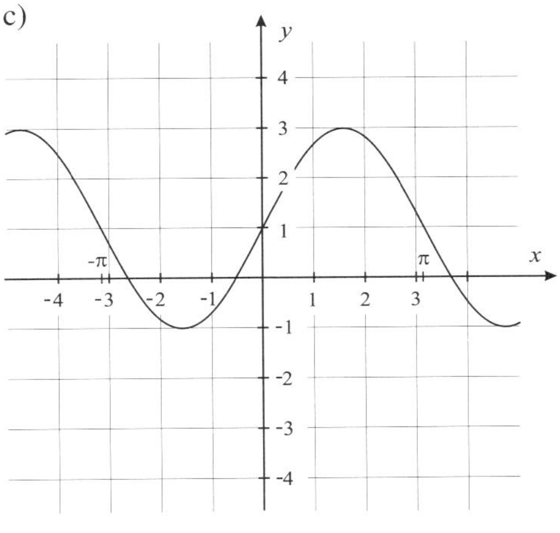

d)

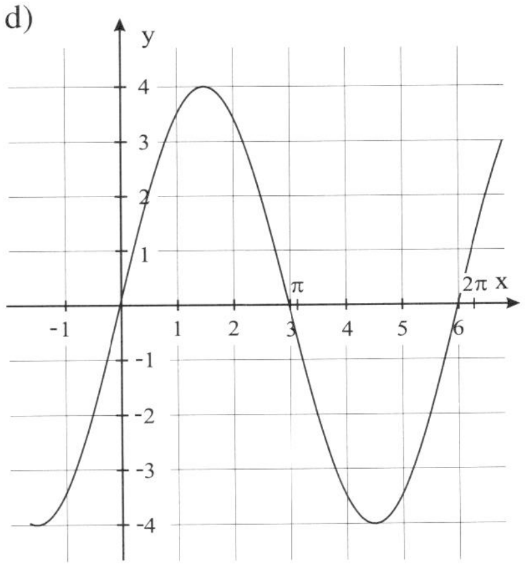

4.4 Graphen von f, f' und F ☐

Tipps ab Seite 71, Lösungen ab Seite 110

In diesem Kapitel geht es darum, Zusammenhänge zwischen den Graphen von f, f' und F zu erkennen und Aussagen zu beurteilen. Außerdem sollen die Graphen der Ableitungsfunktion oder der Integralfunktion skizziert werden, ohne dass der Funktionsterm bekannt sein muss.

4.4.1 Von f zu f' ☐

Man kann der Graph einer Ableitungsfunktion zeichnen, ohne den Funktionsterm zu kennen. Dabei gilt, dass die Steigungswerte der Tangente an f in jedem Punkt genau die Werte der Ableitung sind. Verläuft der Graph flach, sind die Werte der Ableitung nahe Null, verläuft es steil, besitzt die Ableitung große Funktionswerte.

Für die charakteristischen Punkte und Eigenschaften der Kurve gilt:

Funktion	**Ableitung**
Hochpunkt	Nullstelle mit VZW von + nach −
Tiefpunkt	Nullstelle mit VZW von − nach +
Wendepunkt	Extrempunkt
Sattelpunkt (Wendepunkt mit Steigung Null)	Nullstelle ohne VZW bzw. Extrempunkt, der die x-Achse berührt
monoton steigend	verläuft oberhalb oder auf der x-Achse
streng monoton steigend	verläuft stets oberhalb der x-Achse
monoton fallend	verläuft unterhalb oder auf der x-Achse
streng monoton fallend	verläuft stets unterhalb der x-Achse

Um den Graph der Ableitungsfunktion zu skizzieren, ist es nötig, den wesentlichen Verlauf der Steigung des Graphen der Funktion zu erfassen. Dazu betrachten Sie z.B.

- Die Lage der Extrem- und Wendepunkte
- Das Monotonieverhalten
- Die «Steigungsentwicklung» für $x \to -\infty$ und $x \to +\infty$

Beispiel
Gesucht ist der Graph der Ableitungsfunktion der linken Kurve.
An der linken Zeichnung liest man ab:

- Hochpunkt bei $x = 1$, also Nullstelle der Ableitung mit VZW von + nach $-$ bei $x = 1$
- Wendepunkt bei $x \approx 2$ mit Drehsinnänderung von rechts nach links, also Tiefpunkt der Ableitung bei $x \approx 2$
- Für $x \to -\infty$ gehen die Funktionswerte gegen $-\infty$. Also werden die Steigungswerte immer größer, die Werte der Ableitung müssen also auch immer größer werden.
- Für $x \to +\infty$ gehen die Funktionswerte gegen Null. Also werden die Steigungswerte immer kleiner, die Werte der Ableitung müssen also auch immer kleiner werden.

In der rechten Zeichnung ist der ungefähre Verlauf der Ableitungsfunktion gezeichnet.

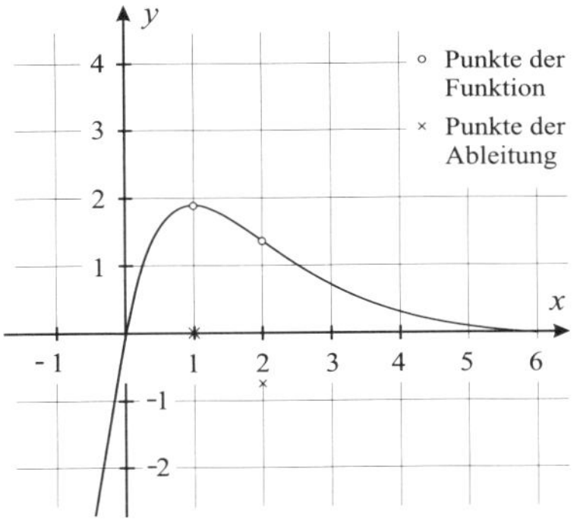

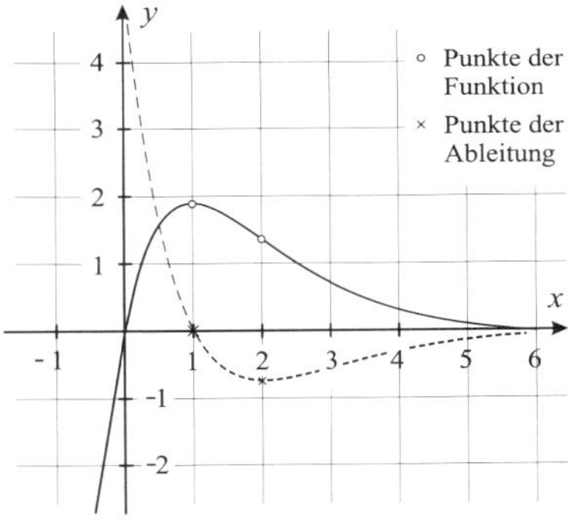

Bei den folgenden Aufgaben ist der Graph einer Funktion f gegeben. Zeichnen Sie die Graphen der ersten Ableitung und entscheiden Sie, ob die folgenden Aussagen richtig, falsch oder unentscheidbar sind. Begründen Sie dabei Ihre Entscheidung.

a)

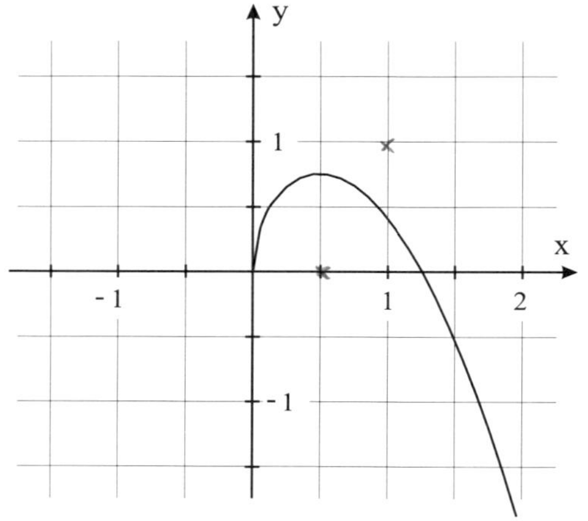

I) f' hat bei $x = 1$ ein relatives Maximum.

II) f' ist für $x > 0$ monoton fallend.

III) $f'(x) < 0$ für $x > 1$.

F(x) NEW
f(x) NEW
f'(x) NEW

b)

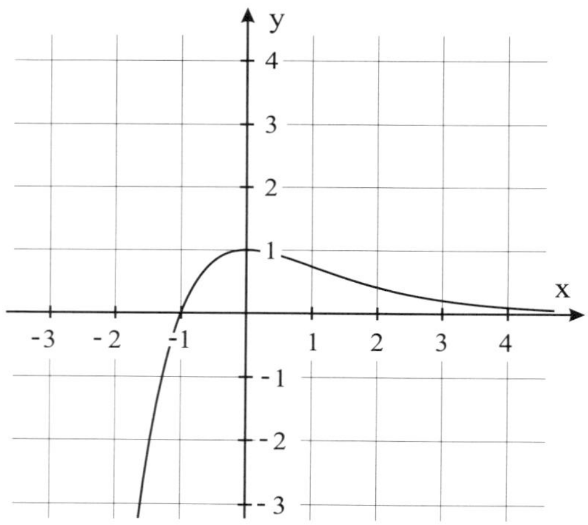

I) An der Stelle $x = 1$ besitzt der Graph von f' einen Extrempunkt.

II) Der Graph von f' hat einen Wendepunkt.

III) f' ist für $x > 1$ negativ

c)

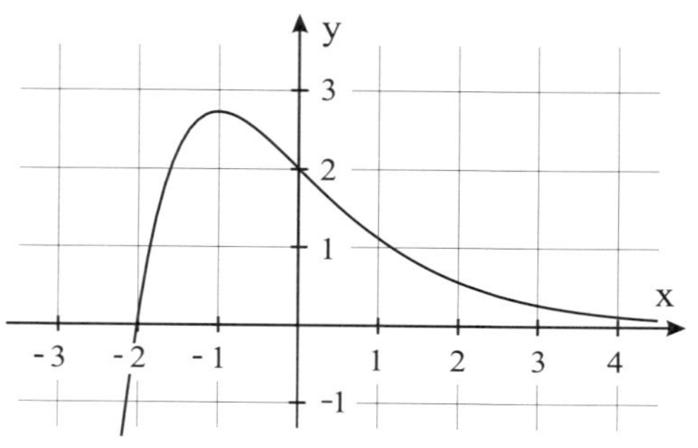

I) $f'(x) < 0$

II) $f''(0) = 0$

III) $f'(0) = f(-1)$

4.4.2 Von f' zu f

Die Vorgehensweise ist ähnlich wie bei der Bestimmung des Graphen der Ableitungsfunktion, nur gehen Sie umgekehrt vor: Hat der angegebene Graph der Ableitungsfunktion $f'(x)$ z.B. für $x = 1$ den Wert 0 mit Vorzeichenwechsel von + nach −, dann hat der Graph der Funktion f an dieser Stelle einen Hochpunkt usw.

Bei den folgenden Aufgaben ist der Graph der Ableitungsfunktion f' einer Funktion f gegeben. Entscheiden Sie, ob die folgenden Aussagen über f richtig, falsch oder unentscheidbar sind. Begründen Sie dabei Ihre Entscheidung.

a)

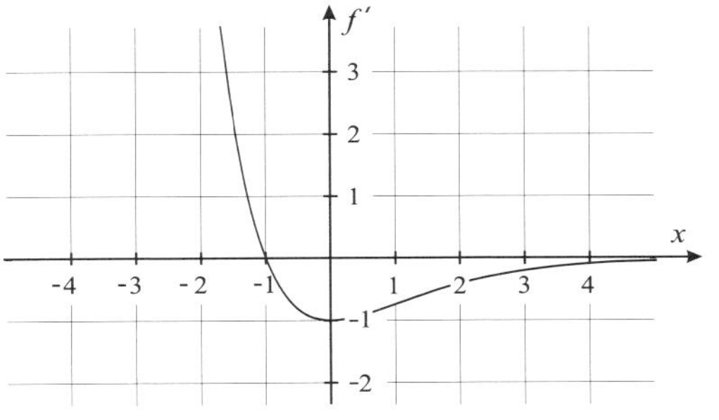

I) Bei $x = 0$ besitzt der Graph von f einen Extrempunkt.

II) Bei $x = -1$ besitzt der Graph von f eine waagerechte Tangente.

III) Der Graph der Funktion f besitzt keine Wendepunkte.

IV) $f(2) > f(0)$.

b)

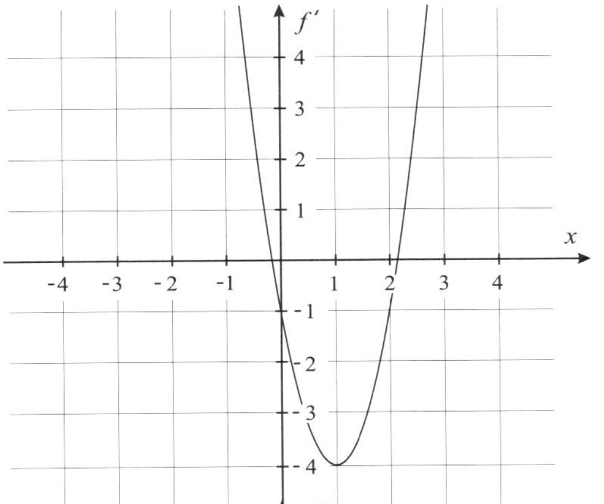

I) An der Stelle $x = 1$ besitzt der Graph von f einen Extrempunkt.

II) An der Stelle $x \approx -0,2$ hat der Graph von f einen Hochpunkt.

III) Der Grad von f ist mindestens gleich 2.

IV) Bei $x \approx 2,4$ besitzt der Graph der Funktion f eine Tangente, die parallel zur Geraden $y = 2x$ ist.

c)

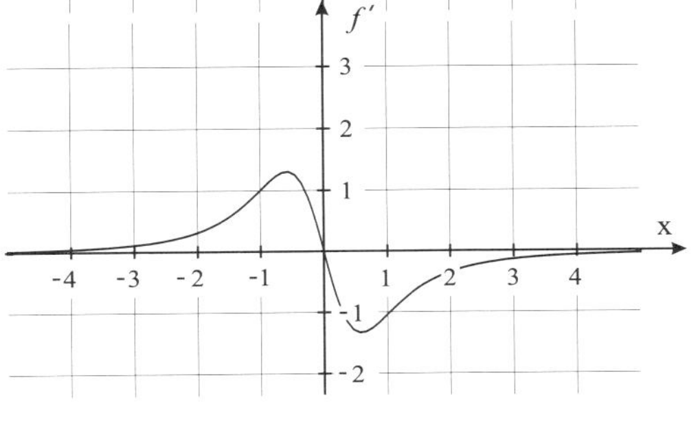

I) Der Graph von f ist achsensymmetrisch.

II) Der Graph von f ist für $x > 0$ streng monoton fallend.

III) Der Graph von f besitzt bei $x = 0$ einen Tiefpunkt.

IV) Der Graph von f besitzt 2 Extrempunkte.

4.4.3 Von f zu F ☐

Zu einer Funktion gibt es unendlich viele Stammfunktionen, die sich durch eine Konstante (das «absolute Glied») unterscheiden. Die Graphen dieser Stammfunktionen unterscheiden sich somit durch Verschiebung in y-Richtung. Erst wenn das absolute Glied gegeben ist, ist der Graph der Stammfunktion in Bezug auf diese Verschiebung festgelegt.

Die Stammfunktion

Gegeben ist der Graph einer Funktion f.

1. Skizzieren Sie den Graph der Ableitungsfunktion f' und den Graph einer Stammfunktion F.
2. Es sind einige Aussagen zur Funktion f bzw. zur Ableitungsfunktion f' und zur Stammfunktion F gegeben. Begründen oder widerlegen Sie diese.

a)

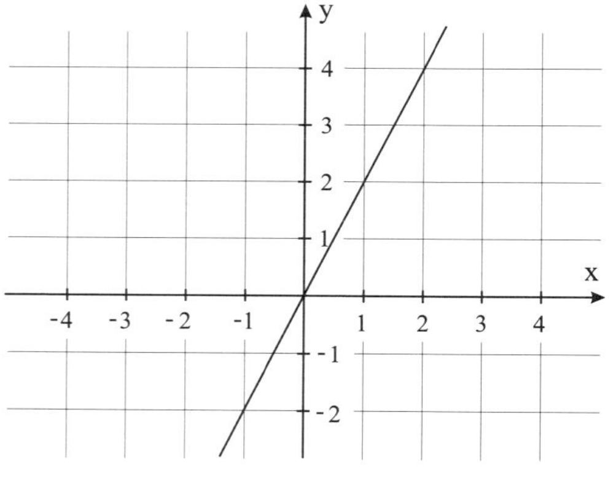

I) Der Graph der Ableitungsfunktion ist parallel zur Geraden $y = 1$.

II) Die Stammfunktion $F(x)$ hat an der Stelle $x = 1$ die Steigung 2.

III) Die Ableitungsfunktion f' ist streng monoton wachsend.

IV) Der Graph der Ableitungsfunktion ist y-achsensymmetrisch.

b)

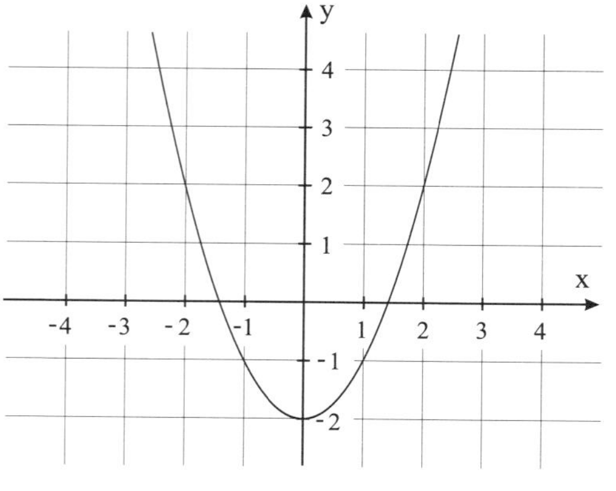

I) f' besitzt im Intervall $[-5; 5]$ genau eine Nullstelle.

II) F ist im Intervall $[0; 1]$ streng monoton wachsend .

III) F besitzt Extremstellen im Intervall $[-5; 5]$.

4.5 Kurvendiskussion □

Tipps ab Seite 73, Lösungen ab Seite 115

In diesem Kapitel geht es um Aufgaben aus der Kurvendiskussion. Die «klassische» Kurvendiskussion wird als Ganzes im Abitur meist nicht mehr verlangt, doch die einzelnen Elemente sind oft Bestandteil umfangreicherer Aufgaben. Meist geht es dabei um das Bestimmen von Extrem- und Wendepunkten, um Symmetrieuntersuchungen oder um das Verhalten der Funktion, wenn x gegen $\pm\infty$ strebt (waagerechte Asymptoten).

4.5.1 Elemente der Kurvendiskussion □

Die wichtigsten Elemente einer Kurvendiskussion sind:

- Schnittpunkte mit der x-Achse: $f(x) = 0$
- Schnittpunkte mit der y-Achse: $x = 0$ in die Funktionsgleichung einsetzen
- (Lokales) Minimum: $f'(x) = 0$ und $f''(x) > 0$ oder $f'(x) = 0$ und Vorzeichenwechsel von $f'(x)$ von − nach +
- (Lokales) Maximum: $f'(x) = 0$ und $f''(x) < 0$ oder $f'(x) = 0$ und Vorzeichenwechsel von $f'(x)$ von + nach −
- Wendepunkt: $f''(x) = 0$ und $f'''(x) \neq 0$ oder $f''(x) = 0$ und Vorzeichenwechsel von $f''(x)$
- Bei Potenzfunktionen kann es noch Definitionslücken und Polstellen geben. Eine Definitionslücke tritt auf, wenn der Nenner gleich Null ist. Ist an dieser Stelle auch der Zähler gleich Null, handelt es sich um eine hebbare Lücke; ist der Zähler an dieser Stelle nicht gleich Null, handelt es sich um eine Polstelle.
- Bei der Untersuchung für $x \to \pm\infty$ müssen Sie untersuchen, wie sich die Funktionswerte verhalten, wenn die Werte für x gegen $+\infty$ oder $-\infty$ gehen, bzw. ob Asymptoten existieren.

Aufgaben

a) Prüfen Sie, ob der Graph von $f(x) = \frac{1}{4}x^4 - x^3 + 4x - 2;\ x \in \mathbb{R}$ an der Stelle $x = 2$ einen Tiefpunkt hat.

b) Gegeben sind die Funktionen f und g mit $f(x) = \frac{1}{x}$ und $g(x) = x^2 + 1$. Berechnen Sie $f(g(2))$ und $g(f(2))$. Für welche Werte von x ist $f(g(x)) = 0,1$?

c) Für welche Werte von x verläuft der Graph der Funktion f mit $f(x) = (x+3)\cdot(x-1)$ oberhalb der x-Achse ?

d) Für eine ganzrationale Funktion 3. Grades gilt: $f(1) = 4$, $f'(1) = 0$, $f''(1) < 0$, $f(0) = 2$, $f''(0) = 0$ und $f'''(0) \neq 0$.
Welche Aussagen lassen sich damit über der Graph von f machen ?

e) Zeigen Sie, dass der Graph von f mit $f(x) = x^2 \cdot e^x;\ x \in \mathbb{R}$ bei $x = 0$ einen Tiefpunkt besitzt.

f) Für welche Werte von x verläuft der Graph der Funktion f mit $f(x) = -x^2 + 3x + 7$ oberhalb der Geraden mit der Gleichung $y = 3$?

g) Gegeben ist die Funktion f mit $f(x) = -x \cdot e^{-2x}$. Für welche Werte von x ist der Graph der Funktion f streng monoton fallend?

h) Zeigen Sie, dass der Graph von $f(x) = 3x^3 + 4; x \in \mathbb{R}$ an der Stelle $x = 0$ einen Sattelpunkt besitzt.

i) Zeigen Sie, dass der Graph der Funktion f mit $f(x) = x \cdot e^{-x}$ genau einen Wendepunkt hat.

j) Gegeben ist eine Funktion f und ihre Ableitung $f'(x) = (x-2)^3$. Prüfen Sie, ob der Graph von f einen Tiefpunkt besitzt.

k) Zeigen Sie, dass der Graph der Funktion f mit $f(x) = 2 \cdot \sin\left(x - \frac{\pi}{2}\right)$ im Punkt $\mathrm{P}(\pi \mid 2)$ eine waagrechte Tangente hat.

l) Weisen Sie nach, dass der Graph der Funktion f mit $f(x) = \frac{1}{2} \cdot \sin(2x - \pi)$ an der Stelle $x = \pi$ einen Wendepunkt hat.

4.5.2 Symmetrie □

Graphen von Funktionen können achsen- oder punktsymmetrisch sein. Handelt es sich bei der Achse um die y-Achse, so spricht man von y-Achsensymmetrie; handelt es sich beim Punkt, zu dem die Funktion symmetrisch ist, um den Ursprung, spricht man von Ursprungssymmetrie.

- Für y-Achsensymmetrie gilt $f(-x) = f(x)$
- Für Ursprungssymmetrie gilt $f(-x) = -f(x)$.

Sie können die Symmetrie zeigen, indem Sie $(-x)$ für x einsetzen und dann umformen. Dabei ist zu beachten, dass gilt: $(-x)^2 = x^2$ und $(-x)^3 = -x^3$.

Aufgaben

a) Begründen Sie, dass der Graph von $f(x) = x^4 + 3x^2; x \in \mathbb{R} \setminus \{0\}$ achsensymmetrisch zur y-Achse ist.

b) Begründen Sie, dass der Graph von $f(x) = 3x^5 - 7{,}2x^3 + x; x \in \mathbb{R}$ punktsymmetrisch zum Ursprung ist.

c) Zeigen Sie, dass der Graph der Funktion f mit $f(x) = 2 \cdot e^{x^2+2} + 3; x \in \mathbb{R}$ achsensymmetrisch zur y-Achse ist.

d) Weisen Sie nach, dass der Graph der Funktion f mit $f(x) = -\frac{4}{x}; x \in \mathbb{R} \setminus \{0\}$ punktsymmetrisch zum Ursprung ist.

4.5.3 Tangenten und Normalen

□

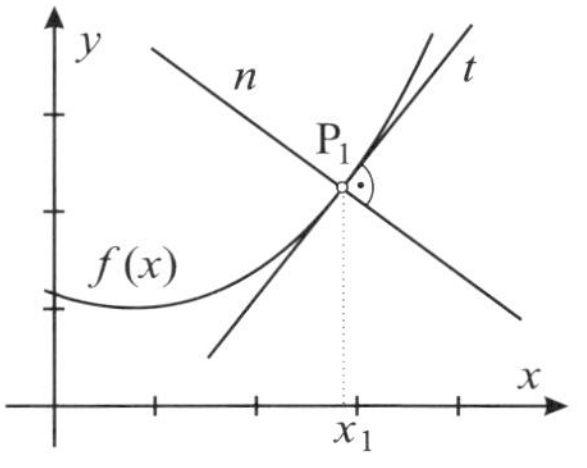

Um die Gleichung einer Tangente t an eine Kurve in einem Punkt $P_1\,(x_1 \mid f\,(x_1))$ zu bestimmen, benutzt man meist die Punkt-Steigungsform

$$y - y_1 = m \cdot (x - x_1)$$

Es gilt: $y_1 = f\,(x_1)$ und für die Steigung $m = f'(x_1)$, d.h. der Wert der Ableitung an der Stelle x_1. Die Normale steht senkrecht auf der Tangente; für die Steigungen gilt $m_n \cdot m_t = -1$ bzw. $m_n = -\frac{1}{m_t}$

a) Bestimmen Sie die Gleichung der Tangente und der Normalen im Punkt $P(1 \mid -1)$ an der Graph der Funktion f mit $f(x) = x^2 - 4x + 2$.

b) Bestimmen Sie die Gleichung der Tangente und der Normalen im Wendepunkt an der Graph der Funktion f mit $f(x) = x^3 + x + 1$.

c) Gegeben ist die Funktion f mit $f(x) = x^2 + 4x - 3$. Gesucht ist:

   I) Die Gleichung der Tangente mit Steigung $m = -2$.

   II) Die Gleichung der Tangente, welche orthogonal ist zur Geraden mit der Gleichung $y = -\frac{1}{3}x + 4$.

   III) Die Gleichung der Tangente, welche parallel ist zur Geraden $y = 4x - \frac{7}{2}$.

d) Gegeben ist die Funktion f mit $f(x) = x^2 - 2x + 3$.
Vom Punkt $P(0 \mid -6)$, welcher nicht auf dem Graphen von f liegt, werden Tangenten an den Graphen von f gelegt. Bestimmen Sie die Koordinaten der Berührpunkte sowie die Tangentengleichungen.

4.5.4 Funktionenscharen / Funktionen mit Parameter

Als Funktionenscharen werden Funktionen bezeichnet, die einen Parameter enthalten. Die dazugehörigen Graphen nennt man Kurvenscharen.

a) Gegeben ist die Funktionenschar $f_t(x) = tx^2$ mit $t \in \mathbb{R}$.

   I) Skizzieren Sie die Graphen für einige Werte von t. Beschreiben Sie die Veränderung der Graphen bei der Variation von t.

   II) Für welche Werte des Parameters t geht der Graph von f_t durch $P_1(2 \mid 2)$ bzw. durch $P_2(-1 \mid -2)$?

b) Gegeben sind die Funktionen $f(x) = -x^2 + 2$ und $g_t(x) = tx^2 - 1$ mit $t \in \mathbb{R}$. Für welchen Wert von t stehen die Graphen der beiden Funktionen in ihrem Schnittpunkt senkrecht aufeinander?

c) Gegeben sind die Funktionen $f(x) = 2x^2$ und $g_t(x) = -tx^2 + 4$ mit $t \in \mathbb{R}$. Für welchen Wert von t stehen die Graphen der beiden Funktionen in ihrem Schnittpunkt senkrecht aufeinander?

d) Gegeben ist die Funktionenschar f_t mit $f_t(x) = (2x + t) \cdot e^{-x}$ mit $x \in \mathbb{R}$ und $t \geqslant 0$.
Ordnen Sie den abgebildeten Graphen von f_t die zugehörigen Parameter t zu.

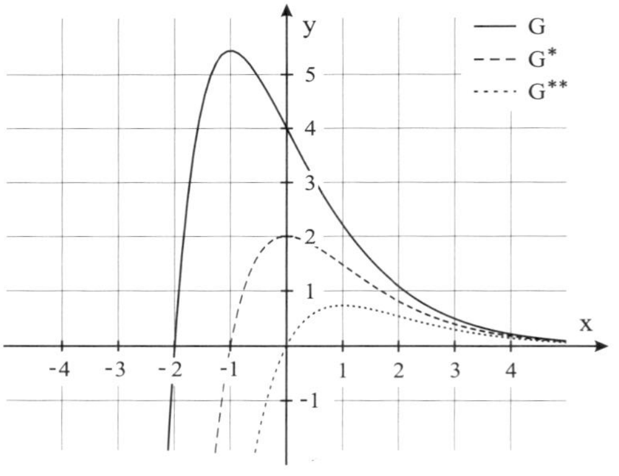

e) Bestimmen Sie t so, dass der Graph der Funktionenschar f_t mit $f_t(x) = x \cdot e^{tx}$; $x \in \mathbb{R}$; $t < 0$ an der Stelle $x = 2$ einen Extrempunkt hat.

4.5.5 Krümmungsverhalten von Kurven

Eine Kurve kann links- oder rechtsgekrümmt sein. Eine Kurve ist linksgekrümmt, wenn die Steigung streng monoton zunehmend ist. Das bedeutet, dass die Ableitung der Steigung positiv sein muss: $\left(f'(x)\right)' > 0 \Rightarrow f''(x) > 0$. Entsprechend gilt: Eine Kurve ist rechtsgekrümmt, wenn gilt: $f''(x) < 0$.

Für welche Werte von x ist der Graph der Funktion f links- bzw. rechtsgekrümmt?

a) $f(x) = \frac{1}{3}x^3 - x$ b) $f(x) = (x-1)^5$ c) $f(x) = (2x-3) \cdot e^{-x}$

4.6 Extremwertaufgaben

a) Gegeben sei eine Funktion f mit $f(x) = 6 - \frac{1}{4}x^2$; $x \in \mathbb{R}$. Zwischen Kurve und x-Achse ist im 1. und 2. Quadranten ein Rechteck einzuschreiben

   I) mit maximalem Umfang

   II) mit maximaler Fläche

   Berechnen Sie den maximalen Umfang bzw. die maximale Fläche.

b) Gegeben ist die Funktion f durch $f(x) = -(x+2)e^{-x}$; $x \in \mathbb{R}$. Ihr Graph sei G. Bestimmen Sie die Gleichung der Normalen im Punkt $\mathrm{W}(0 \mid -2)$.
   Die Normale schneidet G in einem weiteren Punkt Q. Berechnen Sie dessen Koordinaten.
   $\mathrm{P}(u \mid v)$ mit $-2 < u < 0$ sei ein Punkt auf G. Der Ursprung O und die Punkte P und Q sind die Eckpunkte eines Dreiecks OPQ. Für welchen Wert von u wird die Fläche $\mathrm{A}(u)$ maximal?

c) Gegeben sind die Funktion f durch $f(x) = (2x+3) \cdot e^{-x}$; $x \in \mathbb{R}$ und die Funktion g durch $g(x) = e^{-x}$; $x \in \mathbb{R}$. Ihre Graphen seien G_f bzw. G_g.
   Die Gerade $x = u$ mit $u > -1$ schneidet G_f im Punkt P und G_g im Punkt Q.
   Für welchen Wert von u wird die Länge der Strecke PQ maximal?
   Berechnen Sie die maximale Länge der Strecke PQ.

4.7 Verständnis von Zusammenhängen

Bei diesen Aufgaben geht es darum, Methoden und Verfahren zu beschreiben und das Verständnis von Zusammenhängen zu dokumentieren. Rechnungen werden in der Regel nicht verlangt, es genügen Skizzen sowie Ansätze für die Rechenwege.

a) Gegeben sind die Funktionen $f(x) = 9 - x^2$ und $g(x) = x^2 - 9$.
   Erläutern Sie, was durch folgende Rechenschritte bestimmt wird:

   (1) $9 - x^2 = x^2 - 9 \Rightarrow x_1 = -3$ und $x_2 = 3$

   (2) $\int_{-3}^{3} \left(9 - x^2 - (x^2 - 9)\right) \mathrm{d}x = 72$

b) Die Produktionskosten eines Werkstücks in Abhängigkeit von der produzierten Stückzahl werden durch die Funktion P mit $\mathrm{P}(x) = 20 - 10 \cdot e^{-0,2x}$; $x \geqslant 0$ beschrieben.
   (x: Stückzahl, $\mathrm{P}(x)$: Herstellungskosten des x-ten Werkstücks in Euro).
   Erläutern Sie, was durch folgende Integrale berechnet wird:

   I) $\int_{0}^{50} \left(20 - 10 \cdot e^{-0,2x}\right) \mathrm{d}x$ II) $\frac{1}{100} \cdot \int_{0}^{100} \left(20 - 10 \cdot e^{-0,2x}\right) \mathrm{d}x$

c) Gegeben ist die Funktion f durch $f(x) = \frac{1}{2}x^3 - 3x + 3$.
Erläutern Sie folgende Rechenschritte:

(1) $f(2) = 1$ (2) $f'(x) = \frac{3}{2}x^2 - 3;\ f'(2) = 3$

(3) $y - 1 = 3 \cdot (x - 2) \Rightarrow y = 3x - 5$

d) Die wöchentlichen Verkaufszahlen von Zahnpasta in einem Supermarkt werden durch die Funktion $f(t)$ beschrieben. Dabei ist t die Anzahl der Wochen ab dem 1. Januar eines Jahres. Erläutern Sie die Bedeutung folgender Integrale:

$$\int_0^{52} f(t)\mathrm{d}t$$

und

$$\frac{1}{52} \cdot \int_0^{52} f(t)\mathrm{d}t$$

e) Gibt es eine ganzrationale Funktion vierten Grades, deren Graph drei Wendepunkte besitzt? Begründen Sie Ihre Antwort.

f) Gegeben sind die Funktionen f und g mit $f(x) = \frac{1}{4}x^3 - 3x^2 + 9x + 2$ und $g(x) = x + 2$.
Die Graphen von f und g zeigt folgende Abbildung:

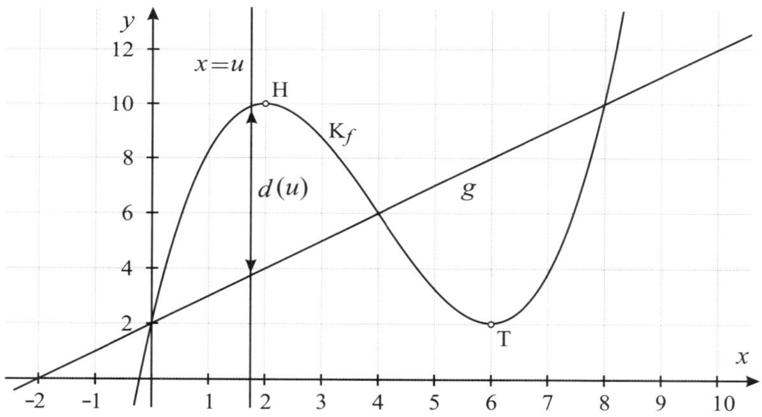

Erläutern Sie folgende Rechenschritte und ihre Bedeutung:

(1) $d(u) = f(u) - g(u) = \frac{1}{4}u^3 - 3u^2 + 8u\ ;\ 0 \leqslant u \leqslant 4$

(2) $d'(u) = 0 \Rightarrow u_1 \approx 6{,}31\ ;\ u_2 \approx 1{,}69$

(3) $d''(1{,}69) < 0$

g) Gegeben ist die Funktion f mit $f(x) = x^2$. Ihr Graph sei K_f.
Erläutern Sie folgende Rechenschritte und ihre Bedeutung:

(1) $P \in K_f \Rightarrow P\left(x \mid x^2\right)$ (2) $\sqrt{(x-0)^2 + (x^2-0)^2} = \sqrt{20}$

(3) $x_{1,2} = \pm 2 \Rightarrow P_1(-2 \mid 4)$ und $P_2(2 \mid 4)$

Geometrie

5 Punkte, Geraden und Ebenen □

5.1 Lineare Gleichungssysteme □

Tipps ab Seite 77, Lösungen ab Seite 127

Geben Sie die Lösungsmengen der folgenden linearen Gleichungssysteme an:

Tipp: Ein Gleichungssystem mit drei Variablen und zwei Gleichungen sowie einer wahren Aussage besitzt unendlich viele Lösungen (falls kein Widerspruch auftritt). Man setzt zuerst eine Variable als Parameter t fest und rechnet dann die anderen Variablen aus.

a) $$\begin{array}{rcrcrcr} 4x & + & y & - & 2z & = & 9 \\ -2x & + & 3y & + & 3z & = & 4 \\ x & - & 2y & - & z & = & -4 \end{array}$$

b) $$\begin{array}{rcrcrcr} x & + & 2y & - & 2z & = & 7 \\ 2x & & & + & z & = & 8 \\ -3x & + & y & + & 2z & = & -1 \end{array}$$

c) $$\begin{array}{rcrcrcr} x & + & y & + & 7z & = & 2 \\ 2x & - & y & - & 3z & = & -5 \\ & - & y & + & 4z & = & -3 \end{array}$$

d) $$\begin{array}{rcrcrcr} x & + & 2y & - & z & = & 4 \\ -x & + & 2y & - & 3z & = & 6 \\ 2x & & & + & 2z & = & -2 \end{array}$$

e) $$\begin{array}{rcrcrcr} 2x & + & y & + & z & = & 4 \\ & & 2y & - & 6z & = & 4 \\ -3x & & & - & 6z & = & -3 \end{array}$$

f) $$\begin{array}{rcrcrcr} x & + & 2y & + & z & = & 4 \\ -x & - & 4y & + & z & = & 7 \\ 2x & + & 8y & - & 2z & = & 18 \end{array}$$

5.2 Rechnen mit Vektoren □

Tipps ab Seite 77, Lösungen ab Seite 131

In diesem Kapitel geht es darum, die Grundkenntnisse des Rechnens mit Vektoren zu wiederholen. Dazu gehören die Addition und Subtraktion von Vektoren. Neben diesen Rechenoperationen ist es wichtig, das Skalarprodukt zu kennen und zu wissen, dass es genau dann gleich Null ist, wenn zwei Vektoren senkrecht aufeinander stehen.

Da mit den Vektoren geometrische Objekte wie Dreiecke, Parallelogramme und verschiedene Körper beschrieben werden können, sollten Sie die grundlegenden Eigenschaften dieser Objekte kennen, z.B. dass in einem gleichschenkligen Dreieck zwei Seiten die gleiche Länge haben. Rechenregeln für das Rechnen mit Vektoren finden Sie bei den Tipps auf Seite 77. Wenn nicht anders angegeben gilt für alle Parameter: $r, s, t, \ldots \in \mathbb{R}$.

5.2.1 Rechenregeln und Betrag

□

Gegeben sind die Vektoren $\vec{a} = \begin{pmatrix} -1 \\ 2 \\ 4 \end{pmatrix}$ und $\vec{b} = \begin{pmatrix} 3 \\ 1 \\ 2 \end{pmatrix}$. Berechnen Sie:

a) $\vec{a}+\vec{b}$ b) $\vec{a}-\vec{b}$ c) $2\cdot\vec{a}$ d) $-\vec{a}$ e) $2\vec{a}+3\vec{b}$

f) $\vec{a}\cdot\vec{b}$ g) $|\vec{a}|$ h) $|\vec{b}|$ i) $|\vec{a}+\vec{b}|$

5.2.2 Orts- und Verbindungsvektoren

□

Tipp: Fertigen Sie eine Skizze an und stellen Sie Vektorketten auf.

a) Gegeben sind die Punkte A $(2 \mid 3 \mid 2)$, B $(7 \mid 4 \mid 3)$ und C $(1 \mid 5 \mid -2)$.
Bestimmen Sie die Ortsvektoren $\vec{a}$, $\vec{b}$ und $\vec{c}$, die Verbindungsvektoren $\overrightarrow{AB}$, $\overrightarrow{AC}$ und $\overrightarrow{BC}$ und zeigen Sie, dass das Dreieck ABC nicht gleichschenklig ist.

b) Prüfen Sie, ob das Dreieck ABC gleichschenklig ist:

I) A $(3 \mid 7 \mid 2)$, B $(-1 \mid 5 \mid 1)$, C $(2 \mid 3 \mid 0)$

II) A $(-5 \mid 2 \mid -1)$, B $(0 \mid 5 \mid -3)$, C $(-1 \mid 6 \mid -3)$

c) I) Bestimmen Sie den Mittelpunkt M von A $(4 \mid 1 \mid 3)$ und B $(-2 \mid 5 \mid -5)$.

II) Bestimmen Sie die Koordinaten des Punktes P so, dass B $(4 \mid 2 \mid 5)$ der Mittelpunkt von A $(3 \mid -1 \mid -4)$ und P ist.

d) Gegeben sind die Punkte A $(4 \mid 2 \mid 3)$, B $(1 \mid 8 \mid 5)$ und C $(-2 \mid 1 \mid -3)$.

I) Bestimmen Sie den Punkt D so, dass das Viereck ABCD ein Parallelogramm ist.

II) Bestimmen Sie den Punkt D^* so, dass das Viereck ABD^*C ein Parallelogramm ist.

III) Bestimmen Sie den Punkt D' so, dass das Viereck $AD'BC$ ein Parallelogramm ist.

e) Von einem Spat (Körper mit jeweils 4 parallelen Kanten) sind die Punkte A $(3 \mid 1 \mid 4)$, B $(-2 \mid 1 \mid -3)$, C $(5 \mid -2 \mid 3)$ und F $(9 \mid 2 \mid 6)$ gegeben.

I) Bestimmen Sie die Koordinaten der übrigen Punkte des Spats.

II) Berechnen Sie die Länge der Raumdiagonalen AG.

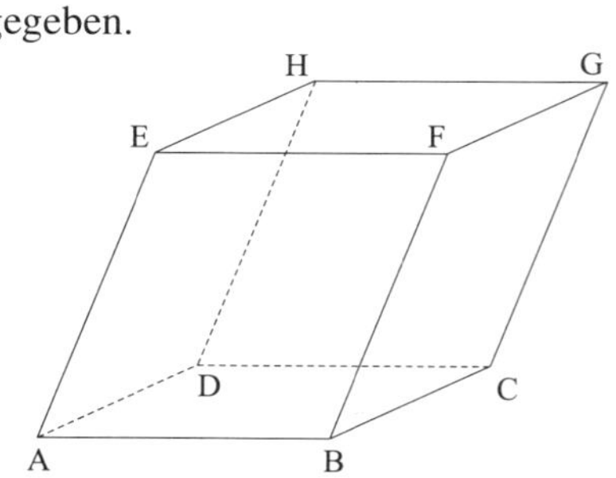

f) Ein schiefes Dreiecksprisma ist gegeben durch die Punkte A(4 | 1 | −3), B(5 | −2 | −1), C(−1 | 3 | −2) und D(7 | 4 | 2).
Bestimmen Sie die Koordinaten der Punkte E und F sowie die Länge der Kante EF.

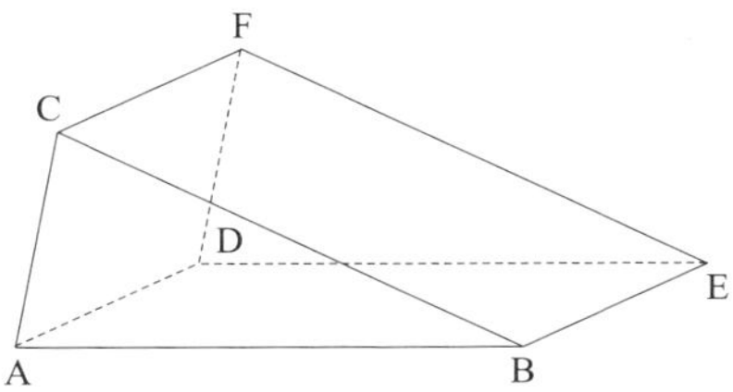

5.2.3 Orthogonalität von Vektoren

a) Prüfen Sie, ob folgende Vektoren senkrecht (orthogonal) aufeinander stehen.

I) $\vec{a} = \begin{pmatrix} -1 \\ 0 \\ 1 \end{pmatrix}$, $\vec{b} = \begin{pmatrix} 2 \\ 2 \\ 0 \end{pmatrix}$ II) $\vec{r} = \begin{pmatrix} 5 \\ -1 \\ 3 \end{pmatrix}$, $\vec{n} = \begin{pmatrix} 2 \\ 1 \\ -3 \end{pmatrix}$

III) $\vec{z} = \begin{pmatrix} 2 \\ -2 \\ 4 \end{pmatrix}$, $\vec{w} = \begin{pmatrix} 1 \\ 3 \\ 1 \end{pmatrix}$

b) Geben Sie drei verschiedene Vektoren an, die zu $\vec{n} = \begin{pmatrix} 1 \\ 2 \\ -3 \end{pmatrix}$ orthogonal sind.

c) Prüfen Sie, ob das Dreieck ABC rechtwinklig ist:
A(5 | 1 | 0), B(1 | 5 | 2), C(−1 | 1 | 6)

5.3 Geraden

Tipps ab Seite 78, Lösungen ab Seite 136

Die Parameterform der Geradengleichung in der vektoriellen Geometrie lautet

$$g\colon \vec{x} = \vec{a} + t \cdot \overrightarrow{r_g} \text{ mit } t \in \mathbb{R}$$

Dabei wird der Vektor $\vec{a}$ als Stützvektor bezeichnet, weil er die Gerade «stützt», der Vektor $\overrightarrow{r_g}$ ist der Richtungsvektor der Geraden, da er die Richtung der Geraden angibt. t ist der Parameter.

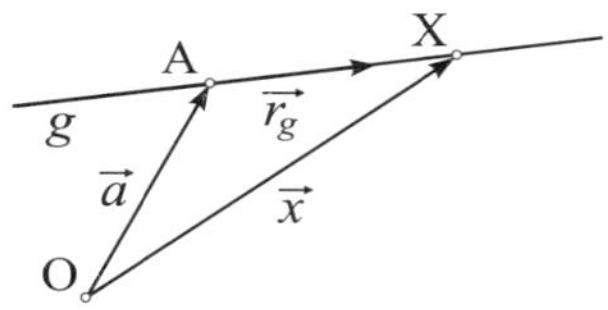

5.3.1 Aufstellen von Geradengleichungen

Stellen Sie eine Gleichung der Geraden auf, die durch die beiden Punkte geht:

a) A(1 | 0 | 2), B(3 | 1 | 3)   b) C(2 | 1 | −4), D(4 | 0 | 1)   c) E(1 | 1 | 0), F(0 | 0 | 1)

5.3.2 Punktprobe

Liegen die gegebenen Punkte A, B, C auf der Geraden $g: \vec{x} = \begin{pmatrix} 1 \\ 3 \\ -2 \end{pmatrix} + r \cdot \begin{pmatrix} 1 \\ 4 \\ 2 \end{pmatrix}$?

a) A(2 | 7 | 0)   b) B(3 | 11 | 3)   c) C(−2 | −9 | −8)

5.3.3 Gegenseitige Lage von Geraden

Zwei Geraden können auf vier verschiedene Weise zueinander liegen: Sie können parallel liegen, identisch sein, sich schneiden oder windschief sein. Die genauen Rechenwege zur Bestimmung der gegenseitigen Lage sind in den Tipps auf Seite 78 beschrieben.

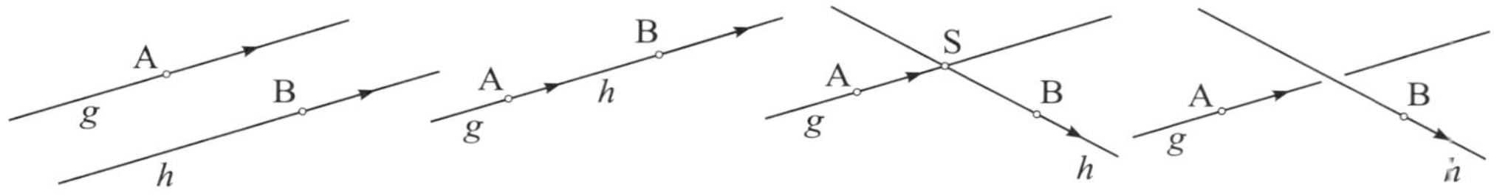

Bestimmen Sie die gegenseitige Lage der beiden gegebenen Geraden:

a) $g_1:\ \vec{x}=\begin{pmatrix}4\\2\\5\end{pmatrix}+t\cdot\begin{pmatrix}1\\1\\2\end{pmatrix}$ $\quad g_2:\ \vec{x}=\begin{pmatrix}5\\-4\\-1\end{pmatrix}+r\cdot\begin{pmatrix}-3\\4\\2\end{pmatrix}$

b) $g_1:\ \vec{x}=\begin{pmatrix}-4\\0\\4\end{pmatrix}+r\cdot\begin{pmatrix}-2\\1\\3\end{pmatrix}$ $\quad g_2:\ \vec{x}=\begin{pmatrix}3\\2\\3\end{pmatrix}+t\cdot\begin{pmatrix}3\\4\\5\end{pmatrix}$

c) $g:\ \vec{x}=\begin{pmatrix}1\\-3\\5\end{pmatrix}+s\cdot\begin{pmatrix}2\\1\\-3\end{pmatrix}$ $\quad h:\ \vec{x}=\begin{pmatrix}5\\1\\-3\end{pmatrix}+t\cdot\begin{pmatrix}4\\-5\\-1\end{pmatrix}$

d) $g:\ \vec{x}=\begin{pmatrix}1\\2\\1\end{pmatrix}+t\cdot\begin{pmatrix}2\\0\\1\end{pmatrix}$ $\quad h:\ \vec{x}=\begin{pmatrix}2\\3\\4\end{pmatrix}+r\cdot\begin{pmatrix}0\\1\\-1\end{pmatrix}$

e) $g:\ \vec{x}=\begin{pmatrix}4\\0\\1\end{pmatrix}+s\cdot\begin{pmatrix}2\\-1\\3\end{pmatrix}$ $\quad h:\ \vec{x}=\begin{pmatrix}6\\-1\\4\end{pmatrix}+t\cdot\begin{pmatrix}-2\\1\\-3\end{pmatrix}$

f) $g:\ \vec{x}=\begin{pmatrix}1\\2\\3\end{pmatrix}+r\cdot\begin{pmatrix}1\\-1\\2\end{pmatrix}$ $\quad h:\ \vec{x}=\begin{pmatrix}-1\\4\\-1\end{pmatrix}+s\cdot\begin{pmatrix}-3\\3\\-6\end{pmatrix}$

g) $g:\ \vec{x}=\begin{pmatrix}1\\4\\-2\end{pmatrix}+t\cdot\begin{pmatrix}-2\\-1\\3\end{pmatrix}$ $\quad h:\ \vec{x}=\begin{pmatrix}-1\\3\\-1\end{pmatrix}+r\cdot\begin{pmatrix}4\\2\\-6\end{pmatrix}$

h) $g:\ \vec{x}=\begin{pmatrix}0\\1\\4\end{pmatrix}+s\cdot\begin{pmatrix}4\\6\\-8\end{pmatrix}$ $\quad h:\ \vec{x}=\begin{pmatrix}4\\8\\-4\end{pmatrix}+t\cdot\begin{pmatrix}2\\3\\-4\end{pmatrix}$

5.4 Ebenen

☐

Tipps ab Seite 79, Lösungen ab Seite 140

Um eine Ebene zu beschreiben, gibt es verschiedene Gleichungen: Ähnlich wie für die Gerade gibt es eine *Parametergleichung*, diese lautet:

$$E\colon \vec{x} = \vec{a} + r \cdot \vec{v_1} + s \cdot \vec{v_2}$$

Der Vektor $\vec{a}$ ist auch hier der Stützvektor, die Vektoren $\vec{v_1}$ und $\vec{v_2}$ sind die Spannvektoren, da sie die Ebene «aufspannen».

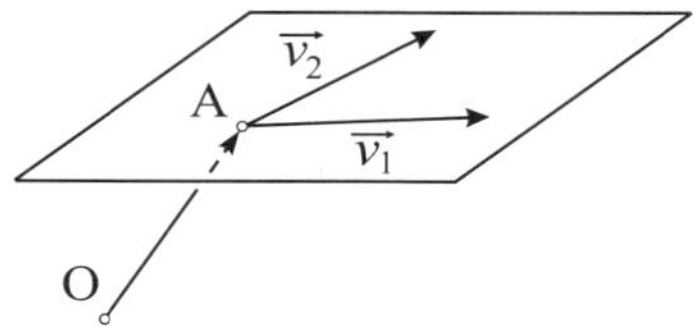

Parameterform

Die Koordinatenform erhalten Sie, indem Sie die Koordinaten des Punktes A in den Ansatz

$$E\colon n_x \cdot x + n_y \cdot y + n_z \cdot z = d$$

einsetzen. Dabei sind n_x, n_y und n_z die Komponenten des Normalenvektors $\vec{n}$.

Ist eine Ebene in Parameterform gegeben und suchen Sie die Koordinatenform, so bestimmen Sie zuerst einen Normalenvektor, der senkrecht auf den beiden Spannvektoren $\vec{v_1}$ und $\vec{v_2}$ stehen muss. Diesen erhalten Sie mit Hilfe des Vektorprodukts, siehe die nächste Seite.

Tipp: Wenn man einen Vektor $\vec{n}$ sucht, der senkrecht auf zwei gegebenen Vektoren $\vec{a}$ und $\vec{b}$ steht, geschieht dies einfach und schnell mit dem **Vektorprodukt**:

$$\vec{n} = \left(\vec{a} \times \vec{b}\right) = \begin{pmatrix} a_y b_z & - & a_z b_y \\ a_z b_x & - & a_x b_z \\ a_x b_y & - & a_y b_x \end{pmatrix}$$

Die Merkhilfe dazu:

1. Beide Vektoren werden je zweimal untereinander geschrieben, dann werden die erste und die letzte Zeile gestrichen.
2. Anschließend wird «über Kreuz» multipliziert. Dabei erhalten die abwärts gerichteten Pfeile ein positives und die aufwärts gerichteten Pfeile ein negatives Vorzeichen.
3. Die einzelnen Komponenten werden subtrahiert – fertig!

$$\begin{array}{cc} \cancel{a_x} & \cancel{b_x} \\ a_y & b_y \\ a_z & b_z \\ a_x & b_x \\ a_y & b_y \\ \cancel{a_z} & \cancel{b_z} \end{array} \Rightarrow \begin{array}{ccc} a_y & & b_y \\ a_z & \times & b_z \\ a_x & \times & b_x \\ a_y & \times & b_y \end{array} \Rightarrow \begin{pmatrix} a_y b_z - a_z b_y \\ a_z b_x - a_x b_z \\ a_x b_y - a_y b_x \end{pmatrix}$$

Beispiel:

Sind $\vec{a} = \begin{pmatrix} 1 \\ 3 \\ 2 \end{pmatrix}$ und $\vec{b} = \begin{pmatrix} -1 \\ 4 \\ 0 \end{pmatrix}$, ergibt sich für den gesuchten Vektor:

$$\begin{array}{cc} \cancel{1} & \cancel{-1} \\ 3 & 4 \\ 2 & 0 \\ 1 & -1 \\ 3 & 4 \\ \cancel{2} & \cancel{0} \end{array} \Rightarrow \begin{array}{ccc} 3 & & 4 \\ 2 & \times & 0 \\ 1 & \times & -1 \\ 3 & \times & 4 \end{array} \Rightarrow \begin{pmatrix} 3 \cdot 0 - 2 \cdot 4 \\ 2 \cdot (-1) - 1 \cdot 0 \\ 1 \cdot 4 - 3 \cdot (-1) \end{pmatrix} = \begin{pmatrix} -8 \\ -2 \\ 7 \end{pmatrix}$$

Anmerkung:
Mit Hilfe des Vektorprodukts lässt sich die Fläche des Dreiecks ABC direkt ausrechnen. Es ist

$$A_{\triangle} = \frac{1}{2} \left| \overrightarrow{AB} \times \overrightarrow{AC} \right|$$

5.4.1 Parameterform der Ebenengleichung ☐

Im Folgenden sind jeweils drei Punkte bzw. eine Gerade und ein Punkt gegeben, die eine Ebene festlegen. Geben Sie zu diesen Ebenen jeweils eine Ebenengleichung in Parameterform an.

a) A (1 | 4 | 3), B (2 | 7 | −3), C (3 | 5 | 1)

b) P (3 | 1 | 2), Q (4 | 7 | 3), R (4 | 0 | −1)

c) A (1 | 3 | 6), $g\colon \vec{x} = \begin{pmatrix} -1 \\ 2 \\ 4 \end{pmatrix} + t \cdot \begin{pmatrix} 3 \\ 6 \\ -1 \end{pmatrix}$

d) B (0 | 1 | 2), $g\colon \vec{x} = \begin{pmatrix} 7 \\ 3 \\ 2 \end{pmatrix} + t \cdot \begin{pmatrix} 1 \\ 2 \\ 1 \end{pmatrix}$

5.4.2 Koordinatengleichung einer Ebene ☐

Bestimmen Sie eine Koordinatengleichung der Ebene E. Es sind entweder drei Punkte, ein Punkt und eine Gerade oder zwei Geraden, die die Ebene aufspannen, gegeben.

a) A (2 | 2 | 2), B (4 | 1 | 3), C (8 | 4 | 5)

b) P (1 | 3 | 5), Q (2 | 7 | 3), R (5 | 1 | 3)

c) A (4 | 1 | 2), $g\colon \vec{x} = \begin{pmatrix} 3 \\ 5 \\ 7 \end{pmatrix} + t \cdot \begin{pmatrix} 1 \\ 1 \\ 1 \end{pmatrix}$

d) C (4 | 3 | 4), $g\colon \vec{x} = \begin{pmatrix} 7 \\ 2 \\ 3 \end{pmatrix} + t \cdot \begin{pmatrix} 1 \\ -3 \\ -3 \end{pmatrix}$

e) $g_1\colon \vec{x} = \begin{pmatrix} 1 \\ 2 \\ 3 \end{pmatrix} + t \cdot \begin{pmatrix} 1 \\ 3 \\ 4 \end{pmatrix}$ $\quad g_2\colon \vec{x} = \begin{pmatrix} 1 \\ 2 \\ 3 \end{pmatrix} + s \cdot \begin{pmatrix} 2 \\ -1 \\ 3 \end{pmatrix}$

f) $g_1\colon \vec{x} = \begin{pmatrix} 1 \\ 2 \\ 4 \end{pmatrix} + s \cdot \begin{pmatrix} 1 \\ 3 \\ 2 \end{pmatrix}$ $\quad g_2\colon \vec{x} = \begin{pmatrix} 3 \\ 3 \\ 7 \end{pmatrix} + t \cdot \begin{pmatrix} 2 \\ 1 \\ 3 \end{pmatrix}$

g) $g_1\colon \vec{x} = \begin{pmatrix} 3 \\ 1 \\ 6 \end{pmatrix} + s \cdot \begin{pmatrix} 2 \\ 1 \\ 4 \end{pmatrix}$ $\quad g_2\colon \vec{x} = \begin{pmatrix} -1 \\ -8 \\ 4 \end{pmatrix} + t \cdot \begin{pmatrix} 1 \\ 4 \\ -1 \end{pmatrix}$

h) $g_1\colon \vec{x} = \begin{pmatrix} 1 \\ 0 \\ 2 \end{pmatrix} + s \cdot \begin{pmatrix} 3 \\ 1 \\ 2 \end{pmatrix}$ $\quad g_2\colon \vec{x} = \begin{pmatrix} 4 \\ 1 \\ 1 \end{pmatrix} + t \cdot \begin{pmatrix} 6 \\ 2 \\ 4 \end{pmatrix}$

i) $g\colon \vec{x} = \begin{pmatrix} 0 \\ 1 \\ 0 \end{pmatrix} + s \cdot \begin{pmatrix} 2 \\ 1 \\ 2 \end{pmatrix}$ $\quad h\colon \vec{x} = \begin{pmatrix} 2 \\ 0 \\ 2 \end{pmatrix} + t \cdot \begin{pmatrix} -4 \\ -2 \\ -4 \end{pmatrix}$

j) Die Ebene E ist Spiegelebene zwischen A (1 | 4 | 7) und A* (3 | 2 | 3).

k) Die Ebene E enthält die Gerade $g: \vec{x} = \begin{pmatrix} 3 \\ 1 \\ 2 \end{pmatrix} + t \cdot \begin{pmatrix} 2 \\ 0 \\ -1 \end{pmatrix}$ und ist orthogonal zur Ebene $F: -x + y + 2z + 2 = 0$.

l) Prüfen Sie, ob die vier Punkte $A(2 \mid 1 \mid 2)$, $B(4 \mid 3 \mid 4)$, $C(7 \mid 2 \mid 3)$ und $D(8 \mid -1 \mid 0)$ in einer Ebene liegen.

5.4.3 Ebenen im Koordinatensystem ☐

Es sind verschiedene Ebenen angegeben. Zeichnen Sie diese mit Hilfe ihrer Spurpunkte in ein kartesisches Koordinatensystem ein:

Tipp: Spurpunkte sind die Punkte, in denen die Ebene die Koordinatenachsen schneidet.

a) $E: 3x + 4y + 3z = 12$ b) $E: 4x - 8y + 4z = 16$ c) $E: 3x - 3y - 3z = 9$

d) $E: 2x + 4y = 8$ e) $E: x + 2z = 4$ f) $E: 3y + z = 3$

g) $E: y = 3$ h) $E: x - y = 0$

5.4.4 Bestimmen von Geraden und Ebenen in einem Quader ☐

In der Abbildung ist ein Quader dargestellt, M und N seien die Mittelpunkte der beiden Kanten $\overline{BE}$ bzw. $\overline{CF}$.

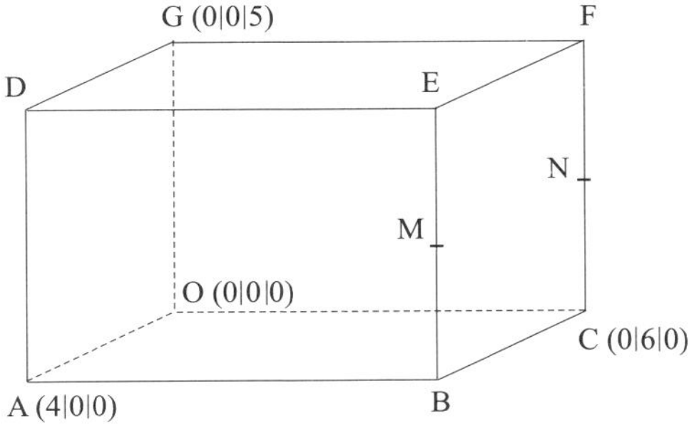

a) Bestimmen Sie die Koordinaten der übrigen Punkte.

b) Geben Sie eine Koordinatengleichung der Ebene durch B, E und F an.

c) Geben Sie je eine Geradengleichung der Geraden durch A und N sowie G und M an.

d) Bestimmen Sie die Koordinatengleichung der Ebene durch A, O, E und F.

5.5 Gegenseitige Lage von Geraden und Ebenen

Tipps ab Seite 80, Lösungen ab Seite 148

Eine Gerade und eine Ebene können auf drei verschiedene Weisen zueinander liegen: Die Gerade kann die Ebene schneiden, sie kann parallel zu ihr liegen und sie kann in der Ebene liegen. Liegt die Ebene in der Parameterform vor, werden Geraden- und Ebenengleichung gleichgesetzt. Liegt sie in der Koordinatenform vor, schreiben Sie die Gerade als «allgemeinen Punkt» um und setzten diesen in die Ebenengleichung ein.

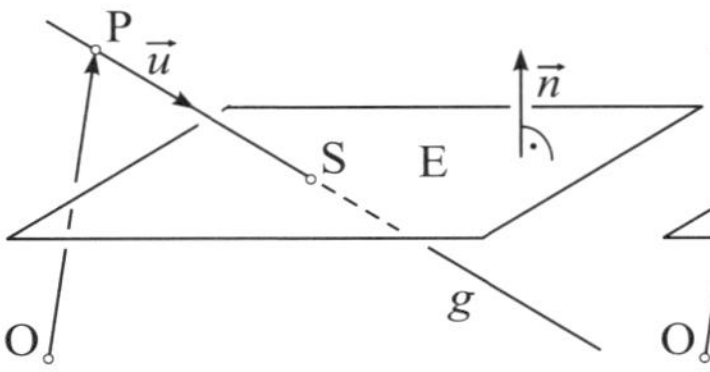

g schneidet E

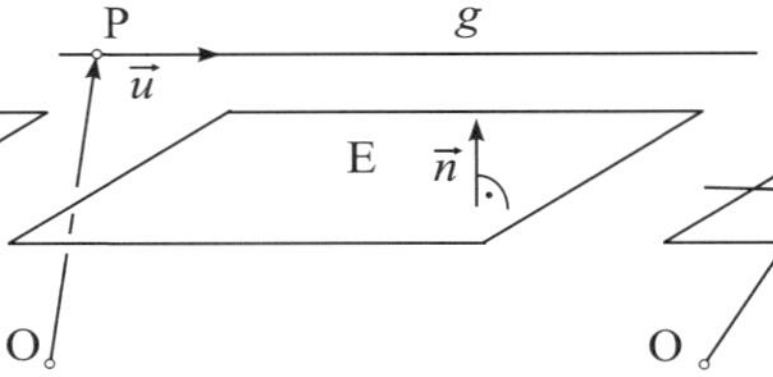

g ist parallel zu E

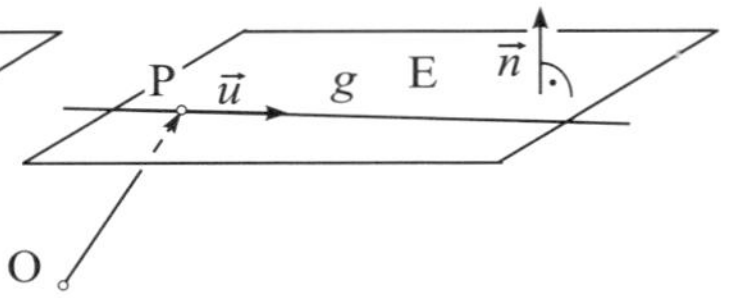

g liegt in E

5.5.1 Gegenseitige Lage

Bestimmen Sie die gegenseitige Lage der Gerade und der Ebene:

a) $g: \vec{x} = \begin{pmatrix} 4 \\ 6 \\ 2 \end{pmatrix} + t \cdot \begin{pmatrix} 1 \\ 2 \\ 3 \end{pmatrix}$ E: $2x + 4y + 6z + 12 = 0$

b) $g: \vec{x} = \begin{pmatrix} 3 \\ 2 \\ 2 \end{pmatrix} + s \cdot \begin{pmatrix} 2 \\ 5 \\ 7 \end{pmatrix}$ E: $2x + y - 3z = 4$

c) $g: \vec{x} = \begin{pmatrix} 1 \\ -2 \\ 3 \end{pmatrix} + s \cdot \begin{pmatrix} 2 \\ 1 \\ 2 \end{pmatrix}$ E: $x - z = 0$

d) $g: \vec{x} = \begin{pmatrix} 1 \\ 2 \\ 3 \end{pmatrix} + t \cdot \begin{pmatrix} 1 \\ 3 \\ 4 \end{pmatrix}$ E: $13x + 5y - 7z - 2 = 0$

e) $g: \vec{x} = \begin{pmatrix} 4 \\ 1 \\ 3 \end{pmatrix} + t \cdot \begin{pmatrix} 2 \\ -1 \\ 1 \end{pmatrix}$ E: $\vec{x} = \begin{pmatrix} 1 \\ -2 \\ -2 \end{pmatrix} + r \cdot \begin{pmatrix} 3 \\ 6 \\ -3 \end{pmatrix} + s \cdot \begin{pmatrix} 8 \\ -4 \\ 4 \end{pmatrix}$

f) $g\colon \vec{x} = \begin{pmatrix} 3 \\ 4 \\ 7 \end{pmatrix} + t \cdot \begin{pmatrix} 1 \\ 0 \\ 1 \end{pmatrix}$ $\qquad$ $E\colon \vec{x} = \begin{pmatrix} 4 \\ 6 \\ 8 \end{pmatrix} + r \cdot \begin{pmatrix} 3 \\ 8 \\ 9 \end{pmatrix} + s \cdot \begin{pmatrix} 10 \\ 5 \\ 4 \end{pmatrix}$

5.5.2 Vermischte Aufgaben

☐

a) Gegeben ist die Ebene $E: 2x + y - 2z = 12$. Bestimmen Sie die Gleichung einer Geraden, welche parallel zu E ist und durch den Punkt $P(4 \mid 9 \mid 7)$ verläuft.

b) Die Ebene E hat die Gleichung $E: 4x - 3y + 5z = 17$. Bestimmen Sie die Gleichung der Geraden, die orthogonal zu E ist und durch den Punkt $Q(4 \mid -1 \mid 3)$ verläuft.

c) Zeigen Sie, dass die Gerade $g\colon \vec{x} = \begin{pmatrix} 4 \\ 6 \\ 8 \end{pmatrix} + t \cdot \begin{pmatrix} 1 \\ 2 \\ 2 \end{pmatrix}$ und die Ebene $E\colon 4x - 3y + z = 7$ keine gemeinsamen Punkte haben.

d) Zeigen Sie, dass die Ebene $E: 4x - 2y = 4$ die Gerade $g: \vec{x} = \begin{pmatrix} 4 \\ 6 \\ 8 \end{pmatrix} + t \cdot \begin{pmatrix} 1 \\ 2 \\ 3 \end{pmatrix}$ enthält.

6 Abstände, Winkel und Spiegelungen

6.1 Abstandsberechnungen

Tipps ab Seite 81, Lösungen ab Seite 151

6.1.1 Abstand Punkt – Ebene

Berechnen Sie den Abstand des Punktes von der Ebene:

a) $\mathrm{P}(2 \mid 4 \mid -1), \mathrm{E}: \; 2x - y + 2z = 1$

b) $\mathrm{Q}(7 \mid 4 \mid 3), \mathrm{E}: \; x + 2y + 2z = 3$

c) $\mathrm{R}(5 \mid 5 \mid 2), \mathrm{E}: \; \left(\vec{x} - \begin{pmatrix} 1 \\ 2 \\ 2 \end{pmatrix}\right) \cdot \begin{pmatrix} 4 \\ 3 \\ 0 \end{pmatrix} = 0$

6.1.2 Abstand Punkt – Punkt

a) Bestimmen Sie denjenigen Punkt A auf $g: \; \vec{x} = \begin{pmatrix} 2 \\ 1 \\ 3 \end{pmatrix} + t \cdot \begin{pmatrix} 2 \\ 1 \\ 2 \end{pmatrix}$,

welcher von $\mathrm{P}(5 \mid 1 \mid 0)$ und $\mathrm{Q}(6 \mid 3 \mid 7)$ die gleiche Entfernung hat.

b) Bestimmen Sie diejenigen Punkte auf $g: \; \vec{x} = \begin{pmatrix} 1 \\ 0 \\ 2 \end{pmatrix} + t \cdot \begin{pmatrix} 2 \\ 1 \\ 2 \end{pmatrix}$,

welche von $\mathrm{A}(3 \mid 1 \mid 4)$ die Entfernung 3 LE haben.

6.2 Winkelberechnungen

Tipps ab Seite 82, Lösungen ab Seite 154

Die verschiedenen Aufgaben der Winkelberechnungen lassen sich auf die Berechnung des Winkels φ zwischen zwei Vektoren $\vec{a}$ und $\vec{b}$ zurückführen, den man mit Hilfe der Formel

$$\cos(\varphi) = \frac{\vec{a} \cdot \vec{b}}{|\vec{a}| \left|\vec{b}\right|}$$

bestimmen kann.

Will man den spitzen Winkel φ zwischen zwei Geraden berechnen, verwendet man die Formel

$$\cos(\varphi) = \frac{|\vec{u}_1 \cdot \vec{u}_2|}{|\vec{u}_1|\,|\vec{u}_2|}$$

wobei $\vec{u}_1$ und $\vec{u}_2$ die beiden Richtungsvektoren der Geraden sind.
Ohne Taschenrechner lässt sich der Winkel in der Regel nur dann bestimmen, wenn es sich um einen rechten Winkel handelt. Bestimmen Sie ansonsten den Ausdruck für den Kosinus des Winkels.

Tipp: Machen Sie eine Skizze. Überlegen Sie, welche Vektoren der Geraden den Winkel einschließen.

Aufgaben:

a) Berechnen Sie die Innenwinkel des Dreiecks ABC: $A\,(6\,|\,-1\,|\,1)$, $B\,(4\,|\,3\,|\,-3)$, $C\,(0\,|\,5\,|\,1)$.

b) Berechnen Sie den Winkel zwischen den beiden Geraden oder bestimmen Sie einen Rechenausdruck:

I) $g:\ \vec{x} = \begin{pmatrix} 2 \\ 1 \\ -1 \end{pmatrix} + s \cdot \begin{pmatrix} -1 \\ 3 \\ 5 \end{pmatrix}$ $\qquad h:\ \vec{x} = \begin{pmatrix} 2 \\ 1 \\ -1 \end{pmatrix} + t \cdot \begin{pmatrix} 7 \\ -1 \\ 2 \end{pmatrix}$

II) $g:\ \vec{x} = \begin{pmatrix} 4 \\ 0 \\ 1 \end{pmatrix} + s \cdot \begin{pmatrix} 2 \\ -6 \\ 10 \end{pmatrix}$ $\qquad h:\ \vec{x} = \begin{pmatrix} 4 \\ 0 \\ 1 \end{pmatrix} + t \cdot \begin{pmatrix} 2 \\ 3 \\ 5 \end{pmatrix}$

6.3 Spiegelungen ☐

Tipps ab Seite 82, Lösungen ab Seite 155

Die Aufgaben der Spiegelungen lassen sich oft auf die Spiegelung eines Punktes an einem Punkt zurückführen. Hierzu stellt man eine geeignete Vektorkette mit Hilfe des Ursprungs auf.
Um einen Punkt an einer Ebene zu spiegeln, schneidet man die Lotgerade durch diesen Punkt mit der Ebene.
Um einen Punkt an einer Geraden zu spiegeln, stellt man eine orthogonale Hilfsebene durch diesen Punkt auf und schneidet sie mit der Geraden.

6.3.1 Punkt an Punkt ☐

Spiegeln Sie den Punkt $P(3\mid 4\mid 5)$ jeweils an dem angegebenen Punkt:

a) $Q(2\mid 1\mid 2)$ b) $R(0\mid 3\mid -2)$ c) $S(-3\mid 1\mid 4)$

6.3.2 Punkt an Ebene ☐

Spiegeln Sie jeweils den Punkt an der Ebene:

a) $A(1\mid 4\mid 7)$
$E:\ x-y-2z+11=0$

b) $S(-1\mid -4\mid -9)$
$E:\ 2x-2y+z=6$

c) $P(2\mid 3\mid 4)$
$E:\ 4x+y-z=3$

Stochastik

7 Wahrscheinlichkeitsrechnung

7.1 Baumdiagramme und Pfadregeln

Tipps ab Seite 83, Lösungen ab Seite 157

In diesem Kapitel geht es darum, mit Hilfe bereits bekannter Wahrscheinlichkeiten von einzelnen Ergebnissen die Wahrscheinlichkeiten weiterer, oft «komplizierterer» Ereignisse zu bestimmen. Ein wichtiges Hilfsmittel zur Veranschaulichung hierfür sind *Baumdiagramme*. Sie sind insbesondere bei mehrstufigen Zufallsexperimenten hilfreich. Eine Verzweigung entspricht dabei den möglichen Versuchausgängen der jeweiligen Stufe; längs der «Äste» werden die zugehörigen Wahrscheinlichkeiten notiert.
Bei mehrstufigen Zufallsexperimenten unterscheidet man *geordnete Stichproben* (d.h. Beachtung der Reihenfolge) von *ungeordneten Stichproben*; beide Stichprobenarten können *mit oder ohne Zurücklegen* durchgeführt werden. Bei der Erstellung des Baumdiagrammes muss man darauf achten, dass sich bei Stichproben ohne Zurücklegen die Wahrscheinlichkeiten bei jeder Stufe ändern.
Manchmal ist es auch geschickt oder hilfreich die Wahrscheinlichkeit eines Ereignisses A mithilfe des Gegenereignisses $\bar{A}$ zu berechnen; dies ist vor allem (aber nicht immer) bei den Signalwörtern «mindestens» oder «höchstens» der Fall. Es gilt dann für die entsprechenden Wahrscheinlichkeiten:

$$P(A) = 1 - P(\bar{A})$$

1. Beispiel: Ziehen mit Zurücklegen

Ein Gefäß enthält 4 blaue und 6 rote Kugeln. Es werden 2 Kugeln mit Zurücklegen gezogen.
Da 4 blaue und 6 rote, also insgesamt 10 Kugeln in der Urne sind, beträgt die Wahrscheinlichkeit bei jedem Ziehen für die Ergebnisse blau (b): $\frac{4}{10}$ und für rot (r): $\frac{6}{10}$.
Damit erhält man folgendes Baumdiagramm:

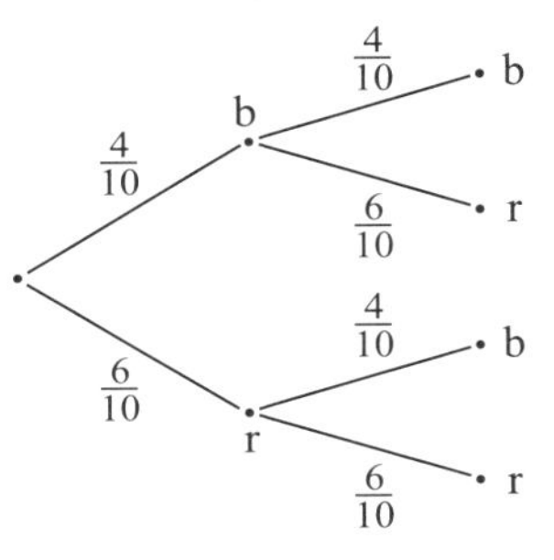

Wichtige Rechenregeln für Baumdiagramme sind die *1. Pfadregel* und die *2. Pfadregel*:
Die 1. Pfadregel (Produktregel) besagt, dass man die Wahrscheinlichkeit längs eines Pfades berechnet, indem man die Wahrscheinlichkeiten der zugehörigen Äste miteinander multipliziert.
Mit der 2. Pfadregel (Summenregel) kann man die Wahrscheinlichkeit eines Ereignisses berechnen, indem man die Wahrscheinlichkeiten aller zugehörigen Pfade addiert.

Will man beispielsweise die Wahrscheinlichkeit berechnen, dass beide Kugeln rot sind, so ergibt sich mit Hilfe der 1. Pfadregel:

$$P(\text{«beide Kugeln rot»}) = P(rr) = \frac{6}{10} \cdot \frac{6}{10} = \frac{36}{100} = 0{,}36$$

Will man die Wahrscheinlichkeit berechnen, dass beide Kugeln gleichfarbig sind, so ergibt sich mit Hilfe der 1. und 2. Pfadregel:

$$P(\text{«beide Kugeln gleichfarbig»}) = P(rr) + P(bb) = \frac{6}{10} \cdot \frac{6}{10} + \frac{4}{10} \cdot \frac{4}{10} = \frac{36}{100} + \frac{16}{100} = \frac{52}{100} = 0{,}52$$

2. Beispiel: Ziehen ohne Zurücklegen

Eine Urne enthält 2 rote und 9 schwarze Kugeln. Es werden 2 Kugeln gleichzeitig gezogen. Das gleichzeitige Ziehen entspricht dem Ziehen ohne Zurücklegen. Man erhält folgendes Baumdiagramm:

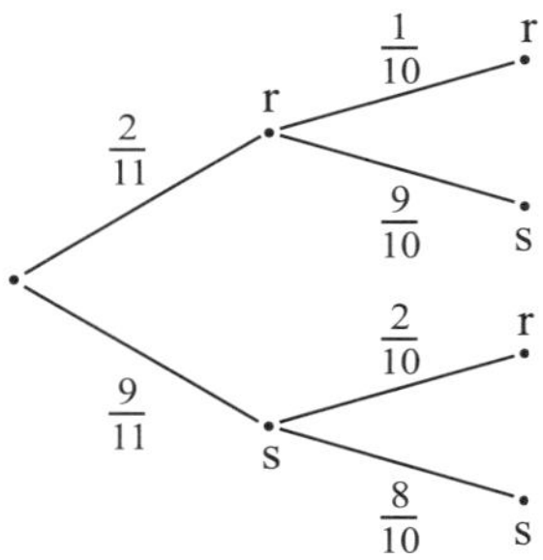

Da 2 rote und 9 schwarze, also insgesamt 11 Kugeln in der Urne sind, beträgt die Wahrscheinlichkeit beim 1. Ziehen für rot (r): $\frac{2}{11}$ und für schwarz (s): $\frac{9}{11}$.

Beim 2. Ziehen sind nur noch 10 Kugeln vorhanden und die Wahrscheinlichkeiten hängen davon ab, welche Farbe schon gezogen wurde.

Will man beispielsweise die Wahrscheinlichkeit berechnen, dass genau eine Kugel schwarz ist, ergibt sich mit Hilfe der 1. und 2. Pfadregel (Produkt- und Summenregel):

$$P(\text{«genau eine schwarze Kugel»}) = P(rs) + P(sr) = \frac{2}{11} \cdot \frac{9}{10} + \frac{9}{11} \cdot \frac{2}{10} = \frac{9}{55} + \frac{9}{55} = \frac{18}{55}$$

Will man die Wahrscheinlichkeit berechnen, dass mindestens eine der beiden Kugeln schwarz ist, erhält man mit Hilfe des Gegenereignisses:

$$\begin{aligned} P(\text{«mindestens eine schwarze Kugel»}) &= 1 - P(\text{«keine schwarze Kugel»}) \\ &= 1 - P(rr) \\ &= 1 - \frac{2}{11} \cdot \frac{1}{10} \\ &= 1 - \frac{1}{55} \\ &= \frac{54}{55} \end{aligned}$$

7.1.1 Ziehen mit Zurücklegen ☐

a) Eine Urne enthält 4 rote, 3 weiße und 2 gelbe Kugeln. Es werden 2 Kugeln mit Zurücklegen gezogen.

I) Mit welcher Wahrscheinlichkeit erhält man eine weiße und eine gelbe Kugel?

II) Wie groß ist die Wahrscheinlichkeit, dass man keine weiße Kugel erhält ?

b) Ein Gefäß enthält 8 rote, 4 blaue und 2 weiße Kugeln. Es werden 2 Kugeln mit Zurücklegen gezogen.

I) Mit welcher Wahrscheinlichkeit erhält man keine rote Kugel?

II) Berechnen Sie die Wahrscheinlichkeit, dass man höchstens eine rote Kugel erhält?

c) In einem Behälter befinden sich 3 rote und 5 gelbe Kugeln. Es werden 2 Kugeln mit Zurücklegen gezogen.

I) Berechnen Sie die Wahrscheinlichkeit, dass mindestens eine der beiden Kugeln gelb ist.

II) Wie viele gelbe Kugeln hätten sich in dem Behälter befinden müssen, damit die Wahrscheinlichkeit, mindestens eine gelbe Kugel zu ziehen, 0,91 betragen hätte?

d) In einer Urne befinden sich rote und schwarze Kugeln. Es ergibt sich das nebenstehende Baumdiagramm.

I) Beschreiben Sie eine Situation, die zu diesem Baumdiagramm passt.

II) Wie groß ist die Wahrscheinlichkeit, dass mindestens eine Kugel rot ist?

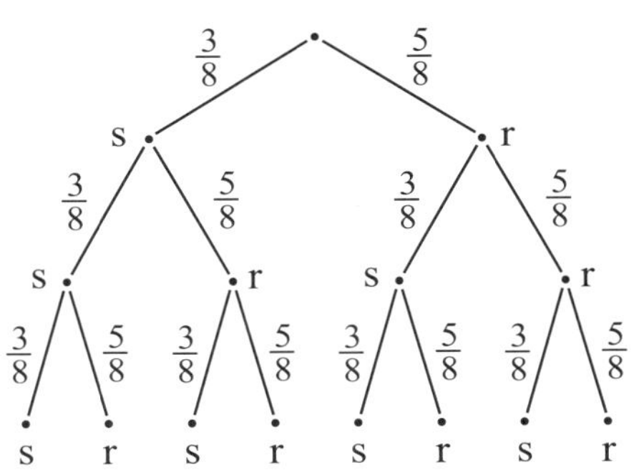

7.1.2 Ziehen ohne Zurücklegen ☐

a) In einer Urne befinden sich 2 grüne, 3 rote und 5 blaue Kugeln. Es werden 2 Kugeln ohne Zurücklegen gezogen.

I) Mit welcher Wahrscheinlichkeit wird eine grüne und eine rote Kugel gezogen?

II) Berechnen Sie die Wahrscheinlichkeit, dass keine blaue Kugel gezogen wird.

b) In einer Urne befinden sich rote und schwarze Kugeln. Es ergibt sich folgendes Baumdiagramm:

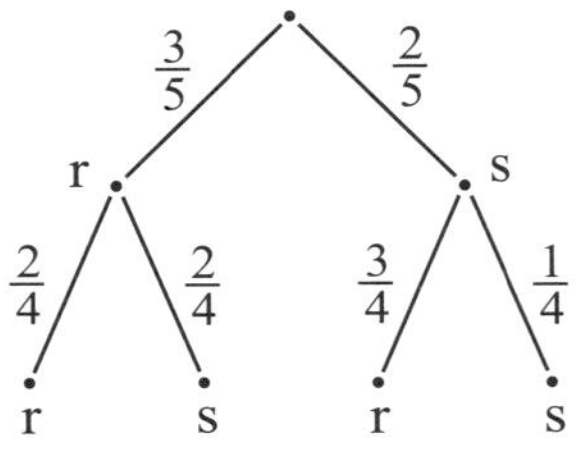

I) Beschreiben Sie eine Situation, die zu diesem Baumdiagramm passt.

II) Wie groß ist die Wahrscheinlichkeit, dass beide Kugeln gleichfarbig sind?

c) In einer Urne sind 7 weiße, 5 schwarze und 3 rote Kugeln. Es werden 3 Kugeln gleichzeitig gezogen.

I) Wie groß ist die Wahrscheinlichkeit, dass eine Kugel weiß ist und zwei Kugeln schwarz sind?

II) Mit welcher Wahrscheinlichkeit ist mindestens eine Kugel weiß?

d) In einer Urne sind 4 weiße und eine unbekannte Anzahl roter Kugeln. Es werden 2 Kugeln ohne Zurücklegen gezogen.

I) Wie viele rote Kugeln waren vorhanden, wenn die Wahrscheinlichkeit, dass beide Kugeln weiß sind, $\frac{1}{6}$ beträgt?

II) Wie viele rote Kugeln waren vorhanden, wenn die Wahrscheinlichkeit, dass mindestens eine Kugel weiß ist, $\frac{2}{3}$ beträgt?

7.1.3 Mehrstufige Experimente ☐

a) In einem Gefäß G_1 befinden sich 2 rote und 3 blaue Kugeln, in einem Gefäß G_2 sind 2 rote und 4 blaue Kugeln.

I) Aus G_1 werden 2 Kugeln mit Zurücklegen gezogen, anschließend wird aus G_2 eine Kugel gezogen.
Gesucht ist die Wahrscheinlichkeit, dass mindestens 2 rote Kugeln gezogen wurden.

II) Aus G_1 werden 2 Kugeln ohne Zurücklegen gezogen und in Gefäß G_2 gelegt, anschließend wird aus G_2 eine Kugel gezogen.
Berechnen Sie die Wahrscheinlichkeit, dass genau 1 rote Kugel gezogen wurde.

b) In einer Lostrommel sind 3 Gewinne und 7 Nieten. Eine Person kauft 3 Lose.

I) Berechnen Sie die Wahrscheinlichkeit, dass genau 2 Gewinne gezogen werden.

II) Wie groß ist die Wahrscheinlichkeit, dass ein Gewinn erst beim dritten Zug gezogen wird?

c) In drei Tablettenpackungen mit je 10 Tabletten sind gelbe und weiße Tabletten. In der ersten Packung gibt es eine gelbe Tablette, in der zweiten Packung sind zwei gelbe Tabletten und in der dritten Packung sind drei gelbe Tabletten.

   I) Aus der dritten Packung werden 3 Tabletten entnommen. Mit welcher Wahrscheinlichkeit werden mindestens 2 gelbe Tabletten gezogen?

   II) Es wird eine Packung ausgewählt und dieser werden 2 Tabletten entnommen. Wie groß ist die Wahrscheinlichkeit, dass beide Tabletten gelb sind?

d) Ein Kartenspiel besteht aus 2 Stapeln Karten. Im ersten Stapel sind 2 rote und 3 schwarze Karten, im zweiten Stapel gibt es 2 rote und 4 schwarze Karten.

   I) Vom ersten und vom zweiten Stapel werden jeweils 2 Karten ohne Zurücklegen gezogen. Berechnen Sie die Wahrscheinlichkeit, dass alle Karten rot sind.

   II) Vom ersten Stapel werden 2 Karten gezogen und mit den Karten des 2. Stapels vermischt. Anschließend wird vom 2. Stapel eine Karte gezogen. Mit welcher Wahrscheinlichkeit ist diese gezogene Karte schwarz?

7.2 Unabhängigkeit und Vierfeldertafeln ☐

Tipps ab Seite 85, Lösungen ab Seite 168

Zwei Ereignisse A und B heißen *(stochastisch) unabhängig* genau dann, wenn der *spezielle Multiplikationssatz* gilt:

$$P(A \cap B) = P(A) \cdot P(B)$$

$A \cap B$ bedeutet: A und B treten ein

Ein wichtiges Hilfsmittel zur Darstellung und Prüfung der Unabhängigkeit zweier Ereignisse sind *Vierfeldertafeln*.

1. Beispiel:

In einer Eisdiele wurde über längere Zeit das Kaufverhalten der Kunden beobachtet. Bei Kunden, die genau zwei Kugeln Eis bestellten, konnte folgende Regelmäßigkeit festgestellt werden: Die Wahrscheinlichkeit, dass die 1. der genannten Sorten Vanille ist, liegt bei $p = 0,4$. Für die Wahrscheinlichkeit, dass die 2. genannte Sorte Schokolade ist, gilt $p = 0,3$.

Mit A bezeichnet man das Ereignis «Die 1. bestellte Sorte ist Vanille», mit $\overline{A}$ entsprechend «Die 1. bestellte Sorte ist nicht Vanille». Mit B bezeichnet man das Ereignis « Die 2. Sorte ist Schokolade»:

Zuerst werden die Werte in den Randspalten bzw. Zeilen eingetragen, also $P(A) = 0,4$ und $P(B) = 0,3$ sowie die Differenz zu 1. Da die Ereignisse A und B unabhängig sind, ergeben sich die Werte in der Mitte durch Multiplikation der Randwerte, z.B.
$P\left(A \cap \overline{B}\right) = P(A) \cdot P\left(\overline{B}\right) = 0,4 \cdot 0,7 = 0,28.$

	A	$\overline{A}$	
B	0,12	0,18	0,3
$\overline{B}$	0,28	0,42	0,7
	0,4	0,6	1

2. Beispiel:

Die Wahrscheinlichkeit, an einer bestimmten Infektion zu erkranken, beträgt 60 %. Die Wahrscheinlichkeit, einen Mann oder eine Frau anzutreffen, beträgt jeweils 50 %. Bezeichnet man mit M: Mann und mit K: Krank, so ist für die Wahrscheinlichkeit der Infizierung von Männern und Frauen folgende Vierfeldertafel gegeben:

	M	$\overline{M}$	
K	0,25	0,35	0,6
$\overline{K}$	0,25	0,15	0,4
	0,5	0,5	1

Anhand der Vierfeldertafel kann man beispielsweise ablesen, wie groß die Wahrscheinlichkeit ist, dass man eine gesunde Frau trifft:

$$P\left(\overline{K} \cap \overline{M}\right) = 0,15 = 15\%$$

Um zu prüfen, ob die beiden Ereignisse K und M unabhängig voneinander sind, verwendet man den Multiplikationssatz:

Es ist $P(K \cap M) = 0,25$ und $P(K) \cdot P(M) = 0,6 \cdot 0,5 = 0,3$.
Wegen $P(K \cap M) \neq P(K) \cdot P(M)$ sind die Ereignisse K und M nicht unabhängig voneinander.

Aufgaben:

a) Vervollständigen Sie die folgenden Vierfeldertafeln unter der Bedingung, dass A und B unabhängige Ereignisse sind.

I)

	A	$\overline{A}$	
B			0,4
$\overline{B}$			
	0,8		

II)

	A	$\overline{A}$	
B	$\frac{3}{5}$		
$\overline{B}$			
		$\frac{1}{10}$	

III)

	A	$\overline{A}$	
B	$\frac{1}{20}$		
$\overline{B}$			
	$\frac{1}{5}$		

b) Ein Fragebogen enthält die Zeilen

männlich ☐ weiblich ☐

Raucher ☐ Nichtraucher ☐

Von 200 befragten Personen waren 90 männlich (m), 80 waren Raucher (R). Es gab 36 männliche Raucher. Ist auf Grund der Umfrage zu schließen, dass Geschlecht und Rauchverhalten der befragten Personen unabhängig voneinander sind?

c) Ergänzen Sie die folgenden Vierfeldertafeln und prüfen Sie, ob A und B unabhängig voneinander sind:

I)

	A	$\overline{A}$	
B	0,3		
$\overline{B}$		0,1	
	0,8		

II)

	A	$\overline{A}$	
B			
$\overline{B}$	$\frac{1}{4}$		$\frac{3}{8}$
		$\frac{5}{8}$	

d) In einer Schule begeistern sich 70 % der Schüler für Fußball, 60 % für Schwimmen, 10 % mögen keine der beiden Sportarten.
Stellen Sie eine Vierfeldertafel auf und bestimmen Sie daraus den Anteil der Schüler, die sich für beide Sportarten begeistern.

7.3 Bedingte Wahrscheinlichkeit ☐

Tipps ab Seite 86, Lösungen ab Seite 169

Die *bedingte Wahrscheinlichkeit* $P_B(A)$ ist die Wahrscheinlichkeit dafür, dass das Ereignis A eintritt, unter der Bedingung, dass B bereits eingetreten ist. Dafür gilt:

$$P_B(A) = \frac{P(A \cap B)}{P(B)}$$

Beispiel:

Die Wahrscheinlichkeit, an einer gewissen Infektion zu erkranken, ist für Männer und Frauen unterschiedlich (die Merkmale «Geschlecht» und «Infektion positiv/negativ» sind also *nicht* unabhängig). Die Wahrscheinlichkeit, eine infizierte Person anzutreffen, liegt bei 2 %. Trifft man auf eine infizierte Person, so beträgt die Wahrscheinlichkeit, dass es sich dabei um einen Mann handelt, etwa 53 %. Bezeichne A die Merkmalsausprägung «Mann», und bezeichne «B» die Merkmalsausprägung «Infektion positiv». Es ist damit $P(B) = 0,02$ und $P_B(A) = 0,53$.

Die Wahrscheinlichkeit, eine infizierte männliche Person zu treffen, erhält man mit der bedingten Wahrscheinlichkeit:

$$P_B(A) = \frac{P(A \cap B)}{P(B)} \Rightarrow P(A \cap B) = P(B) \cdot P_B(A) = 0{,}02 \cdot 0{,}53 = 0{,}0106 = 1{,}06\,\%$$

Aufgaben:

a) Eine Frauenzeitschrift machte eine Umfrage unter 100 Frauen. 60 Frauen waren über 40 Jahre alt. Insgesamt gaben 40 Frauen an, die Zeitschrift zu lesen. Unter den Leserinnen waren 25 Frauen über 40 Jahre alt.

I) Wie groß war der Anteil der Leserinnen unter den über 40-jährigen?

II) Wie groß war der Anteil der Nicht-Leserinnen unter den jüngeren Befragten (bis 40 Jahre)?

b) In einer Stadt sind 20 % der Bevölkerung an Aids erkrankt. Von einem Aids-Test weiß man, dass er nicht ganz sicher ist. Es können zwei Fehler auftreten:
1. Bei 95 % der Erkrankten fällt der Test positiv aus, beim Rest wird die Krankheit nicht erkannt.
2. Bei 90 % der Gesunden fällt der Test negativ aus, beim Rest wird fälschlicherweise ein Aidsverdacht ausgesprochen.

I) Wie groß ist die Wahrscheinlichkeit, dass eine Person, bei der der Test positiv ausfällt, wirklich an Aids erkrankt ist?

II) Wie groß ist die Wahrscheinlichkeit, dass eine Person, bei der der Test negativ ausfällt, wirklich gesund ist?

c) In einem Stadtteil sind 30 % der Einwohner über 70 Jahre alt, davon sind 40 % Männer. Unter den jüngeren Einwohnern (bis 70 Jahre) beträgt der Anteil der Männer 50 %.

I) Welcher Anteil der Männer ist höchstens 70 Jahre alt?

II) Welcher Anteil der Frauen ist über 70 Jahre alt?

7.4 Binomialverteilung

Tipps ab Seite 87, Lösungen ab Seite 171

Ein Zufallsexperiment, das genau zwei mögliche Ausgänge hat (z.B. Münzwurf mit Ausgängen «Kopf» und «Zahl», Wurf eines Würfels mit Ausgängen «Zahl gerade» und «Zahl ungerade» oder «1» und «Zahl größer als 1», Ziehen einer Kugel mit den Ausgängen «rot» und «nicht rot») heißt *Bernoulliexperiment.*
Bernoulliketten sind Versuchsreihen, bei denen das gleiche Bernoulliexperiment mehrmals durchgeführt wird. Bernoulliketten sind charakterisiert durch ihre *Länge* n («Anzahl der Versuche / Beobachtungen») und durch die sogenannte *Trefferwahrscheinlichkeit* p.

Eine *Wahrscheinlichkeitsverteilung* gibt an, mit welchen Wahrscheinlichkeiten eine Zufallsvariable X die möglichen Werte annimmt. Immer dann, wenn das einer Zufallsvariable zugrunde liegende Zufallsexperiment eine *Bernoullikette* ist, liegt eine Binomialverteilung vor.

Ist X Zufallsvariable für die «Anzahl der Treffer» in insgesamt n Bernoulliversuchen, so wird die Wahrscheinlichkeit P eines Ereignisses mit genau k Treffern ($0 \leqslant k \leqslant n$) mit der Trefferwahrscheinlichkeit p und der Kettenlänge n (Anzahl der Durchführungen des Experiments) mit folgender Formel berechnet:

$$P(X=k)=\binom{n}{k}\cdot p^k\cdot(1-p)^{n-k}$$

Beispiel 1:
Eine verbeulte Münze mit P(«Zahl») $= \frac{1}{3}$ wird fünfmal geworfen. Um die Wahrscheinlichkeit, dass genau zweimal «Zahl» erscheint, zu berechnen, bestimmt man die Kettenlänge $n = 5$ und die Trefferwahrscheinlichkeit $p = \frac{1}{3}$. Damit gilt:

$$P(X=2)=\binom{5}{2}\cdot\left(\frac{1}{3}\right)^2\cdot\left(\frac{2}{3}\right)^3$$

Manchmal ist es auch geschickt oder hilfreich, mit dem Gegenereignis zu rechnen; dies ist vor allem (aber nicht immer) bei den Signalwörtern «mindestens» oder «höchstens» der Fall. Ist A ein Ereignis und $\bar{A}$ das zugehörige Gegenereignis, so gilt für die entsprechenden Wahrscheinlichkeiten:

$$P(A)=1-P(\bar{A})$$

Beispiel 2:
Eine verbeulte Münze mit P(«Zahl») $= \frac{1}{3}$ wird viermal geworfen. Um die Wahrscheinlichkeit, dass mindestens einmal «Zahl» erscheint, zu berechnen, bestimmt man die Kettenlänge $n = 4$

und die Trefferwahrscheinlichkeit $p = \frac{1}{3}$. Damit erhält man mit Hilfe des Gegenereignisses:

$$\begin{aligned} P(\text{«mindestens einmal Zahl»}) &= 1 - P(\text{«keine Zahl»}) \\ P(X \geqslant 1) &= 1 - P(X = 0) \\ &= 1 - \binom{4}{0} \cdot \left(\frac{1}{3}\right)^0 \cdot \left(\frac{2}{3}\right)^4 \end{aligned}$$

Oft ist auch von Interesse, mit welcher Wahrscheinlichkeit eine Zufallsvariable einen Wert kleiner oder größer als ein vorgegebenes k erzielt. Dafür müssen die einzelnen Wahrscheinlichkeiten addiert werden:

$$P(X \leqslant k) = P(X = 0) + P(X = 1) + P(X = 2) + \ldots + P(X = k)$$

bzw.

$$P(X > k) = 1 - P(X \leqslant k) = 1 - \left[P(X = 0) + P(X = 1) + P(X = 2) + \ldots + P(X = k)\right]$$

Beispiel 3:

Eine verbeulte Münze mit $P(\text{«Zahl»}) = \frac{2}{3}$ wird viermal geworfen. Um die Wahrscheinlichkeit, dass höchstens zweimal «Zahl» erscheint, zu berechnen, bestimmt man die Kettenlänge $n = 4$ und die Trefferwahrscheinlichkeit $p = \frac{2}{3}$. Damit gilt:

$$\begin{aligned} P(\text{«höchst. zweimal Zahl»}) &= P(\text{«keine Zahl»}) + P(\text{«einmal Zahl»}) + P(\text{«zweimal Zahl»}) \\ P(X \leqslant 2) &= P(X = 0) + P(X = 1) + P(X = 2) \\ &= \underbrace{\binom{4}{0} \cdot \left(\frac{2}{3}\right)^0 \cdot \left(\frac{1}{3}\right)^4}_{\text{keine Zahl}} + \underbrace{\binom{4}{1} \cdot \left(\frac{2}{3}\right)^1 \cdot \left(\frac{1}{3}\right)^3}_{\text{einmal Zahl}} + \underbrace{\binom{4}{2} \cdot \left(\frac{2}{3}\right)^2 \cdot \left(\frac{1}{3}\right)^2}_{\text{zweimal Zahl}} \end{aligned}$$

Aufgaben: □

a) Die Zufallsvariable X ist binomialverteilt mit $n = 10$ und $p = 0,4$.

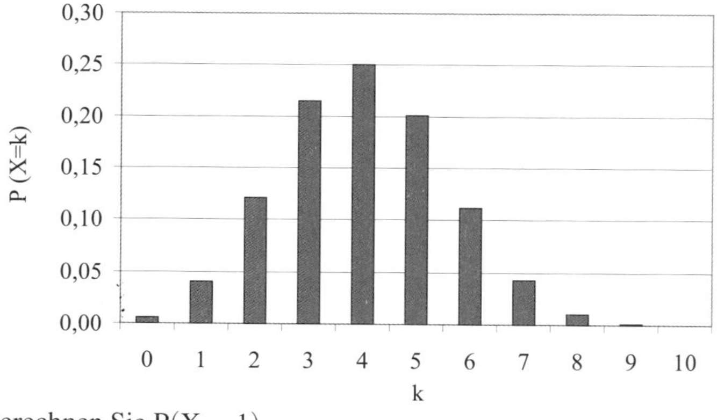

I) Berechnen Sie $P(X = 1)$.

II) Bestimmen Sie mit Hilfe der Abbildung näherungsweise $P(3 < X < 6)$ und $P(X > 6)$.

b) Von einer großen Ladung Apfelsinen sind 20% verdorben. Es wird eine Stichprobe von 5 Stück entnommen.

I) Wie groß ist die Wahrscheinlichkeit, dass in der Stichprobe genau eine Apfelsine verdorben ist?

II) Geben Sie ein Ereignis A und ein Ereignis B an, so dass gilt:

$$P(A) = \binom{5}{3} \cdot 0,2^3 \cdot 0,8^2$$

und

$$P(B) = 1 - 0,2^5$$

c) Die Zufallsvariable X ist binomialverteilt mit $n = 20$ und $p = 0,2$.

I) Berechnen Sie $P(X = 2)$.

II) Bestimmen Sie einen Rechenausdruck für $P(X < 2)$ und $P(X \neq 1)$.

d) Eine Blumenzwiebel keimt mit einer Wahrscheinlichkeit von 90%. Es werden 20 Zwiebeln gekauft.

I) Wie groß ist die Wahrscheinlichkeit, dass alle 20 Zwiebeln keimen?

II) Geben Sie ein Ereignis A und ein Ereignis B an, so dass gilt:

$$P(A) = \binom{20}{18} \cdot 0,9^{18} \cdot 0,1^2 + \binom{20}{19} \cdot 0,9^{19} \cdot 0,1^1 + 0,9^{20}$$

und

$$P(B) = 1 - 0,1^{20}$$

e) Die Zufallsvariable X ist binomialverteilt mit $n = 10$ und $p = 0,6$ und hat folgende Verteilung:

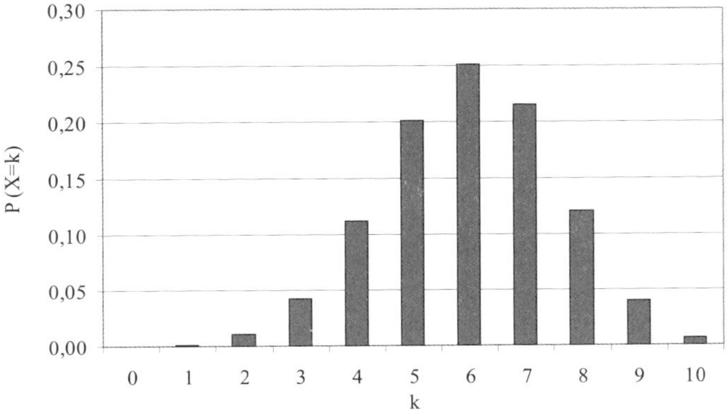

I) Berechnen Sie $P(X = 10)$.

II) Bestimmen Sie näherungsweise $P(X > 5)$ und $P(X \neq 4)$.

f) Laut Verpackungsangabe kommt es bei sachgerechter Pflanzung einer Tulpenzwiebel im nächsten Frühjahr mit einer Wahrscheinlichkeit von 98 % zu einer Blüte. Erklären Sie die Ungleichungen (I) und (II) im Kasten und interpretieren Sie das Ergebnis im Sachzusammenhang.

$0{,}98^n > 0{,}75$ (I)
$n < 14{,}24$ (II)

g) Zehn Raucher entschließen sich zu einer Entwöhnungskur. Zwei von ihnen sind starke Raucher, d.h. ihr Zigarettenkonsum übersteigt 20 Zigaretten pro Tag. Die Erfolgschancen der Behandlung liegen bei einem starken Raucher bei 60 %, bei einem nicht starken Raucher bei 70 %.
Wählen Sie die beiden Terme aus, welche die Wahrscheinlichkeit beschreiben, dass bei genau fünf der acht nicht starken Raucher die Entwöhnung erfolgreich ist. Begründen Sie kurz.

(i) $\binom{8}{3} \cdot 0{,}3^3 \cdot 0{,}7^5$ (ii) $0{,}7^5 \cdot 0{,}3^3$ (iii) $1 - \binom{8}{3} \cdot 0{,}3^3 \cdot 0{,}7^5$

(iv) $\binom{8}{5} \cdot 0{,}3^5 \cdot 0{,}7^3$ (v) $\binom{8}{5} \cdot 0{,}7^5 \cdot 0{,}3^3$ (vi) $\binom{8}{3} \cdot 0{,}7^3 \cdot 0{,}3^5$

h) Bei der Herstellung von Tassen werden erfahrungsgemäß 80% fehlerfrei glasiert. Man entnimmt der laufenden Produktion rein zufällig 10 Tassen.

I) Bestimmen Sie einen Term zur Berechnung der Wahrscheinlichkeit des Ereignisses A: «Von den entnommenen Tassen ist nur die 8. nicht fehlerfrei glasiert».

II) Beschreiben Sie in Worten ein Ereignis B, dessen Wahrscheinlichkeit folgendermaßen berechnet wird:

$$P(B) = \binom{10}{0} \cdot 0{,}8^{10} + \binom{10}{1} \cdot 0{,}8^9 \cdot 0{,}2^1 + \binom{10}{2} \cdot 0{,}8^8 \cdot 0{,}2^2$$

7.5 Erwartungswert und Standardabweichung □

Tipps ab Seite 88, Lösungen ab Seite 175

In diesem Kapitel geht es um den Erwartungswert und die Standardabweichung von *Zufallsvariablen*. Bei Zufallsvariablen handelt es sich nicht wirklich um Variablen, sondern um Funktionen. Eine Zufallsvariable ordnet den konkreten Beobachtungen eines Zufallsexperiments Werte zu.

1. Beispiel:

Bei der Ziehung von 4 Kugeln aus einer Urne mit 15 grünen und 5 gelben Kugeln kann man X definieren als Zufallsvariable für die Anzahl der gezogenen gelben Kugeln. Für den Versuchsausgang $\omega = \{\text{grün; gelb; gelb; gelb}\}$ gilt dann $X(\omega) = 3$, weil gelb drei Mal gezogen wurde. Eine weitere Zufallsvariable Y kann beispielsweise definiert werden für die Anzahl der gezogenen grünen Kugeln. Es ist dann $Y(\omega) = 1$.
Der *Erwartungswert* einer Zufallsvariablen wird häufig für die Gewinnerwartung eines Spiels oder für die Beurteilung der «Fairness» eines Spiels herangezogen. Anschaulich ergibt sich der Erwartungswert einer Zufallsvariable X bei genügend häufiger Wiederholung eines Zufallsexperiments als Mittelwert der Realisierungen von X.
Kann eine Zufallsvariable X bei jeder Durchführung des Zufallsexperiments k verschiedene Werte $x_1;\ x_2;\ \ldots;\ x_k$ annehmen und sind die zugehörigen Wahrscheinlichkeiten $P(x_1);\ P(x_2);\ \ldots;\ P(x_k)$, so ergibt sich als Erwartungswert von X:

$$E[X] = x_1 \cdot P(x_1) + x_2 \cdot P(x_2) + \ldots + x_k \cdot P(x_k)$$

Ist die Zufallsvariable X binomialverteilt mit Kettenlänge n und Trefferwahrscheinlichkeit p, so gilt:

$$\mu = E(X) = n \cdot p$$

Die *Standardabweichung* einer Zufallsvariablen ist ein Maß für die Streuung der Zufallsvariablen, das heißt, ein Maß für die mittlere quadratische Abweichung der Zufallsvariablen von ihrem Erwartungswert. Ist μ der Erwartungswert der Zufallsvariable X, so gilt für die zugehörige Standardabweichung:

$$\sigma = \sqrt{E\left[(X-\mu)^2\right]}$$

Für die zu einer *binomialverteilten Zufallsvariable* gehörigen *Standardabweichung* gilt:

$$\sigma = \sqrt{n \cdot p \cdot (1-p)}$$

2. Beispiel:

Bei einem Spiel mit einem fairen Würfel erhält der Spieler die von ihm erwürfelte Augenzahl in Euro ausgezahlt. Die Zufallsvariable X, die die Höhe des Gewinns beschreibt, kann also die Werte 1 ; 2 ; ...; 6 annehmen. Da die Wahrscheinlichkeit bei jedem Wurf $p = \frac{1}{6}$ ist, beträgt der zu erwartende Gewinn:

$$E[X] = 1 \cdot \frac{1}{6} + 2 \cdot \frac{1}{6} + 3 \cdot \frac{1}{6} + 4 \cdot \frac{1}{6} + 5 \cdot \frac{1}{6} + 6 \cdot \frac{1}{6} = \frac{1}{6} + \frac{2}{6} + \frac{3}{6} + \frac{4}{6} + \frac{5}{6} + \frac{6}{6} = \frac{21}{6} = \frac{7}{2}$$

Ein Spieler hat also mit einem durchschnittlichen Gewinn von 3,50 Euro zu rechnen. Soll das Spiel fair sein, so müsste der Einsatz des Spielers ebenfalls 3,50 Euro betragen. Zahlt er einen höheren Einsatz, so begünstigt das Spiel die Bank; zahlt er einen geringeren Einsatz, so wird der Spieler begünstigt.

3. Beispiel:

Bei einem Glücksspiel zieht ein Spieler eine von insgesamt 30 Kugeln (mit Zurücklegen) aus einer Urne. 18 dieser Kugeln sind mit dem Wert 1 , die übrigen 12 sind mit dem Wert -2 beschriftet. Im ersten Fall bekommt der Spieler einen Euro von der Bank, im zweiten Fall muss er zwei Euro an die Bank zahlen. Die Zufallsgröße X für den «Gewinn» des Spielers kann die Werte 1 und -2 annehmen. Es ist $P(X = 1) = \frac{18}{30} = \frac{3}{5}$ und $P(X = -2) = \frac{12}{30} = \frac{2}{5}$.
Der Erwartungswert von X ist:

$$E[X] = 1 \cdot \frac{3}{5} - 2 \cdot \frac{2}{5} = \frac{3}{5} - \frac{4}{5} = -\frac{1}{5}$$

Das Spiel ist also nicht fair; die Bank wird bevorzugt, da der Spieler durchschnittlich 0,20 Euro pro Spiel verliert.

4. Beispiel:

Ein Obsthändler behauptet, dass 10% seiner Äpfel verdorben sind.
Bei einer Stichprobe aus einer großen Kiste werden 50 Äpfel entnommen.
Da es nur die beiden Ausgänge «verdorben» oder «nicht verdorben» gibt, handelt es sich bei jeder Ziehung um ein Bernoulli-Experiment. Legt man X als Zufallsvariable für die Anzahl der verdorbenen Äpfel fest, so ist X binomialverteilt mit den Parametern $n = 50$ und $p = 0,1$.
Für den Erwartungswert von X gilt:

$$E(X) = \mu = n \cdot p = 50 \cdot 0,1 = 5$$

Für die Standardabweichung von X gilt:

$$\sigma = \sqrt{n \cdot p \cdot (1-p)} = \sqrt{50 \cdot 0,1 \cdot 0,9} = \sqrt{4,5} \approx 2,2$$

Aufgaben:

a) Bei einem Glücksspiel sind in einer Urne 10 Kugeln: 1 weiße, 1 rote und 8 schwarze. Es wird eine Kugel gezogen. Der Einsatz beträgt 50 Cent. Bei «weiß» erhält man 4 Euro, bei «rot» 8 Euro und bei «schwarz» nichts.
Bestimmen Sie den Erwartungswert für den Gewinn.

b) Die Zufallsgröße X sei binomialverteilt.
   I) Bestimmen Sie den Erwartungswert von X für $n = 80$ und $p = 0,3$.
   II) Berechnen Sie die Trefferwahrscheinlichkeit p für $n = 50$ und Erwartungswert $E(X) = 20$.
   III) Bestimmen Sie die Kettenlänge n für $p = 0,6$ und Erwartungswert $E(X) = 12$.

c) Bei einem Glücksspiel wird nebenstehendes Glücksrad verwendet.
Die Mittelpunktswinkel betragen 180°, 120° und 60°.
Als Einsatz bezahlt man zwei Euro. Das Glücksrad wird einmal gedreht.
Man erhält den Betrag ausbezahlt, in dessen Sektor der Zeiger zu stehen kommt.
Berechnen Sie den Erwartungswert für den Gewinn.

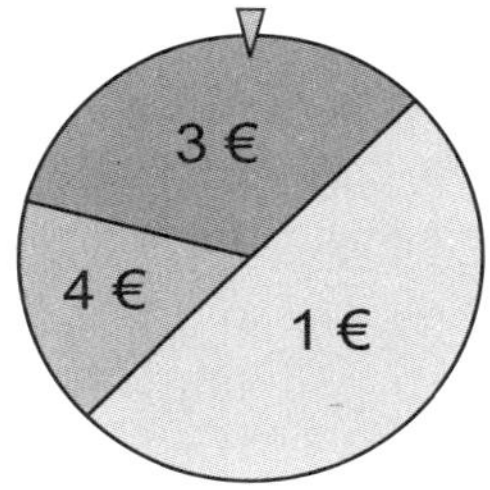

d) In einer Urne sind 10 Kugeln: 4 weiße, 4 rote und 2 schwarze. Es wird eine Kugel gezogen. Der Einsatz beträgt 1 Euro. Man erhält bei «weiß» 1 Euro, bei «rot» 2 Euro und bei «schwarz» nichts.
Bestimmen Sie den Erwartungswert für den Gewinn. Ist das Spiel fair?

e) Ein Glücksrad hat die Sektoren A, B und C mit folgender Wahrscheinlichkeitsverteilung:

Sektor	A	B	C
Wahrscheinlichkeit	0,3	0,5	0,2

Das Glücksrad wird für folgendes Glücksspiel verwendet:
Der Spieler zahlt einen Einsatz von 4 Euro. Dann wird das Glücksrad zweimal gedreht. Sind die zwei ermittelten Buchstaben gleich, erhält der Spieler 10 Euro. Sonst erhält er nichts. Ist das Spiel fair?

f) Die Zufallsvariable X hat folgende Wahrscheinlichkeitsverteilung:

x_i	-5	-1	0	3
$P(x_i)$	0,1	a	b	0,3

Der Erwartungswert von X beträgt $0,3$.
Berechnen Sie a und b.

g) Die Zufallsgröße X kann die Werte 0, 1, 2 und 3 annehmen. Die Tabelle zeigt die Wahrscheinlichkeitsverteilung von X mit $p_1,\ p_2 \in [0;\ 1]$.

k	0	1	2	3
$P(X=k)$	p_1	$\frac{3}{10}$	$\frac{1}{5}$	p_2

Zeigen Sie, dass der Erwartungswert von X nicht größer als 2,2 sein kann.

h) Ein Händler behauptet, dass höchstens 5 % der von ihm gelieferten Glühbirnen defekt sind. Wie viele defekte Glühbirnen kann man bei einer Entnahme von 200 Glühbirnen durchschnittlich erwarten?
Bestimmen Sie die zugehörige Standardabweichung.

i) Die Zufallsgröße X sei binomialverteilt. Bestimmen Sie jeweils den Erwartungswert und die Standardabweichung von X.

I) $n = 80,\ p = 0{,}3$
II) $n = 50,\ p = 0{,}4$
III) $n = 20,\ p = 0{,}6$

j) Von einer großen Ladung Tomaten sind 20 % verdorben. Wie viele verdorbene Tomaten kann man bei einer Entnahme von 100 kg erwarten? Bestimmen Sie die zugehörige Standardabweichung.

Tipps – Analysis

1 Ableiten

1.1 Potenzfunktionen mit natürlichen Exponenten

a) - c) Verwenden Sie die Potenzregel $(a \cdot x^n)' = a \cdot n \cdot x^{n-1}$.

d) - e) Wenden Sie die Kettenregel an: $(u(v(x)))' = u'(v(x)) \cdot v'(x)$ (äußere Ableitung mal innere Ableitung).

f) - g) Wenden Sie die Produktregel $(u(x) \cdot v(x))' = u'(x) \cdot v(x) + u(x) \cdot v'(x)$ und die Kettenregel (äußere Ableitung mal innere Ableitung) an.

h) - i) Verwenden Sie die Potenzregel $(a \cdot x^n)' = a \cdot n \cdot x^{n-1}$.

1.2 Exponentialfunktionen

a) - d) Verwenden Sie zuerst die Produktregel und dann die Kettenregel.

e) - f) Verwenden Sie die Kettenregel, teilweise mehrfach.

1.3 Trigonometrische Funktionen

a) - b) Verwenden Sie die Kettenregel.

c) - e) Verwenden Sie die Produktregel und teilweise die Kettenregel.

f) Verwenden Sie die Kettenregel.

2 Stammfunktionen und Integrale

2.1 Stammfunktionen

2.1.1 Potenzfunktionen mit natürlichen Exponenten

a) - e) Benutzen Sie die Integrationsregel für Potenzfunktionen: Besitzt f die Form $f(x) = a \cdot x^n$, dann ist $\mathrm{F}(x) = a \cdot \frac{1}{n+1} x^{n+1} + c$; $n \neq -1$ eine Stammfunktion.

2.1.2 Exponentialfunktionen

a) - d) Für verkettete (verschachtelte) Funktionen mit innerem *linearen* Ausdruck gilt die Integrationsregel für lineare Integration:
«Äußere Stammfunktion geteilt durch innere Ableitung».
Bei einer e-Funktion mit $f(x) = a \cdot e^{k \cdot x + b}$ ist $e^{(\dots)}$ die äußere Funktion und $k \cdot x + b$ die innere Funktion. Der Parameter a verändert sich nicht beim Integrieren.

e) Lösen Sie zunächst die Klammer auf und verwenden Sie die Integrationsregeln für Potenzfunktionen bzw. lineare Integration.

f) Schreiben Sie den Bruch als Potenz mit negativem Exponenten und verwenden Sie die Integrationsregeln für Potenzfunktionen bzw. lineare Integration.

2.1.3 Trigonometrische Funktionen

a) - e) Beachten Sie, dass $\sin(x)$ eine Stammfunktion von $\cos(x)$ und $-\cos(x)$ eine Stammfunktion von $\sin(x)$ ist.
Auch bei diesen Aufgaben gilt die Regel für verkettete Funktionen mit innerem *linearen* Ausdruck:
«Äußere Stammfunktion geteilt durch innere Ableitung».
Ist $f(x) = a \cdot \sin(bx + c)$, so ist $\sin(\ldots)$ die äußere Funktion und $bx + c$ die innere Funktion. Der Parameter a verändert sich nicht beim Integrieren.

2.2 Integrale

a) - f) Verwenden Sie den Hauptsatz der Differential- und Integralrechnung
$\int_a^b f(x)dx = \mathrm{F}(b) - \mathrm{F}(a)$, wobei F eine Stammfunktion von f ist.
Verwenden Sie die Regeln für die Stammfunktionen (siehe die Tipps zu 2.1).

2.3 Integralgleichungen

a) - c) Verwenden Sie den Hauptsatz der Differential- und Integralrechnung
$\int_a^b f(x)dx = \mathrm{F}(b) - \mathrm{F}(a)$, wobei F eine Stammfunktion von f ist. Lösen Sie die entstandene Gleichung durch Wurzelziehen oder Logarithmieren nach u auf.

2.4 Flächeninhalt zwischen zwei Kurven

a) - d) Bestimmen Sie jeweils die Integrationsgrenzen durch Gleichsetzen der Funktionsterme. Prüfen Sie, welche Kurve die obere Kurve ist. Stellen Sie nun ein Integral auf und wenden Sie den Hauptsatz der Differential- und Integralrechnung an: $\int_a^b f(x)dx = \mathrm{F}(b) - \mathrm{F}(a)$.

e) Den Inhalt A der markierten Fläche erhalten Sie, indem Sie die markierte Fläche in zwei Teilflächen A_1 und A_2 aufteilen. Die Teilfläche A_1 ist ein Rechteck, dessen Flächeninhalt Sie mit der Formel $A_1 = a \cdot b$ berechnen. Die Seiten a und b des Rechtecks erhalten Sie, indem Sie die positive Schnittstelle der Geraden mit der Gleichung $y = 3$ und dem Graphen von f durch Gleichsetzen der Funktionsgleichungen bestimmen. Die Fläche A_2 wird durch die Gerade und dem Graphen von f begrenzt. Den Flächeninhalt von A_2 erhalten Sie mit Hilfe eines Integrals. Verwenden Sie den Hauptsatz der Differential- und Integralrechnung. Addieren Sie die beiden Flächeninhalte der Teilflächen.

3 Gleichungen

3.1 Potenzgleichungen

a) - b) Verwenden Sie die pq- bzw. abc-Formel.

c) - d) Verwenden Sie den Satz vom Nullprodukt: Setzen Sie jeden einzelnen Faktor gleich Null und lösen Sie die entstandenen Gleichungen nach x auf.

e) - h) Klammern Sie x oder x^2 oder x^3 aus und bestimmen Sie die Lösungen mit Hilfe des Satzes vom Nullprodukt. Verwenden Sie die pq- oder abc-Formel.

i) - j) Es handelt sich um biquadratische Gleichungen. Substitutieren Sie x^2 durch z. und lösen Sie die quadratische Gleichung mit Hilfe der pq- oder abc-Formel nach z auf. Anschließend resubstituieren Sie wieder und lösen die Gleichungen durch Wurzelziehen.

k) - l) Formen Sie die Gleichung um, so dass die Potenz durch Wurzelziehen gelöst werden kann.

3.2 Potenzgleichungen mit Parameter

a) - d) Verwenden Sie zur Lösung der quadratischen Gleichung die abc-Formel. Führen Sie eine Fallunterscheidung durch: Ist der Term unter der Wurzel negativ, gibt es keine Lösung, ist er Null, gibt es eine Lösung, ist er positiv, gibt es zwei Lösungen. Lösen Sie die entsprechenden Ungleichungen.

e) - f) Lösen Sie die Gleichungen durch Ausklammern von x. Beachten Sie, dass es keine Lösung gibt, wenn der Nenner gleich Null ist; ansonsten gibt es genau eine Lösung.

3.3 Exponentialgleichungen

a) Verwenden Sie den Satz vom Nullprodukt. Setzen Sie jeden einzelnen Faktor gleich Null und überlegen Sie, ob Lösungen existieren.

b) - c) Klammern Sie zuerst e^x bzw. e^{2x} aus und verwenden Sie dann den Satz vom Nullprodukt.

d) - e) Verwenden Sie den Satz vom Nullprodukt.

f) - g) Substitutieren Sie $e^x = z$ bzw. $e^{2x} = z$ oder $e^{\frac{1}{2}x} = z$ und lösen Sie dann die quadratische Gleichung mit der pq- oder abc-Formel. Durch anschließende Rücksubstitution von z können Sie x berechnen (Zahlen unter der Wurzel als Bruch schreiben).

3.4 Trigonometrische Gleichungen

Skizzieren Sie den Verlauf von $\sin(x)$ bzw. $\cos(x)$. Achten Sie auf das Lösungsintervall.

a) - b) Substituieren Sie den Term in der Klammer durch z, lösen Sie die Gleichung und resubstituieren Sie wieder.

c) - e) Verwenden Sie den Satz vom Nullprodukt. Eventuell müssen Sie $\sin x$ ausklammern.

f) Verwenden Sie den Satz vom Nullprodukt und substituieren Sie den Term in der Klammer durch z, lösen Sie die Gleichung und resubstituieren Sie wieder.

4 Funktionen und Graphen

4.1 Von der Gleichung zur Kurve

4.1.1 Ganzrationale Funktionen

Den Schnittpunkt mit der y-Achse erhalten Sie durch Einsetzen von $x = 0$ in $f(x)$, die Schnittpunkte mit der x-Achse erhalten Sie durch Lösen der Gleichung $f(x) = 0$.
Zuerst wird gespiegelt und gestreckt, anschließend verschoben (Reihenfolge beachten!).

a) - b) Die Graphen sind Geraden. Hat eine Gerade die Gleichung $y = mx + b$, so ist b der y-Achsenabschnitt und m die Steigung der Geraden.

c) - f) Die Graphen sind Variationen der Graphen der beiden Grundfunktionen $f(x) = x^2$ (Parabel) oder $g(x) = x^3$ (kubische Parabel).

Ist $f(x) = a(x-b)^2 + c$ bzw. $g(x) = a(x-b)^3 + c$, so gibt es folgende Verwandlungen:
a: Streckfaktor in y-Richtung; $a < 0$: zusätzlich Spiegelung an der x-Achse.
$b > 0$ bzw. $b < 0$: Verschiebung nach rechts bzw. links.
$c > 0$ bzw. $c < 0$: Verschiebung nach oben bzw. unten.

4.1.2 Trigonometrische Funktionen

Die Graphen sind Variationen der Grundfunktionen $f(x) = \sin(x)$ bzw. $g(x) = \cos(x)$.
Ist $f(x) = a \cdot \sin(b \cdot (x-c)) + d$ bzw. $g(x) = a \cdot \cos(b \cdot (x-c)) + d$, so gibt es folgende Verwandlungen:
a: Streckfaktor in y-Richtung; $a < 0$: zusätzlich Spiegelung an der x-Achse.
b: Streckfaktor in x-Richtung.
$c > 0$ bzw. $c < 0$: Verschiebung nach rechts bzw. links.
$d > 0$ bzw. $d < 0$: Verschiebung nach oben bzw. unten.
Periode: $p = \frac{2\pi}{b}$.

4.1.3 Exponentialfunktionen

Zur Bestimmung der Asymptoten betrachten Sie $f(x)$ für $x \to \pm\infty$.
Die Graphen sind Variationen der Grundfunktionen $f(x) = e^x$ bzw. $g(x) = e^{-x}$.
Ist $f(x) = a \cdot e^{x-b} + c$ bzw. $g(x) = a \cdot e^{-(x-b)} + c$, so gibt es folgende Verwandlungen:
a: Streckfaktor in y-Richtung; $a < 0$: zusätzlich Spiegelung an der x-Achse.
$b > 0$ bzw. $b < 0$: Verschiebung nach rechts bzw. links.
$c > 0$ bzw. $c < 0$: Verschiebung nach oben bzw. unten.

4.2 Aufstellen von Funktionen mit Randbedingungen

4.2.1 Ganzrationale Funktionen

Für alle ganzrationalen Funktionen gilt:

- Parabel 2. Grades: $f(x) = ax^2 + bx + c$
- Zur y-Achse symmetrische Parabel 2. Grades: $f(x) = ax^2 + c$
- Parabel 3. Grades: $f(x) = ax^3 + bx^2 + cx + d$

Zu den gegebenen Aufgaben:

1. Bilden Sie die 1. und 2. Ableitung des jeweiligen Ansatzes (dies ist nicht nötig, falls es keine Angaben über die Steigung oder über die Extrempunkte gibt).
2. Verwenden Sie die Bedingungen der Kurvendiskussion:
   - Schnittpunkt mit der x-Achse: $f(x) = 0$
   - Schnittpunkt mit der y-Achse: $x = 0$
   - Extrempunkt: $f'(x) = 0$
   - Wendepunkt: $f''(x) = 0$
3. Sie brauchen so viele Gleichungen wie Unbekannte! Stellen Sie die Gleichungen auf und lösen Sie sie nach den Parametern (a, b, c, ...) auf.

4.2.2 Exponentialfunktionen

Stellen Sie zwei Gleichungen mit zwei Unbekannten auf und lösen Sie das Gleichungssystem; dazu müssen Sie eventuell noch ableiten. Verwenden Sie die Tipps aus dem vorgehenden Kapitel.

4.2.3 Trigonometrische Funktionen

Eine verallgemeinerte Sinusfunktion hat die Gleichung $f(x) = a \cdot \sin(b \cdot (x - c)) + d$, eine verallgemeinerte Kosinusfunktion die Gleichung $f(x) = a \cdot \cos(b \cdot (x - c)) + d$.
Die Eigenschaften des Graphen und die Koeffizienten a, b, c, d hängen dabei folgendermaßen zusammen:

- Streckfaktor in y-Richtung: a
- Streckfaktor in x-Richtung: b
- Verschiebung nach links bzw. rechts: $c < 0$ bzw. $c > 0$
- Verschiebung nach unten bzw. oben: $d < 0$ bzw. $d > 0$
- Periode: $p = \frac{2\pi}{b}$ bzw. $b = \frac{2\pi}{p}$

4.3 Von der Kurve zur Gleichung

4.3.1 Ganzrationale Funktionen

Es handelt sich bei allen Graphen um Funktionen 2. bis 4. Grades. Es gibt verschiedene Lösungswege:

1. Ansatz als allgemeine Funktion (ähnlich wie das Aufstellen von Funktionen mit Randbedingungen), z.B. $f(x) = ax^2 + bx + c$. Aus der Zeichnung werden drei Punkte bestimmt und drei Gleichungen aufgestellt, die man anschließend nach a, b und c auflöst. Dieser Weg ist etwas langwierig, führt aber immer zum Ziel.

2. Ansatz mit Hilfe der Linearfaktoren. Dieser Ansatz funktioniert nur dann, wenn die Funktion eindeutig ablesbare Nullstellen besitzt (z.B. bei den Aufgaben c) bis f)). Sind $x_1, \ldots, x_n$ Nullstellen, so gilt: $f(x) = a \cdot (x - x_1) \cdot \ldots \cdot (x - x_n)$. Der Faktor a kann mit Hilfe eines abgelesenen Punktes bestimmt werden.

3. Ansatz als verschobene Grundfunktion: Wenn man eine Normalparabel $f(x) = x^2$ nach oben oder unten verschieben will, so addiert man eine Konstante c. Will man sie nach rechts oder links verschieben, so setzt man für eine Verschiebung nach rechts um eine Längeneinheit den Ausdruck $(x - 1)$ statt x ein. Bei einer Verschiebung um 2 LE nach links entsprechend $(x + 2)$ statt x.

Tipps für die Aufgaben:

a) $f(x) = x^2$, nach links verschoben

b) $f(x) = x^2$, nach links und unten verschoben

c) $f(x) = -x^2$, nach rechts und oben verschoben

d) Ansatz mit Hilfe der Nullstellen (Linearfaktorzerlegung)

4.3.2 Trigonometrische Funktionen

Allgemeine Tipps: Siehe Tipps zu Kapitel 4.2.3

Es handelt sich um Sinus- bzw. Kosinusfunktionen der Form $f(x) = a \cdot \sin(b \cdot (x - c)) + d$ bzw. $f(x) = a \cdot \cos(b \cdot (x - c)) + d$. Überlegen Sie, welche der in Kapitel «Von der Kurve zur Gleichung» aufgezählten Veränderungen des Graphen in Frage kommen. Prüfen Sie zuerst, ob der Graph nach oben verschoben ist (bestimmen Sie die waagerechte «Mittelachse»). Prüfen Sie dann, ob der Graph nach links oder rechts verschoben ist (eine unverschobene Sinusfunktion hat einen Wendepunkt bei $x = 0$) und bestimmen Sie anschließend die Periode p. Zum Schluß bestimmen Sie den Abstand des Hoch-bzw. Tiefpunkts zur «Mittelachse» und damit die Amplitude / Streckung a.

4.4 Graphen von f, f' und F

4.4.1 Von f zu f'

a) I) Prüfen Sie, ob die Ableitungskurve an der Stelle $x = 1$ eine waagrechte Tangente hat.

II) Überlegen Sie, welche Steigung die Tangenten an die Ableitungskurve haben.

III) Prüfen Sie, ob die Ableitungskurve für $x > 1$ unterhalb der x-Achse verläuft.

b) I) Prüfen Sie, ob die Ableitungskurve an der Stelle $x = 1$ eine Tangente mit waagrechter Steigung sowie ein Minimum oder Maximum hat.

II) Prüfen Sie, ob die Steigung der Tangente an die Ableitungskurve bei $x = 2$ extremal ist.

III) Prüfen Sie, ob die Ableitungskurve für $x > 1$ unterhalb der x-Achse verläuft.

c) I) Prüfen Sie ob die Ableitungskurve für $x < -1$ stets unterhalb der x-Achse verläuft.

II) Prüfen Sie, ob die Ableitungskurve bei $x = 0$ eine waagrechte Tangente hat.

III) Bestimmen Sie anhand der Graphen die Werte $f'(0)$ und $f(-1)$.

4.4.2 Von f' zu f

Es sind Aussagen über eine Stammfunktion f der gezeichneten Kurve von f' zu bewerten. Dabei gilt für alle Stammfunktionen f:

- $f'(x) = 0$ und VZW von $+$ nach $-$ $\Rightarrow$ Der Graph von f hat einen Hochpunkt.
- $f'(x) = 0$ und VZW von $-$ nach $+$ $\Rightarrow$ Der Graph von f hat einen Tiefpunkt.
- $f'(x)$ hat einen Extrempunkt $\Rightarrow$ Der Graph von f hat einen Wendepunkt.

a) I) Überlegen Sie, was es für die Ableitung einer Funktion bedeutet, wenn der Graph der Funktion einen Extrempunkt besitzt.

II) Was bedeutet es für eine Kurve, wenn sie in einem Punkt eine waagerechte Tangente besitzt? Welche Steigung hat die Kurve in einem derartigen Punkt?

III) Was bedeutet es für die Ableitungskurve, wenn der Graph der Funktion f einen Wendepunkt besitzt? Finden Sie solche Punkte in der Kurve von f'?

IV) Beachten Sie, ob der Graph von f' für $0 \leqslant x \leqslant 2$ oberhalb oder unterhalb der x-Achse verläuft.

b) I) Überlegen Sie, was es für die Ableitung einer Funktion bedeutet, wenn der Graph der Funktion einen Extrempunkt besitzt.

II) Welchen Wert nimmt die Ableitung einer Funktion an einem Extremwert an? Was muss zusätzlich noch gelten, damit es sich um einen Hochpunkt handelt (wie sehen die Vorzeichenwechsel der Steigung aus)?

III) Überlegen Sie, welchen Grad das Polynom der gezeichneten Ableitungskurve besitzt.

IV) Überlegen Sie, was man tun muss, um Informationen über die Steigung einer Kurve in einem Punkt zu bekommen. Welche Funktion gibt «Auskunft» über die Steigungswerte der Kurve in jedem Punkt?

c) I) Skizzieren Sie der Graph einer Funktion zur gegebenen Ableitungsfunktion; benutzen Sie dazu die Extremwerte und die Nullstelle der angegebenen Ableitungsfunktion. Hat der Graph von f bei $x = 0$ einen Hoch- oder Tiefpunkt (Vorzeichenwechsel beachten)?

II) Beachten Sie, ob der Graph von f' stets oberhalb oder unterhalb der x-Achse verläuft.

III) Prüfen Sie, welche Bedingungen die Kurve der angegebenen Ableitungsfunktion erfüllen muss, damit die Funktion f an der Stelle $x = 0$ einen Tiefpunkt hat. Beachten Sie den Vorzeichenwechsel.

IV) Überlegen Sie, was es für der Graph der Ableitung bedeutet, wenn eine Kurve einen oder mehrere Extrempunkte besitzt.

4.4.3 Von f zu F

Allgemeine Tipps:

- Skizzieren Sie zuerst die Ableitung bzw. eine Stammfunktion.
- Der Graph von F hat einen Hochpunkt an der Stelle x_1, wenn $f(x_1) = 0$ und an dieser Nullstelle bei f ein Vorzeichenwechsel (VZW) von $+$ nach $-$ stattfindet.
- Der Graph von F hat einen Tiefpunkt an der Stelle x_2, wenn $f(x_2) = 0$ und bei f an dieser Stelle ein VZW von $-$ nach $+$ stattfindet.
- Der Graph von F hat einen Wendepunkt an der Stelle x_3, wenn f einen Extrempunkt an dieser Stelle hat.

Die Stammfunktion

a) I) Überlegen Sie, welche Art von Funktion vorliegt. Wie sieht der Graph der Ableitungsfunktion einer Geraden aus?

II) Bestimmen Sie $f(1)$ und beachten Sie, dass $f(x) = \mathrm{F}'(x)$ ist.

III) Streng monoton zunehmend für f bedeutet, dass f' immer > 0 ist (warum?). In der Aufgabe ist allerdings gefragt, ob f' monoton zunehmend ist. Also muss man f'' untersuchen.

IV) y-achsensymmetrisch bedeutet $f(-x) = f(x)$.

b) I) Welche Gestalt besitzt der Graph der Ableitungsfunktion einer Parabel 2. Grades? Überlegen Sie, welche Aussagen Sie sicher über dieser Graph treffen können.

II) Beachten Sie, ob der Graph von f für $0 \leqslant x \leqslant 1$ oberhalb oder unterhalb der x-Achse verläuft.

III) Überlegen Sie, was es für die Funktion f bedeutet, wenn die Stammfunktion Extremstellen besitzt (f ist die 1. Ableitung von F).

4.5 Kurvendiskussion

4.5.1 Elemente der Kurvendiskussion

a) Die Bedingungen für ein Minimum sind $f'(x)=0$ und Vorzeichenwechsel von f' von $-$ nach $+$. Prüfen Sie, ob diese auf den Punkt zutreffen.

b) Zur Berechnung von $f(g(2))$ setzen Sie $x=2$ in $g(x)$ und das Ergebnis in $f(x)$ ein. Zur Berechnung von $g(f(2))$ setzen Sie $x=2$ in $f(x)$ und das Ergebnis in $g(x)$ ein.
Setzen Sie $g(x)$ in $f(x)$ ein und lösen Sie die Gleichung $f(g(x))=0,1$ durch Wurzelziehen.

c) Lösen Sie die Ungleichung $(x+3)\cdot(x-1)>0$ durch funktionale Betrachtung: Überlegen Sie, wie der Graph von f verläuft und bestimmen Sie die Nullstellen von f. Alternativ können Sie die Ungleichung auch durch Fallunterscheidung lösen.

d) Überlegen Sie, durch welche Punkte der Graph von f verläuft und ob es Extrem- oder Wendepunkte gibt. Beachten Sie Symmetrien.

e) Die Bedingungen für einen Tiefpunkt sind: $f'(x)=0$ und Vorzeichenwechsel von f' von $-$ nach $+$ bzw. $f''(x)>0$. Prüfen Sie, ob diese auf den Punkt zutreffen. Benutzen Sie zum Ableiten die Produktregel.

f) Lösen Sie die Ungleichung $-x^2+3x+7>3$ durch funktionale Betrachtung: Überlegen Sie, wie der Graph von f verläuft und bestimmen Sie die Schnittstellen von f mit der Geraden $y=3$. Lösen Sie die entstandene Gleichung mit Hilfe der pq- oder abc-Formel.

g) Bestimmen Sie die 1. Ableitung von f mit Hilfe der Produkt- und Kettenregel. Beachten Sie, dass Graph der Funktion f streng monoton fallend ist, wenn $f'(x)<0$ gilt. Lösen Sie die Ungleichung und beachten Sie, dass $e^{-2x}>0$ ist.

h) Die Bedingung für einen Sattelpunkt ist $f'(x_0)=0$ und kein Vorzeichenwechsel von f' an der Stelle x_0.

i) Wendepunkte bestimmen Sie mit Hilfe von $f''(x)$ und $f'''(x)$.

j) Überlegen Sie, an welcher Stelle x die 1. Ableitung Null ist und ob die 1. Ableitung das Vorzeichen von $-$ nach $+$ wechselt.

k) Berechnen Sie die Steigung in P mit Hilfe der 1. Ableitung. Überlegen Sie, welche Art von Punkten eine waagerechte Tangente hat.

l) Für den Nachweis eines Wendepunkts verwenden Sie die 2. und 3. Ableitung.

4.5.2 Symmetrie

Die Bedingung für y-Achsensymmetrie ist $f(-x)=f(x)$, die Bedingung für Ursprungssymmetrie ist $f(-x)=-f(x)$. Setzen Sie $-x$ in $f(x)$ ein und formen Sie den Term um.

4.5.3 Tangenten und Normalen

Die Gleichung einer Tangente lautet: $y = f'(u) \cdot (x-u) + f(u)$, die entsprechende Normale hat die Gleichung $y = -\frac{1}{f'(u)} \cdot (x-u) + f(u)$.

a) Bestimmen Sie die Tangentensteigung in P mit Hilfe der 1. Ableitung. Setzen Sie die Koordinaten des Punktes P und die Tangentensteigung in die Tangentengleichung ein. Für die Normalensteigung m_n gilt: $m_n = -\frac{1}{m_t}$ mit m_t = Steigung der Tangente.

b) Bestimmen Sie zuerst den Wendepunkt und dann die Steigung der Tangente bzw. der Normalen und stellen Sie die Geradengleichungen auf.

c) I) Da die Tangentensteigung schon bekannt ist, muss in dieser Aufgabe der Punkt P bestimmt werden, in dem der Graph von f die Steigung $m = -2$ besitzt. Also wird die erste Ableitung gleich -2 gesetzt und x_{P} bestimmt. Mit den Koordinaten des Punktes und der Steigung wird anschließend die Tangentengleichung aufgestellt.

II) Man verfährt ähnlich wie bei I), nur muss die Steigung der Tangente erst aus der Steigung der angegebenen Geraden ermittelt werden. Für die Steigung zweier aufeinander senkrecht stehender Geraden m_1 und m_2 gilt: $m_2 = -\frac{1}{m_1}$.

III) Man verfährt ähnlich wie bei I), die Steigung paralleler Geraden ist gleich: $m_t = m_g$.

d) Wenn von einem Punkt P, der nicht auf einer Kurve liegt, eine Tangente an eine Kurve gelegt werden soll, kann man folgendermaßen vorgehen:

I) Der Berührpunkt hat die Koordinaten B $(u \mid f(u))$.

II) Mit Hilfe der 1. Ableitung und B bestimmt man die Tangentengleichung in Abhängigkeit von u.

III) Der Punkt P wird in die Tangentengleichung eingesetzt und die Gleichung nach u aufgelöst.

4.5.4 Funktionenscharen / Funktionen mit Parameter

a) I) Setzen Sie für t Werte wie ± 1; ± 2 bzw. 0 ein und skizzieren Sie die Kurven.

II) Setzen Sie die entsprechenden Punkte in die Funktionsgleichung ein und stellen Sie nach t um.

b) - c) Bestimmen Sie zuerst die Schnittstelle x_s. Für die Ableitungen im Schnittpunkt muss gelten: $f'(x_s) \cdot g'(x_s) = -1$. Setzen Sie die Ableitungen ein, setzen Sie dann den Ausdruck für x_s ein und lösen Sie nach t auf.

d) Berechnen Sie die Nullstelle des Graphen der Funktion f_t in Abhängigkeit von t und lesen Sie die Nullstellen der abgebildeten Graphen ab. Setzen Sie diese Terme gleich. Alternativ können Sie auch die Schnittpunkte der Graphen mit der y-Achse ablesen und den Schnittpunkt des Graphen von f_t mit der y-Achse in Abhängigkeit von t berechnen.

e) Bestimmen Sie mit Hilfe der Produkt- und Kettenregel die 1. und 2. Ableitung von f_t. Setzen Sie die 1. Ableitung gleich Null und berechnen Sie die Extremstelle von $f_t(x)$. Prüfen Sie mit Hilfe der 2. Ableitung, ob es sich tatsächlich um eine Extremstelle handelt. Schließlich setzen Sie $x = 2$ mit der berechneten Extremstelle gleich und lösen die Gleichung nach t auf.

4.5.5 Krümmungsverhalten von Kurven

Bestimmen Sie mit Hilfe von Ketten-, Produkt- und Quotientenregel die 1. und 2. Ableitung. Eine Kurve ist linksgekrümmt, wenn gilt: $f''(x) > 0$, sie ist rechtsgekrümmt, wenn $f''(x) < 0$. Lösen Sie jeweils die entstandene Ungleichung.
Manchmal ist es hilfreich, die linke Seite der Ungleichung als weitere Kurve aufzufassen und sich zu überlegen, wann diese oberhalb bzw. unterhalb der x-Achse verläuft.

4.6 Extremwertaufgaben

Allgemein können Sie beim Lösen von Extremwertaufgaben nach folgendem Schema vorgehen:

1. Skizzieren Sie die Problemstellung.
2. Schreiben Sie die Größe auf, die minimiert oder maximiert werden soll. Das kann z.B. $\mathrm{A} = r \cdot h$ für eine Fläche in Abhängigkeit von r und h sein. In diesem Ausdruck dürfen verschiedene Variablen vorkommen.
3. Formulieren Sie die Nebenbedingungen. Im Beispiel von oben könnte dies z.B. $r + h = 100$ sein, wenn in der Aufgabe formuliert ist, dass r und h zusammen 100 ergeben müssen.
4. Lösen Sie die Nebenbedingung nach einer Variablen auf, z.B. $r = 100 - h$, und setzen Sie diese in den Ausdruck bei 2. ein. Dadurch ergibt sich, von welcher Variablen die sogenannte «Zielfunktion» abhängig ist. Löst man die Nebenbedingung nach r auf und setzt sie in die Gleichung unter 2. ein, ergibt sich im Beispiel: $\mathrm{A}(h) = (100 - h) \cdot h$.
5. Nun können die Extremstellen der Zielfunktion der Fläche in Abhängigkeit von h durch Ableiten und Nullsetzen der Ableitung untersucht werden. Handelt es sich um ein lokales Minimum, muss man noch die Randwerte überpüfen, d.h. man setzt den kleinst- und größtmöglichen x-Wert der Definitionsmenge in die Zielfunktion ein und vergleicht mit den Werten der Extremstelle. (Dies ist allerdings nicht nötig, wenn die 2. Ableitung keine Variablen mehr enthält, also inbesondere bei allen quadratsichen Funktionen.)

Zu den Aufgaben:

a) I) Die gesuchte Größe ist der Umfang des Rechtecks. Die Grundseite des Rechtecks wird als $2x$ gewählt. Nebenbedingung: Für die Höhe h gilt $h = f(x)$. Stellen Sie die Zielfunktion für den Umfang auf, setzen Sie die Nebenbedingung ein und bestimmen Sie das Maximum.

II) Die gesuchte Größe ist die Fläche des Rechtecks. Die Grundseite des Rechtecks wird als $2x$ gewählt. Nebenbedingung: Für die Höhe h gilt $h = f(x)$. Stellen Sie die Zielfunktion für die Fläche auf, setzen Sie die Nebenbedingung ein und bestimmen Sie das Maximum.

b) Die gesuchte Größe ist der Flächeninhalt des Dreiecks OPQ. Nach dem Ableiten stellt man die Gleichung der Normalen auf. Für die Normalensteigung gilt $m_n = -\frac{1}{m_t}$ (wobei m_t die Tangentensteigung ist). Diese wird mit der Kurve G geschnitten, um den Schnittpunkt Q zu bestimmen. Anschließend wird eine Flächenfunktion aufgestellt, wobei die Strecke $\overline{OQ}$ die Grundseite des Dreiecks bildet und $|f(u)|$ die Höhe. Die Flächenfunktion wird abgeleitet und der Extremwert bestimmt.

c) Skizzieren Sie die Graphen der beiden Funktionen.
Bestimmen Sie die Koordinaten der Punkte P und Q und überlegen Sie sich, wie Sie die Länge von PQ in Abhängigkeit von u bestimmen können. Stellen Sie hierzu eine Funktionsgleichung (Zielfunktion) auf. Zur Berechnung des Maximums verwenden Sie die 1. und 2. Ableitung (Produkt- und Kettenregel).
Die maximale Länge erhalten Sie, indem Sie das berechnete u in die Zielfunktion einsetzen.

4.7 Verständnis von Zusammenhängen

a) Überlegen Sie, welche Stellen durch das Gleichsetzen der Funktionsterme bestimmt werden und welche Bedeutung das Integral haben kann.

b) Überlegen Sie, welche Summe jeweils durch die Integrale gebildet wird.

c) Überlegen Sie, welcher Punkt des Graphen bestimmt wird, welche Steigung die Funktion an diesem Punkt hat und was für eine Gerade beschrieben wird.

d) Überlegen Sie, welche Summe durch das Integral bestimmt wird und welche Bedeutung die Integrationsgrenzen haben. Beachten Sie, dass ein Jahr 52 Wochen hat.

e) Verwenden Sie als Ansatz für eine ganzrationale Funktion f vierten Grades die Gleichung $f(x) = ax^4 + bx^3 + cx^2 + dx + e$ sowie deren Ableitungen. Beachten Sie, dass als notwendige Bedingung für Wendepunkte des Graphen von f die Gleichung $f''(x) = 0$ zu lösen wäre. Überlegen Sie, wie viele Lösungen diese Gleichung maximal hat und was dies für die maximale Anzahl der Wendepunkte des Graphen von f bedeutet.

f) Überlegen Sie, welche Bedeutung $x = u$ und damit $d(u)$ hat. Beachten Sie, dass durch $d'(u) = 0$ Extremstellen berechnet werden. Überlegen Sie, welche Bedeutung ein negatives Ergebnis der 2. Ableitung hat.

g) Beachten Sie, dass mit Hilfe der angegebenen Formel der Abstand zweier Punkte bestimmt wird. Überlegen, Sie, welches der zweite Punkt neben P ist und welche Bedeutung die Gleichung dann hat.

Geometrie

5 Punkte, Geraden und Ebenen

5.1 Lineare Gleichungssysteme

Verwenden Sie das Gaußsche Eliminierungsverfahren und bringen Sie das Gleichungssystem auf Dreiecksform. Alternativ können Sie auch die Matrixschreibweise verwenden.
Falls das Gleichungssystem einen Widerspruch hat, ist es nicht lösbar, falls es eine wahre Aussage entsteht, wählen Sie eine Unbekannte gleich t und bestimmen die anderen Unbekannten in Abhängigkeit von t.

5.2 Rechnen mit Vektoren

5.2.1 Rechenregeln und Betrag

Für das Rechnen mit Vektoren gelten folgende Gesetze:

Addition: $\begin{pmatrix} a_x \\ a_y \\ a_z \end{pmatrix} + \begin{pmatrix} b_x \\ b_y \\ b_z \end{pmatrix} = \begin{pmatrix} a_x + b_x \\ a_y + b_y \\ a_z + b_z \end{pmatrix}$ Subtraktion: $\begin{pmatrix} a_x \\ a_y \\ a_z \end{pmatrix} - \begin{pmatrix} b_x \\ b_y \\ b_z \end{pmatrix} = \begin{pmatrix} a_x - b_x \\ a_y - b_y \\ a_z - b_z \end{pmatrix}$

Skalare Multiplikation: $s \cdot \begin{pmatrix} a_x \\ a_y \\ a_z \end{pmatrix} = \begin{pmatrix} s \cdot a_x \\ s \cdot a_y \\ s \cdot a_z \end{pmatrix}$ (Zahl · Vektor = Vektor), für $s \in \mathbb{R}$

Skalarprodukt: $\begin{pmatrix} a_x \\ a_y \\ a_z \end{pmatrix} \cdot \begin{pmatrix} b_x \\ b_y \\ b_z \end{pmatrix} = a_x \cdot b_x + a_y \cdot b_y + a_z \cdot b_z$ (Vektor · Vektor = Zahl)

Betrag bzw. Länge: $\left| \begin{pmatrix} a_x \\ a_y \\ a_z \end{pmatrix} \right| = \sqrt{a_x^2 + a_y^2 + a_z^2}$

5.2.2 Orts- und Verbindungsvektoren

a) Ortsvektoren setzen am Ursprung $O(0 \mid 0 \mid 0)$ an. Verbindungsvektoren zwischen zwei Punkten erhalten Sie mit Hilfe der Differenz der Ortsvektoren. Bestimmen Sie jeweils die Länge (Betrag) der Verbindungsvektoren.

b) Stellen Sie jeweils drei Verbindungsvektoren zwischen je zwei Punkten auf und berechnen Sie deren Länge.

c) Tragen Sie in Ihre Skizze jeweils die gegebenen und gesuchten Punkte sowie den Ursprung O ein. Bestimmen Sie mit Hilfe einer Vektorkette den Ortsvektor des gesuchten Punktes. Geben Sie die Koordinaten des gesuchten Punktes an.

d) Tragen Sie in Ihre Skizze die gegebenen und gesuchten Punkte sowie den Ursprung O ein. Achten Sie dabei auf die Reihenfolge der Punkte (*gegen* den Uhrzeigersinn). Bestimmen Sie mit Hilfe einer Vektorkette den Ortsvektor des gesuchten Punktes. Geben Sie die Koordinaten des gesuchten Punktes an.

e) Da je vier Kanten parallel sind, gilt
$\overrightarrow{BF} = \overrightarrow{CG} = \overrightarrow{DH} = \overrightarrow{AE}$, $\overrightarrow{BC} = \overrightarrow{AD} = \overrightarrow{FG} = \overrightarrow{EH}$ und $\overrightarrow{AB} = \overrightarrow{EF} = \overrightarrow{DC} = \overrightarrow{HG}$.
Bestimmen Sie mit Hilfe einer Vektorkette den Ortsvektor des gesuchten Punktes. Geben Sie die Koordinaten des gesuchten Punktes an.

f) Tragen Sie in Ihre Skizze die gegebenen und gesuchten Punkte sowie den Ursprung O ein. Bestimmen Sie mit Hilfe einer Vektorkette den Ortsvektor des gesuchten Punktes. Geben Sie die Koordinaten des gesuchten Punktes an. Die Länge einer Kante ist die Länge des Verbindungsvektors der beiden Eckpunkte.

5.2.3 Orthogonalität von Vektoren

a) Zwei Vektoren stehen genau dann senkrecht aufeinander, wenn das Skalarprodukt gleich Null ist. Ist das Skalarprodukt ungleich Null, dann sind die beiden Vektoren nicht orthogonal.

b) Es sind Vektoren zu suchen, deren Skalarprodukt mit $\vec{n}$ Null ergibt.

c) Bestimmen Sie das Skalarprodukt von je zwei Verbindungsvektoren. Falls ein Ergebnis Null ergibt, sind die beiden Vektoren orthogonal.

5.3 Geraden

5.3.1 Aufstellen von Geradengleichungen

Verwenden Sie den Ortsvektor des einen Punktes als Stützvektor. Bilden Sie den Richtungsvektor, indem Sie den Verbindungsvektor zwischen den beiden Punkten aufstellen.

5.3.2 Punktprobe

Setzen Sie den Ortsvektor des Punktes in die Geradengleichung ein und prüfen Sie, ob sich für alle drei Komponenten der gleiche Parameter ergibt.

5.3.3 Gegenseitige Lage von Geraden

Für die gegenseitige Lage von zwei Geraden gibt es vier Möglichkeiten: Die Geraden können sich schneiden, parallel, identisch oder windschief sein.

Zur Bestimmung der gegenseitigen Lage prüft man zuerst die Richtungsvektoren auf lineare Abhängigkeit bzw. Unabhängigkeit:

1. Sind die Richtungsvektoren ein Vielfaches voneinander (linear abhängig), können die Geraden parallel oder identisch sein.
   Sie sind identisch, wenn ein Punkt der einen Geraden auf der anderen Geraden liegt (positive Punktprobe), sonst sind sie parallel (negative Punktprobe).

2. Sind die Richtungsvektoren kein Vielfaches voneinander (linear unabhängig), können die Geraden sich schneiden oder windschief sein.
   Durch Gleichsetzen erhält man den Schnittpunkt oder einen Widerspruch, welcher angibt, dass die Geraden windschief sind.

5.4 Ebenen

5.4.1 Parameterform der Ebenengleichung

a), b) Nehmen Sie einen der Punkte als «Stützpunkt». Die Verbindungsvektoren zwischen den Punkten ergeben die Spannvektoren.

c), d) Der Stützvektor der Geraden dient als Stützvektor der Ebene, der Richtungsvektor bildet den ersten Spannvektor. Den zweiten Spannvektor erhalten Sie, indem Sie den Verbindungsvektor zwischen dem Stützpunkt und dem angegebenen Punkt bilden.

5.4.2 Koordinatengleichung einer Ebene

Um eine Ebenengleichung aufzustellen, braucht man in der Regel entweder einen Punkt, der in der Ebene liegt, und zwei Spannvektoren oder einen Punkt A, der in der Ebene liegt, und einen Normalenvektor $\vec{n}$. Den Punkt setzt man in den Ansatz $n_x x + n_y y + n_z z = d$ ein und bestimmt d.

Ein Normalenvektor $\vec{n}$ errechnet sich mit Hilfe des Vektorprodukts aus den beiden Spannvektoren (siehe Seite 41).

a), b) Wählen Sie einen der 3 Punkte als «Stützpunkt» und bestimmen Sie die Spannvektoren als Verbindungsvektoren zwischen dem ersten Punkt und den beiden anderen Punkten. Anschließend bestimmen Sie einen Normalenvektor wie oben beschrieben und verwenden den Ansatz $n_x x + n_y y + n_z z = d$. Setzen Sie die Koordinaten einer der drei Punkte ein, um d zu erhalten.

c), d) Als Stützvektor bietet sich der Stützvektor der Geraden an. Als 1. Spannvektor benutzen Sie den Richtungsvektor der Geraden, als 2. Spannvektor bestimmen Sie den Verbindungsvektor zwischen dem Punkt außerhalb der Geraden und dem «Stützpunkt» der Geraden.

e) - g) Bestimmen Sie zuerst den Stützvektor der Ebene. Bestimmen Sie dazu den Schnittpunkt der beiden Geraden. Der Ortsvektor des Schnittpunktes dient als Stützvektor, die beiden Richtungsvektoren der Geraden werden als Spannvektoren der Ebene genommen. (wichtig: Wenn man s und t mit Hilfe von zwei Gleichungen bestimmt hat, muss man s und t in der 3. Gleichung überprüfen).

h), i) Wenn das Gleichungssystem zu einem Widerspruch wie z.B. $3 = 0$ führt, besitzt es keine Lösung. Die Geraden schneiden sich dann nicht. Untersuchen Sie die beiden Richtungsvektoren. Sind diese linear abhängig, dann sind die Geraden parallel.

j) Um die Ebenengleichung aufzustellen, brauchen Sie einen Punkt der Ebene und einen Normalenvektor. Die Spiegelebene befindet sich genau in der Mitte zwischen A und A^*. Anhand einer Skizze kann man sich gut klarmachen, wie der Normalenvektor aussehen muss.

k) Wenn die Ebene E die Gerade g enthält, dann sind der Normalenvektor von E und der Richtungsvektor von g orthogonal. Damit ist das Skalarprodukt dieser beiden gleich Null. Gleiches gilt für den Normalenvektor von E und den Normalenvektor der bekannten Ebene F. Wenn man die beiden Skalarprodukte ausrechnet, erhält man zwei Gleichungen mit den 3 Unbekannten n_x, n_y und n_z. Eine Unbekannte wird gesetzt, die anderen ausgerechnet. Auf diese Weise erhält man $\vec{n}$. Zum Schluss setzt man noch $\vec{n}$ und den «Stützpunkt» der Geraden in den Ansatz $n_x x + n_y y + n_z z = d$ ein.

l) Drei der gegebenen Punkte benutzt man, um eine Ebene aufzustellen. Mit dem letzten macht man eine Punktprobe.

5.4.3 Ebenen im Koordinatensystem

Zuerst bestimmt man die Spurpunkte, dies sind die Schnittpunkte der Ebene mit den Koordinatenachsen. Überlegen Sie, welchen Wert die y- und die z-Koordinate für einen Schnittpunkt der Ebene mit der x-Achse besitzen. Man setzt ein und formt nach x um. Ebenso verfährt man für die anderen Spurpunkte.

5.4.4 Bestimmen von Geraden und Ebenen in einem Quader

a) Der Punkt O des Quaders liegt im Ursprung des Koordinatensystems. Bestimmen Sie die übrigen Punkte, indem Sie die Ortsvektoren addieren.

b) Die Gleichung kann wie im vorherigen Kapitel rechnerisch bestimmt werden, oder durch Überlegung und Ablesen an der Zeichnung.

c) Um eine Geradengleichung aufzustellen, braucht man einen Stützvektor und einen Richtungsvektor.

d) Wählen Sie drei der angegebenen Punkte und stellen Sie die Ebenengleichung wie im vorangegangenen Kapitel auf.

5.5 Gegenseitige Lage von Geraden und Ebenen

5.5.1 Gegenseitige Lage

Eine Gerade und eine Ebene können auf drei verschiedene Arten zueinander liegen: g schneidet E, g ist parallel zu E oder g liegt in E.

Liegt die Ebene in Koordinatenform vor, wird die Gerade als «allgemeiner Punkt» geschrieben und in die Ebenengleichung eingesetzt. Anschließend wird der Parameter der Geraden bestimmt und gegebenenfalls in die Geradengleichung eingesetzt, um den Schnittpunkt zu bestimmen. Liegt die Ebene in Parameterform vor, setzen Sie die Ebenengleichung und die Geradengleichung gleich und lösen Sie das Gleichungssystem mit 3 Unbekannten.

Beim Lösen der Gleichung können drei Fälle auftreten:

1. Es gibt eine eindeutige Lösung: Die Gerade schneidet die Ebene.
2. Es tritt ein Widerspruch auf (wie z.B. $3 = 0$): Die Gerade ist parallel zur Ebene.
3. Die Gleichung hat unendlich viele Lösungen (beim Lösen ergibt sich z.B. $3 = 3$ oder $0 = 0$): Die Gerade liegt in der Ebene.

5.5.2 Vermischte Aufgaben

a) Wenn $g \parallel$ E, so gilt: $\overrightarrow{r_g} \cdot \vec{n} = 0$. Für den Richtungsvektor $\overrightarrow{r_g}$ der Geraden gibt es unendlich viele Möglichkeiten.

b) Da $g \perp$ E, so gilt: $\overrightarrow{r_g} = k \cdot \vec{n};\ k \in \mathbb{R}$, d.h. der Richtungsvektor $\overrightarrow{r_g}$ ist linear abhängig zum Normalenvektor zu wählen.

c) Setzen Sie den allgemeinen Punkt von g in die Ebenengleichung ein; bei einem Widerspruch haben g und E keine gemeinsamen Punkte.

d) Setzen Sie den allgemeinen Punkt von g in die Ebenengleichung ein; bei einer wahren Aussage enthält E die Gerade g.

6 Abstände, Winkel und Spiegelungen

6.1 Abstandsberechnungen

6.1.1 Abstand Punkt – Ebene

Verwenden Sie das Lotfußpunktverfahren: Stellen Sie eine zu E orthogonale Gerade Lotgerade l auf, die durch den angegebenen Punkt geht. Schneiden Sie l mit E und berechnen Sie den Abstand des Schnittpunktes zum gegebenen Punkt, indem Sie die Länge des entsprechenden Verbindungsvektors bestimmen.

6.1.2 Abstand Punkt – Punkt

a) Schreiben Sie die Gerade als «allgemeinen Punkt» A. Wenn dieser von P und Q gleich weit entfernt sein soll, muss gelten: $|\overrightarrow{PA}| = |\overrightarrow{QA}|$. Lösen Sie die Gleichung nach t auf und setzten Sie den erhaltenen t-Wert in die Geradengleichung ein.

b) Auch bei dieser Aufgabe wird die Gerade als «allgemeiner Punkt» P_t geschrieben. Lösen Sie die Gleichung $|\overrightarrow{AP_t}| = 3$ nach t auf.

6.2 Winkelberechnungen

a) Überlegen Sie, zwischen welchen Vektoren man den Winkel berechnet.
Verwenden Sie die Formel $\cos(\varphi) = \frac{\vec{a}\cdot\vec{b}}{|\vec{a}||\vec{b}|}$ für den Winkel zwischen zwei Vektoren $\vec{a}$ und $\vec{b}$.

b) Um den spitzen Winkel φ zwischen zwei Geraden zu berechnen, verwenden Sie die Formel $\cos(\varphi) = \frac{|\vec{u}_1\cdot\vec{u}_2|}{|\vec{u}_1||\vec{u}_2|}$, wobei $\vec{u}_1$ und $\vec{u}_2$ die beiden Richtungsvektoren der Geraden sind.

6.3 Spiegelungen

6.3.1 Punkt an Punkt

Machen Sie eine Skizze. Überlegen Sie, welche Vektoren man aneinanderhängen muss, um von P zum Spiegelpunkt P^* zu gelangen, wenn z.B. Q in der Mitte liegen soll.

6.3.2 Punkt an Ebene

Machen Sie eine Skizze. Der Punkt A wird an dem Punkt der Ebene, der A am nächsten ist, gespiegelt. Um diesen Punkt zu bestimmen, braucht man eine Hilfsgerade durch A, die senkrecht auf der Ebene steht.

Stochastik

7 Wahrscheinlichkeitsrechnung

7.1 Baumdiagramme und Pfadregeln

7.1.1 Ziehen mit Zurücklegen

a) I) Zeichnen Sie ein Baumdiagramm mit den Ästen rot (r), weiß (w) und gelb (g). Beachten Sie, dass die Wahrscheinlichkeiten bei jedem Ziehen gleich bleiben. Überlegen Sie, welche Ergebnisse zum gesuchten Ereignis gehören und verwenden Sie die Pfadregeln.

II) Zeichnen Sie ein Baumdiagramm mit den Ästen weiß (w) und nicht weiß ($\bar{w}$). Beachten Sie, dass die Wahrscheinlichkeiten bei jedem Ziehen gleich bleiben. Überlegen Sie, welches Ergebnis zum gesuchten Ereignis gehört und verwenden Sie die 1. Pfadregel.

b) I) Zeichnen Sie ein Baumdiagramm mit den Ästen rot (r) und nicht rot ($\bar{r}$). Beachten Sie, dass die Wahrscheinlichkeiten bei jedem Ziehen gleich bleiben. Überlegen Sie, welches Ergebnis zum gesuchten Ereignis gehört und verwenden Sie die 1. Pfadregel.

II) Überlegen Sie, welche Ergebnisse zum gesuchten Ereignis gehören und verwenden Sie die Pfadregeln oder rechnen Sie alternativ mit dem Gegenereignis $\overline{A}$ und verwenden Sie $P(A) = 1 - P(\bar{A})$.

c) I) Zeichnen Sie ein Baumdiagramm mit den Ästen rot (r) und gelb (g). Beachten Sie, dass die Wahrscheinlichkeiten bei jedem Ziehen gleich bleiben. Überlegen Sie, welche Ergebnisse zum gesuchten Ereignis gehören und verwenden Sie die Pfadregeln oder rechnen Sie alternativ mit dem Gegenereignis $\overline{A}$ und verwenden Sie $P(A) = 1 - P(\bar{A})$.

II) Wählen Sie n als Anzahl der gelben Kugeln und zeichnen Sie ein Baumdiagramm. Bestimmen Sie die Wahrscheinlichkeit für das gesuchte Ereignis mit Hilfe des Gegenereignisses in Abhängigkeit von n; verwenden Sie $P(A) = 1 - P(\bar{A})$. Stellen Sie eine quadratische Gleichung auf und lösen Sie diese durch Wurzelziehen und Fallunterscheidung. Beachten Sie, dass $n > 0$ sein muss.

d) I) Überlegen Sie, wie viele Kugeln insgesamt mindestens vorhanden sein müssen und beachten Sie, ob sich die Wahrscheinlichkeiten für rot oder schwarz bei jedem Ziehen ändern oder nicht.

II) Rechnen Sie mit dem Gegenereignis $\overline{A}$ und verwenden Sie $P(A) = 1 - P(\bar{A})$ sowie die 1. Pfadregel.

7.1.2 Ziehen ohne Zurücklegen

a) I) Zeichnen Sie ein Baumdiagramm mit den Ästen rot (r), grün (g) und blau (b). Beachten Sie, dass sich die Wahrscheinlichkeiten bei jedem Ziehen ändern. Überlegen Sie, welche Ergebnisse zum gesuchten Ereignis gehören und verwenden Sie die Pfadregeln.

II) Zeichnen Sie ein Baumdiagramm mit den Ästen blau (b) und nicht blau ($\bar{b}$). Beachten Sie, dass sich die Wahrscheinlichkeiten bei jedem Ziehen ändern. Überlegen Sie, welches Ergebnis zum gesuchten Ereignis gehört und verwenden Sie die 1. Pfadregel.

b) I) Überlegen Sie, wie viele Kugeln insgesamt mindestens vorhanden sein müssen und beachten Sie, ob sich die Wahrscheinlichkeiten für rot oder schwarz bei jedem Ziehen ändern oder nicht.

II) Überlegen Sie, welche Ergebnisse zum gesuchten Ereignis gehören und verwenden Sie die Pfadregeln.

c) I) Beachten Sie, dass gleichzeitiges Ziehen einem Ziehen ohne Zurücklegen entspricht und dass sich die Wahrscheinlichkeiten bei jedem Ziehen ändern. Überlegen Sie, welche Ergebnisse zum gesuchten Ereignis gehören und verwenden Sie die Pfadregeln.

II) Zeichnen Sie ein Baumdiagramm mit den Ästen weiß (w) und nicht weiß ($\bar{w}$). Beachten Sie, dass sich die Wahrscheinlichkeiten bei jedem Ziehen ändern. Rechnen Sie mit dem Gegenereignis $\overline{A}$ und verwenden Sie $P(A) = 1 - P(\bar{A})$ sowie die 1. Pfadregel.

d) I) Wählen Sie n als Anzahl der roten Kugeln und zeichnen Sie ein Baumdiagramm mit den Ästen rot (r) und weiß (w). Beachten Sie, dass sich die Wahrscheinlichkeiten bei jedem Ziehen ändern. Bestimmen Sie die Wahrscheinlichkeit für das gesuchte Ereignis mit Hilfe der 1. Pfadregel in Abhängigkeit von n, stellen Sie eine quadratische Gleichung auf und lösen Sie diese mit Hilfe der *pq*- bzw. *abc*-Formel. Beachten Sie, dass $n > 0$ sein muss.

II) Bestimmen Sie die Wahrscheinlichkeit für das gesuchte Ereignis mit Hilfe des Gegenereignisses in Abhängigkeit von n; verwenden Sie $P(A) = 1 - P(\bar{A})$. Stellen Sie eine quadratische Gleichung auf und lösen Sie diese mit Hilfe der *pq*- bzw. *abc*-Formel. Beachten Sie, dass $n > 0$ sein muss.

7.1.3 Mehrstufige Experimente

a) I) Zeichnen Sie ein Baumdiagramm mit den Ästen rot (r) und blau (b). Beachten Sie, dass es sich um ein dreistufiges Experiment handelt und sich beim Ziehen mit Zurücklegen die Wahrscheinlichkeiten nicht ändern. Überlegen Sie, welche Ergebnisse zum gesuchten Ereignis gehören und verwenden Sie die Pfadregeln.

II) Zeichnen Sie ein Baumdiagramm mit den Ästen rot (r) und blau (b). Beachten Sie, dass es sich um ein dreistufiges Experiment handelt und sich die Wahrscheinlichkeiten bei jedem Ziehen ändern. Überlegen Sie, welche Ergebnisse zum gesuchten Ereignis gehören und verwenden Sie die Pfadregeln.

b) I) Zeichnen Sie ein Baumdiagramm mit den Ästen Gewinn (g) und Niete (n). Beachten Sie, dass sich beim Ziehen ohne Zurücklegen die Wahrscheinlichkeiten bei jedem Ziehen ändern. Überlegen Sie, welche Ergebnisse zum gesuchten Ereignis gehören und verwenden Sie die Pfadregeln.

II) Überlegen Sie, welche Lose zuerst gezogen werden müssen und verwenden Sie die 1. Pfadregel.

c) I) Zeichnen Sie ein Baumdiagramm mit den Ästen Packung (P_1 bzw. P_2 und P_3) sowie gelb (g) und weiß (w). Beachten Sie, dass sich beim Ziehen ohne Zurücklegen die Wahrscheinlichkeiten bei jedem Ziehen ändern. Überlegen Sie, welche Ergebnisse zum gesuchten Ereignis gehören und verwenden Sie die Pfadregeln.

II) Beachten Sie, dass es sich um ein dreistufiges Experiment handelt. Bestimmen Sie jeweils die Wahrscheinlichkeit für das Wählen einer Schachtel und anschließend die Wahrscheinlichkeiten für das Ziehen von zwei gelben Tabletten (falls möglich). Beachten Sie, dass sich beim Ziehen ohne Zurücklegen die Wahrscheinlichkeiten bei jedem Zug ändern.

d) I) Beachten Sie, dass es sich um ein vierstufiges Experiment handelt, bei welchem die Wahrscheinlichkeiten miteinander multipliziert werden. Die Wahrscheinlichkeiten einer jeden Stufe erhalten Sie mit Hilfe der 1. Pfadregel für das Ziehen ohne Zurücklegen.

II) Zeichnen Sie ein Baumdiagramm mit den Ästen rot (r) und schwarz (s). Beachten Sie, dass sich beim Ziehen ohne Zurücklegen die Wahrscheinlichkeiten bei jedem Ziehen ändern. Überlegen Sie, wie viele Karten am Ende in Stapel 2 sind und welche Ergebnisse zum gesuchten Ereignis gehören; verwenden Sie die Pfadregeln.

7.2 Unabhängigkeit und Vierfeldertafeln

a) Wenn A und B unabhängig sind, so sind auch A und $\overline{B}$, $\overline{A}$ und B bzw. $\overline{A}$ und $\overline{B}$ voneinander unabhängig und es gilt jeweils der spezielle Multiplikationssatz.

b) $P(R)$, $P(m)$ und $P(m \cap R)$ entsprechen den jeweiligen relativen Häufigkeiten. Prüfen Sie nach, ob dafür der spezielle Multiplikationssatz gilt.

c) Ergänzen Sie zunächst die Zeile oder Spalte, in der schon zwei Zahlen stehen. Beachten Sie, dass sich «rechts unten» 1 ergeben muss. Prüfen Sie Unabhängigkeit mit dem speziellen Multiplikationssatz: $P(A \cap B) = P(a) \cdot P(B)$.

d) Überlegen Sie, welche der angegebenen Zahlen bei der Vierfeldertafel innen und welche außen stehen.

7.3 Bedingte Wahrscheinlichkeit

Bei Fragen nach der bedingten Wahrscheinlichkeit sind Vierfeldertafeln und Baumdiagramme hilfreich, wenn Sie folgendes beachten:

	A	$\overline{A}$	
B	$P(A\cap B)$	$P(\overline{A}\cap B)$	$P(B)$
$\overline{B}$	$P(A\cap \overline{B})$	$P(\overline{A}\cap \overline{B})$	$P(\overline{B})$
	$P(A)$	$P(\overline{A})$	1

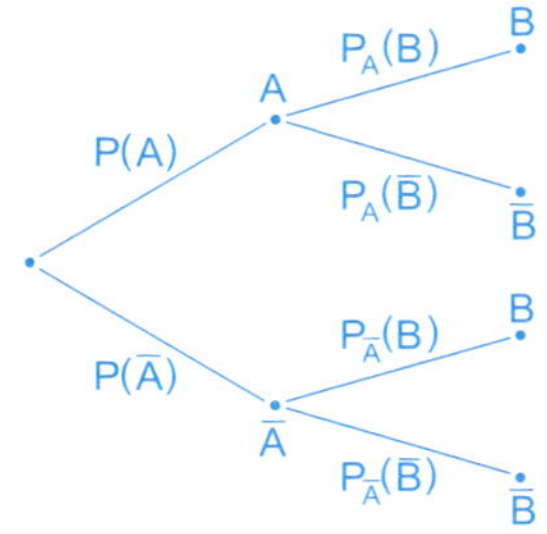

$P(A\cap B) = P(A)\cdot P_A(B) = P(B)\cdot P_B(A)$.
Damit kann man auch bei anspruchsvollen Aufgabenstellungen die Orientierung behalten.

a) Erstellen Sie eine Vierfeldertafel und verwenden Sie: a: über 40 Jahre, j: bis 40 Jahre, L: Leserin. Schreiben Sie zunächst alle Wahrscheinlichkeiten, die sich aus den Angaben errechnen lassen, als relative Häufigkeiten formal auf.

I) Bestimmen Sie mit Hilfe der Vierfeldertafel und der bedingten Wahrscheinlichkeit $P_a(L)$.

II) Bestimmen Sie mit Hilfe der Vierfeldertafel und der bedingten Wahrscheinlichkeit $P_j(\overline{L})$.

b) Verwenden Sie: k: krank, g $(=\overline{k})$: gesund, «+»: positiv getestet, «−»: negativ getestet.
Aus der Aufgabenstellung lassen sich $P(k)$, $P_k(+)$ und $P_g(-)$ ablesen.
Erstellen Sie eine Vierfeldertafel und bestimmen Sie $P(g)$, $P(k\cap +)$, $P(g\cap -)$.

I) Bestimmen Sie mit Hilfe der Vierfeldertafel und der bedingten Wahrscheinlichkeit $P_+(k)$.

II) Bestimmen Sie mit Hilfe der Vierfeldertafel und der bedingten Wahrscheinlichkeit $P_-(g)$.

c) Notieren Sie zunächst formal, welche Wahrscheinlichkeiten den verschiedenen %-Angaben entsprechen.
Stellen Sie eine Vierfeldertafel auf (a: über 70 Jahre, j: bis 70 Jahre, m: männlich, w: weiblich).
Beachten Sie, dass gilt: $P(m\cap a) = P(a)\cdot P_a(m)$ und $P(m\cap j) = P(j)\cdot P_j(m)$.

I) Bestimmen Sie mit Hilfe der Vierfeldertafel und der bedingten Wahrscheinlichkeit $P_m(j)$.

II) Bestimmen Sie mit Hilfe der Vierfeldertafel und der bedingten Wahrscheinlichkeit $P_w(a)$.

7.4 Binomialverteilung

a) I) Verwenden Sie die Formel $P(X=k)=\binom{n}{k}\cdot p^k\cdot(1-p)^{n-k}$.

II) Überlegen Sie, welche Wahrscheinlichkeiten addiert werden müssen.

b) I) Bestimmen Sie n, p und k und verwenden Sie die Formel $P(X=k)=\binom{n}{k}\cdot p^k\cdot(1-p)^{n-k}$.

II) Für ein Ereignis A beachten Sie den Zusammenhang zur Formel $P(X=k)=\binom{n}{k}\cdot p^k\cdot(1-p)^{n-k}$.
Für ein Ereignis B formen Sie die gegebene Wahrscheinlichkeit so um, dass die obige Formel sichtbar wird; beachten Sie, dass für ein Gegenereignis gilt: $P(A)=1-P(\bar{A})$.

c) I) Verwenden Sie die Formel $P(X=k)=\binom{n}{k}\cdot p^k\cdot(1-p)^{n-k}$.

II) Überlegen Sie, welche Wahrscheinlichkeiten addiert werden müssen bzw. rechnen Sie mit dem Gegenereignis $\overline{A}$ und verwenden Sie $P(A)=1-P(\bar{A})$.

d) I) Bestimmen Sie n, p und k und verwenden Sie die Formel $P(X=k)=\binom{n}{k}\cdot p^k\cdot(1-p)^{n-k}$.

II) Für das Ereignis A beachten Sie, dass es aus drei Ergebnissen besteht; stellen Sie den Zusammenhang zur Formel $P(X=k)=\binom{n}{k}\cdot p^k\cdot(1-p)^{n-k}$ her.
Für das Ereignis B formen Sie die gegebene Wahrscheinlichkeit so um, dass die obige Formel sichtbar wird; beachten Sie, dass für ein Gegenereignis gilt: $P(A)=1-P(\bar{A})$.

e) I) Verwenden Sie die Formel $P(X=k)=\binom{n}{k}\cdot p^k\cdot(1-p)^{n-k}$.

II) Überlegen Sie, welche Wahrscheinlichkeiten addiert werden müssen bzw. rechnen Sie mit dem Gegenereignis $\overline{A}$ und verwenden Sie $P(A)=1-P(\bar{A})$.

f) Überlegen Sie zunächst, was der Term $0{,}98^n$ beschreibt, wenn 0,98 die Erfolgswahrscheinlichkeit ist, dass eine zufällig ausgewählte und sachgerecht gepflanzte Tulpenzwiebel im Frühjahr tatsächlich blüht.
Erläutern Sie damit Ungleichung (I) und überlegen Sie, wie man zu Ungleichung (II) kommt.

g) Überlegen Sie, wie groß die Anzahl der nicht starken Raucher ist. Da man auch mit dem Gegenereignis rechnen kann, gibt es zwei richtige Lösungswege, von denen einer das Gegenereignis berechnet.

h) I) Multiplizieren Sie die Wahrscheinlichkeiten jeder Stufe.

II) Bestimmen Sie die Wahrscheinlichkeit, dass eine Tasse nicht fehlerfrei glasiert ist und überlegen Sie, wie viele von den entnommenen Tassen höchstens nicht fehlerfrei glasiert sind.

7.5 Erwartungswert und Standardabweichung

a) Bestimmen Sie die Wahrscheinlichkeiten für die möglichen Ereignisse. Den Erwartungswert E von X (Zufallsvariable für die Höhe des Gewinns) erhalten Sie, indem Sie die möglichen Auszahlungsbeträge mit den zugehörigen Wahrscheinlichkeiten multiplizieren und den Einsatz subtrahieren.

b) Verwenden Sie jeweils die Formel: $E(X) = n \cdot p$. Bestimmen Sie die Standardabweichung σ mit Hilfe der Formel $\sigma = \sqrt{n \cdot p \cdot (1-p)}$.

c) Bestimmen Sie die Wahrscheinlichkeiten für die möglichen Ereignisse. Den Erwartungswert E von X (Zufallsvariable für die Höhe des Gewinns) erhalten Sie, indem Sie die möglichen Auszahlungsbeträge mit den zugehörigen Wahrscheinlichkeiten multiplizieren und den Einsatz subtrahieren.

d) Bestimmen Sie die Wahrscheinlichkeiten für die möglichen Ereignisse. Den Erwartungswert E von X (Zufallsvariable für die Höhe des Gewinns) erhalten Sie, indem Sie die möglichen Auszahlungsbeträge mit den zugehörigen Wahrscheinlichkeiten multiplizieren und den Einsatz subtrahieren. Beachten Sie, dass ein Spiel fair ist, wenn der Erwartungswert für den Gewinn Null beträgt.

e) Bestimmen Sie zunächst mit Hilfe eines Baumdiagrammes und den Pfadregeln die Wahrscheinlichkeit für das gesuchte Ereignis. Den Erwartungswert E von X (Zufallsvariable für die Höhe der Auszahlung) erhalten Sie, indem Sie die möglichen Auszahlungsbeträge mit den zugehörigen Wahrscheinlichkeiten multiplizieren und den Einsatz subtrahieren. Beachten Sie, dass ein Spiel fair ist, wenn der Erwartungswert für den Gewinn Null beträgt.

f) Den Erwartungswert E(X) der Zufallsvariablen X erhalten Sie, indem Sie die möglichen Werte von x_i mit den zugehörigen Wahrscheinlichkeiten multiplizieren und die Ergebnisse addieren. Lösen Sie die Gleichung $E(X) = 0,3$ nach a auf. Beachten Sie, dass die Summe aller Wahrscheinlichkeiten 1 ergeben muss und bestimmen Sie damit b.

g) Bestimmen Sie den Erwartungswert von X, indem Sie die Werte von X mit der zugehörigen Wahrscheinlichkeit multiplizieren und die Ergebnisse addieren. Überlegen Sie, welchen Wert p_2 höchstens annehmen kann und bestimmen Sie damit den Maximalwert des Erwartungswerts.

h) Bestimmen Sie p und n und verwenden Sie die Formeln $E(X) = \mu = n \cdot p$ und $\sigma = \sqrt{n \cdot p \cdot (1-p)}$.

i) Verwenden Sie die Formeln $E(X) = \mu = n \cdot p$ und $\sigma = \sqrt{n \cdot p \cdot (1-p)}$.

j) Bestimmen Sie p und n und verwenden Sie die Formeln $E(X) = \mu = n \cdot p$ und $\sigma = \sqrt{n \cdot p \cdot (1-p)}$.

Lösungen – Analysis

1 Ableiten

Klammern und Multiplikationszeichen werden bei den Lösungen dazu verwendet, um Ausdrücke übersichtlich zu machen (z.B. um bei der Produktregel zu zeigen, wo sich u' und v' befinden).

1.1 Potenzfunktionen mit natürlichen Exponenten

a) $f'(x) = 4 \cdot 5x^4 - 2 \cdot 3x^2 = 20x^4 - 6x^2$

b) $f'(x) = 2 \cdot 3x^2 - 6 \cdot 2x = 6x^2 - 12x$

c) $f'(x) = 4x^3 - 3 \cdot 2x + 0 = 4x^3 - 6x$

d) $f'(x) = 3 \cdot (4x+1)^2 \cdot 4 = 12 \cdot (4x+1)^2$

e) $f'(x) = 5 \cdot 4 \cdot \left(2x^2+1\right)^3 \cdot 4x = 80x \cdot \left(2x^2+1\right)^3$

f) $f'(x) = 3x^2 \cdot (3x+2) + x^3 \cdot 3 = 9x^3 + 6x^2 + 3x^3 = 12x^3 + 6x^2$

g) $f'(x) = 3x^2 \cdot (2x+1)^4 + x^3 \cdot 4 \cdot (2x+1)^3 \cdot 2 = 3x^2 \cdot (2x+1)^4 + 8x^3 \cdot (2x+1)^3$

h) $f_a{}'(x) = 3ax^2 - 6ax$

i) $f_t{}'(x) = 2t^2x - 4t$

1.2 Exponentialfunktionen

a) $f'(x) = 6x \cdot e^{-4x} + 3x^2 \cdot e^{-4x} \cdot (-4) = e^{-4x}\left(6x - 12x^2\right) = 6xe^{-4x}(1-2x)$

b) $f'(x) = \frac{3}{2}x^2 \cdot e^{2x} + \frac{1}{2}x^3 \cdot e^{2x} \cdot 2 = e^{2x}\left(\frac{3}{2}x^2 + x^3\right) = x^2e^{2x}\left(\frac{3}{2} + x\right)$

c) $f'(x) = 2e^{-x} + (2x+5) \cdot e^{-x} \cdot (-1) = e^{-x}(-2x-3)$

d) $f'(x) = 6x \cdot e^{-2x} + (3x^2-4) \cdot e^{-2x} \cdot (-2) = e^{-2x}\left(6x - 6x^2 + 8\right)$

e) $f'(x) = 2 \cdot (4x + e^{-x}) \cdot (4 + e^{-x} \cdot (-1)) = 2 \cdot (4x + e^{-x}) \cdot (4 - e^{-x})$

f) $f'(x) = 3 \cdot (e^x + e^{-x})^2 \cdot (e^x - e^{-x})$

1.3 Trigonometrische Funktionen

a) $f'(x) = \frac{1}{6} \cdot \cos\left(3x^2\right) \cdot 6x = x \cdot \cos\left(3x^2\right)$

b) $f'(x) = \frac{1}{2} \cdot \left(-\sin\left(2x^3\right)\right) \cdot 6x^2 = -3x^2 \cdot \sin\left(2x^3\right)$

c) $f'(x) = 2 \cdot \cos\left(\frac{1}{2}x^2 + 4\right) + 2x \cdot \left(-\sin\left(\frac{1}{2}x^2 + 4\right)\right) \cdot x = 2 \cdot \cos\left(\frac{1}{2}x^2 + 4\right) - 2x^2 \cdot \sin\left(\frac{1}{2}x^2 + 4\right)$

d) $f'(x) = 2x \cdot \sin(4x+3) + x^2 \cdot \cos(4x+3) \cdot 4 = 2x \cdot \sin(4x+3) + 4x^2 \cdot \cos(4x+3)$

e) $f'(x) = 2x \cdot \cos\left(\frac{1}{2}x - 1\right) + x^2 \cdot \left(-\sin\left(\frac{1}{2}x - 1\right)\right) \cdot \frac{1}{2} = 2x \cdot \cos\left(\frac{1}{2}x - 1\right) - \frac{1}{2}x^2 \cdot \sin\left(\frac{1}{2}x - 1\right)$

f) $f'(x) = 3 \cdot (x + \cos(x))^2 \cdot (1 - \sin(x))$

2 Stammfunktionen und Integrale

2.1 Stammfunktionen

2.1.1 Potenzfunktionen mit natürlichen Exponenten

a) $F(x) = \frac{2}{4}x^4 - \frac{\frac{4}{3}}{3}x^3 + 2x + c = \frac{1}{2}x^4 - \frac{4}{9}x^3 + 2x + c$

b) $F(x) = \frac{10}{5}x^5 + \frac{2}{4}x^4 - \frac{1}{2}x^2 + c = 2x^5 + \frac{1}{2}x^4 - \frac{1}{2}x^2 + c$

c) $F(x) = \frac{3}{4}x^4 - \frac{4}{2}x^2 + c = \frac{3}{4}x^4 - 2x^2 + c$

d) $F_a(x) = \frac{4a}{4}x^4 - \frac{3a}{3}x^3 + c = ax^4 - ax^3 + c$

e) $F_t(x) = \frac{2t}{3}x^3 - \frac{t^2}{2}x^2 + x + c$

2.1.2 Exponentialfunktionen

a) Lineare Integration: $F(x) = \frac{3}{2}e^{2x} + c$

b) Lineare Integration: $F(x) = 4 \cdot \frac{e^{-x}}{-1} + c = -4e^{-x} + c$

c) Lineare Integration: $F(x) = 3 \cdot \frac{e^{-3x}}{-3} + \frac{1}{4}x^4 + c = -e^{-3x} + \frac{1}{4}x^4 + c$

d) Lineare Integration: $F(x) = 6 \cdot \frac{e^{3x+2}}{3} + c = 2e^{3x+2} + c$

e) Zuerst wird die Klammer aufgelöst: $f(x) = 2x^2 - 12e^{3x}$, daraus folgt:
$F(x) = 2 \cdot \frac{1}{3} \cdot x^3 - 12 \cdot \frac{1}{3} \cdot e^{3x} + c = \frac{2}{3}x^3 - 4e^{3x} + c$

f) Zuerst wird der Bruch als Potenz mit negativem Exponenten geschrieben:
$f(x) = 2 \cdot e^{-2x} + x^{-2}$, daraus folgt:
$F(x) = 2 \cdot \frac{e^{-2x}}{-2} + \frac{1}{-1}x^{-1} + c = -e^{-2x} - \frac{1}{x} + c$

2.1.3 Trigonometrische Funktionen

a) Lineare Integration: $F(x) = 3 \cdot \frac{\sin(2x+1)}{2} + c = \frac{3}{2}\sin(2x+1) + c$

b) Lineare Integration: $F(x) = 4 \cdot \frac{-\cos(-3x+2)}{-3} + c = \frac{4}{3}\cos(-3x+2) + c$

c) Lineare Integration: $F(x) = \frac{2}{3} \cdot \frac{\sin(\pi x)}{\pi} + c = \frac{2}{3\pi}\sin(\pi x) + c$

d) Lineare Integration: $F(x) = 4 \cdot \frac{\sin(4x+4)}{4} + c = \sin(4x+4) + c$

e) Lineare Integration: $F(x) = 3 \cdot \frac{-\cos(3x-9)}{3} + c = -\cos(3x-9) + c$

2.2 Integrale

Mit Hilfe des Hauptsatzes der Differential- und Integralrechnung $\int_a^b f(x)dx = \mathrm{F}(b) - \mathrm{F}(a)$ ergibt sich:

a) $\int_0^{\frac{\pi}{2}} (4 \cdot \sin(2x))\,\mathrm{d}x = \left[-\frac{4}{2} \cdot \cos(2x)\right]_0^{\frac{\pi}{2}} = [-2 \cdot \cos(2x)]_0^{\frac{\pi}{2}} = -2 \cdot \cos\left(2 \cdot \frac{\pi}{2}\right) - (-2 \cdot \cos(2 \cdot 0))$
$= -2 \cdot (-1) - (-2) = 4$

b) $\int_{-1}^{0} (1 + e^{-x})\,\mathrm{d}x = [x - e^{-x}]_{-1}^{0} = 0 - e^{-0} - \left(-1 - e^{-(-1)}\right) = -1 + 1 + e = e$

c) $\int_1^2 \left(1 + \frac{3}{x^2}\right)\mathrm{d}x = \int_1^2 (1 + 3 \cdot x^{-2})\,\mathrm{d}x = \left[x + \frac{3}{-1}x^{-1}\right]_1^2 = \left[x - \frac{3}{x}\right]_1^2 = 2 - \frac{3}{2} - \left(1 - \frac{3}{1}\right) = 2,5$

d) $\int_0^1 (2x^3 + 1)\,\mathrm{d}x = \left[\frac{2}{4}x^4 + x\right]_0^1 = \left(\frac{2}{4} \cdot 1^4 + 1\right) - \left(\frac{2}{4} \cdot 0^4 + 0\right) = \frac{1}{2} + 1 = \frac{3}{2}$

e) $\int_1^3 (6x^2 + 2x)\,\mathrm{d}x = \left[\frac{6}{3}x^3 + \frac{2}{2}x^2\right]_1^3 = \left[2x^3 + x^2\right]_1^3$
$= \left(2 \cdot 3^3 + 3^2\right) - \left(2 \cdot 1^3 + 1^2\right) = (54 + 9) - (2 + 1) = 60$

f) $\int_0^2 (2x - 2e^{-2x})\,\mathrm{d}x = \left[x^2 - \frac{2}{-2}e^{-2x}\right]_0^2 = \left[x^2 + e^{-2x}\right]_0^2 = \left(2^2 + e^{-2\cdot 2}\right) - \left(0^2 + e^{-2\cdot 0}\right)$
$= 4 + e^{-4} - 1 = 3 + e^{-4}$

2.3 Integralgleichungen

a) Mit Hilfe des Hauptsatzes der Differential- und Integralrechnung kann man die Gleichung durch Wurzelziehen nach u auflösen:

$$\begin{aligned}
\int_0^u \frac{1}{2}x^2\mathrm{d}x &= \frac{9}{2}\\
\left[\frac{1}{6}x^3\right]_0^u &= \frac{9}{2}\\
\frac{1}{6}u^3 - \frac{1}{6} \cdot 0^3 &= \frac{9}{2}\\
\frac{1}{6}u^3 &= \frac{9}{2}\\
u^3 &= 27\\
u &= 3
\end{aligned}$$

b) Mit Hilfe des Hauptsatzes der Differential- und Integralrechnung kann man die Gleichung durch Wurzelziehen nach u auflösen:

$$\begin{aligned}
\int_1^u x^4 \mathrm{d}x &= \frac{31}{5} \\
\left[\frac{1}{5}x^5\right]_1^u &= \frac{31}{5} \\
\frac{1}{5}u^5 - \frac{1}{5}\cdot 1^5 &= \frac{31}{5} \\
\frac{1}{5}u^5 - \frac{1}{5} &= \frac{31}{5} \\
u^5 - 1 &= 31 \\
u^5 &= 32 \\
u &= 2
\end{aligned}$$

c) Mit Hilfe des Hauptsatzes der Differential- und Integralrechnung kann man die Gleichung durch Logarithmieren nach u auflösen:

$$\begin{aligned}
\int_0^u 2e^x \mathrm{d}x &= 1 \\
\left[2e^x\right]_0^u &= 1 \\
2e^u - \left(2e^0\right) &= 1 \\
2e^u - 2 &= 1 \\
2e^u &= 3 \\
e^u &= \frac{3}{2} \\
u &= \ln\left(\frac{3}{2}\right)
\end{aligned}$$

2.4 Flächeninhalt zwischen zwei Kurven

a) Schnittstellen bestimmen durch Gleichsetzen und Ausklammern:
$x - x^2 = 0 \Rightarrow x\cdot(1-x) = 0 \Rightarrow x_1 = 0, x_2 = 1$
Obere Kurve: $f(x)$ (z.B. durch Einsetzen für $x = \frac{1}{2}$)

$$\begin{aligned}
\mathrm{A} &= \int_0^1 \left(x + 1 - \left(x^2+1\right)\right) \mathrm{d}x \\
&= \int_0^1 \left(-x^2 + x\right) \mathrm{d}x \\
&= \left[-\frac{1}{3}x^3 + \frac{1}{2}x^2\right]_0^1 \\
&= -\frac{1}{3} + \frac{1}{2} - 0 = \frac{1}{6}\ \text{FE}
\end{aligned}$$

b) Schnittstellen bestimmen durch Gleichsetzen und Wurzelziehen: $x_1 = -2, x_2 = 2$
Obere Kurve: $f(x)$ (nach unten geöffnete Parabel).

$$\begin{aligned}
A &= \int_{-2}^{2} \left(4 - x^2 - \left(x^2 - 4\right)\right) \mathrm{d}x \\
&= \int_{-2}^{2} \left(-2x^2 + 8\right) \mathrm{d}x \\
&= \left[-\frac{2}{3}x^3 + 8x\right]_{-2}^{2} \\
&= -\frac{16}{3} + 16 - \left(+\frac{16}{3} - 16\right) \\
&= 32 - \frac{32}{3} \\
&= \frac{64}{3} \\
&= 21{,}33 \text{ FE}
\end{aligned}$$

c) Gesucht ist die Fläche im Intervall $I = [0; \pi]$. Schnittstellen bestimmen durch Gleichsetzen: $2 \cdot \sin(x) = -\sin(x) \Rightarrow 3 \cdot \sin(x) = 0 \Rightarrow x_1 = 0, x_2 = \pi$
Obere Kurve: $f(x)$, (da $2\sin(x) \geqslant 0$ und $-\sin(x) \leqslant 0$ im Intervall I gilt)

$$\begin{aligned}
A &= \int_{0}^{\pi} (2 \cdot \sin(x) - (-\sin(x))) \, \mathrm{d}x \\
&= \int_{0}^{\pi} (3 \cdot \sin(x)) \, \mathrm{d}x \\
&= \left[-3 \cdot \cos(x)\right]_{0}^{\pi} \\
&= -3 \cdot \cos\pi - (-3 \cdot \cos 0) \\
&= -3 \cdot (-1) + 3 \cdot 1 \\
&= 6 \text{ FE}
\end{aligned}$$

d) Gesucht ist die Fläche im Intervall $I = [0; 2]$. Schnittstelle bestimmen: $2 = \frac{1}{2}x^2 \Rightarrow x = 2$
Obere Kurve: Gerade g

$$\begin{aligned}
A &= \int_{0}^{2} \left(2 - \frac{1}{2}x^2\right) \mathrm{d}x \\
&= \left[2 \cdot x - \frac{1}{6}x^3\right]_{0}^{2} \\
&= 2 \cdot 2 - \frac{1}{6} \cdot 2^3 - \left(2 \cdot 0 - \frac{1}{6} \cdot 0^3\right) \\
&= 4 - \frac{8}{6} = \frac{8}{3} \text{ FE}
\end{aligned}$$

e) Den Inhalt A der markierten Fläche erhält man, indem man die markierte Fläche in zwei Teilflächen A_1 und A_2 aufteilt.
Der Graph von f schneidet die x-Achse bei $x = 1$, da $f(1) = 1^2 - 1 = 0$.

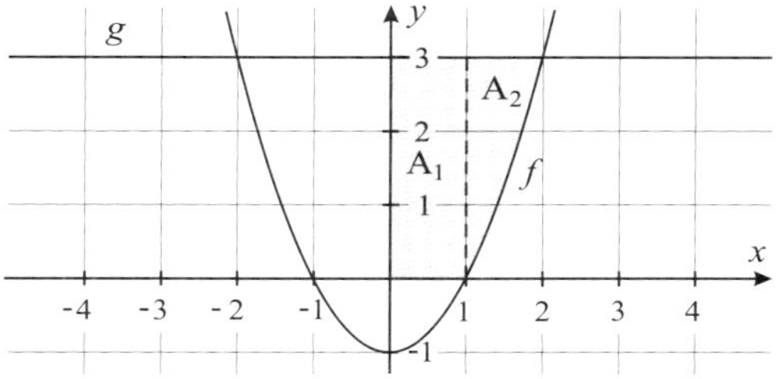

Die Schnittstelle der Geraden mit der Gleichung $y = 3$ und dem Graphen von f erhält man durch Gleichsetzen:

$$x^2 - 1 = 3$$
$$x^2 = 4$$
$$x_{1,2} = \pm 2$$

Wegen $x > 0$ kommt nur $x_1 = 2$ als Schnittstelle in Frage.
Die Fläche A_1 ist ein Rechteck mit den Seiten $a = 1$ und $b = 3$.
Damit gilt:

$$A_1 = a \cdot b = 1 \cdot 3 = 3$$

Die Fläche A_2 wird durch die Gerade g und dem Graph von f begrenzt. Den Flächeninhalt A_2 erhält man mit Hilfe eines Integrals. Da die Gerade g oberhalb des Graphen von f verläuft, gilt:

$$\begin{aligned} A_2 &= \int_1^2 (3 - f(x))\,dx \\ &= \int_1^2 \left(3 - \left(x^2 - 1\right)\right) dx \\ &= \int_1^2 \left(4 - x^2\right) dx \\ &= \left[4x - \frac{1}{3}x^3\right]_1^2 \\ &= 4 \cdot 2 - \frac{1}{3} \cdot 2^3 - \left(4 \cdot 1 - \frac{1}{3} \cdot 1^3\right) \\ &= 8 - \frac{8}{3} - 4 + \frac{1}{3} \\ &= 4 - \frac{7}{3} = \frac{5}{3} \end{aligned}$$

Damit erhält man für den Flächeninhalt der markierten Fläche:

$$A = A_1 + A_2 = 3 + \frac{5}{3} = \frac{14}{3}$$

Der Flächeninhalt beträgt $\frac{14}{3}$ FE.

3 Gleichungen

3.1 Potenzgleichungen

a) Die Gleichung $x^2 + 3x - 4 = 0$ lässt sich mit der pq- bzw. der abc-Formel lösen: $x_1 = 1$ und $x_2 = -4$.

b) Die Gleichung $x^2 + \frac{2}{5}x - \frac{3}{5} = 0$ lässt sich mit der pq- bzw. der abc-Formel lösen: $x_1 = \frac{3}{5}$, $x_2 = -1$.

c) Die Gleichung $(x-1) \cdot (x-4)^2 = 0$ löst man mit dem Satz vom Nullprodukt: $x - 1 = 0$ führt zur Lösung $x_1 = 1$ und $(x-4)^2 = 0$ bzw. $x - 4 = 0$ führt zur Lösung $x_2 = 4$.

d) Die Gleichung $x^2 \cdot (3x - 6) = 0$ löst man mit dem Satz vom Nullprodukt: $x^2 = 0$ führt zu $x_1 = 0$ und $3x - 6 = 0$ führt zu $x_2 = 2$.

e) Bei der Gleichung $x^3 - 4x = 0$ kann man x ausklammern: $x \cdot (x^2 - 4) = 0$. Diese Gleichung löst man mit dem Satz vom Nullprodukt: $x = 0$ führt zu $x_1 = 0$ und $x^2 - 4 = 0$ führt durch Wurzelziehen zu $x_2 = 2$ und $x_3 = -2$.

f) Bei der Gleichung $2x^4 - 3x^3 = 0$ kann man x^3 ausklammern: $x^3 \cdot (2x - 3) = 0$. Diese Gleichung löst man mit dem Satz vom Nullprodukt: $x^3 = 0$ führt zu $x_1 = 0$ und $2x - 3 = 0$ führt zu $x_2 = \frac{3}{2}$.

g) Bei der Gleichung $x^4 - 3x^3 + 2x^2 = 0$ kann man x^2 ausklammern: $x^2 \cdot (x^2 - 3x + 2) = 0$. Diese Gleichung löst man mit dem Satz vom Nullprodukt: $x^2 = 0$ führt zu $x_1 = 0$ und $x^2 - 3x + 2 = 0$ führt mit Hilfe der pq- oder abc-Formel zu $x_2 = 1$ und $x_3 = 2$.

h) Bei der Gleichung $x^3 - 5x^2 + 6x = 0$ kann man x ausklammern: $x \cdot \left(x^2 - 5x + 6\right) = 0$. Diese Gleichung löst man mit dem Satz vom Nullprodukt: $x = 0$ führt zu $x_1 = 0$ und $x^2 - 5x + 6 = 0$ führt mit Hilfe der pq- bzw. abc-Formel zu $x_2 = 2$ und $x_3 = 3$. Die Gleichung hat damit die Lösungsmenge $\mathrm{L} = \{0; 2; 3\}$.

i) Bei der Gleichung $x^4 - 4x^2 + 3 = 0$ führt die Substitution $x^2 = z$ zu $z^2 - 4z + 3 = 0$. Lösen mit Hilfe der pq- oder abc-Formel ergibt $z_1 = 1$ und $z_2 = 3$. Die Rücksubstitution $x^2 = 1$ führt durch Wurzelziehen zu $x_{1,2} = \pm 1$ und $x^2 = 3$ führt zu $x_{3,4} = \pm\sqrt{3}$.

j) Bei der Gleichung $2x^4 - 5x^2 + 2 = 0$ führt die Substitution $x^2 = z$ zu $2z^2 - 5z + 2 = 0$. Lösen mit Hilfe der pq- oder abc-Formel ergibt $z_1 = 2$ und $z_2 = \frac{1}{2}$. Die Rücksubstitution $x^2 = 2$ führt durch Wurzelziehen zu $x_{1,2} = \pm\sqrt{2}$ und $x^2 = \frac{1}{2}$ führt zu $x_{3,4} = \pm\sqrt{\frac{1}{2}}$.

k) Die Gleichung $2x^3 - 5 = 15$ führt zu $x^3 = 10$. Durch Wurzelziehen erhält man die Lösung $x = \sqrt[3]{10}$.

l) Die Gleichung $3x^4 + 8 = 29$ führt zu $x^4 = 7$. Durch Wurzelziehen erhält man die Lösungen $x_1 = \sqrt[4]{7}$ und $x_2 = -\sqrt[4]{7}$.

3.2 Potenzgleichungen mit Parameter

a) Die Gleichung $x^2+4x+2t=0$ löst man mit Hilfe der abc-Formel:

$$x_{1,2}=\frac{-4\pm\sqrt{4^2-4\cdot1\cdot2t}}{2\cdot1}=\frac{-4\pm\sqrt{16-8t}}{2}$$

Ist der Term unter der Wurzel negativ, gibt es keine Lösung, ist er Null, gibt es eine Lösung, ist er positiv, gibt es zwei Lösungen. Dies führt zu folgenden Fallunterscheidungen:
Keine Lösung für $16-8t<0$ bzw. $2<t$.
Eine Lösung für $16-8t=0$ bzw. $t=2$.
Zwei Lösungen für $16-8t>0$ bzw. $2>t$.

b) Die Gleichung $3x^2-4x=2a$ bzw. $3x^2-4x-2a=0$ löst man mit Hilfe der abc-Formel:

$$x_{1,2}=\frac{-(-4)\pm\sqrt{(-4)^2-4\cdot3\cdot(-2a)}}{2\cdot3}=\frac{4\pm\sqrt{16+24a}}{6}$$

Ist der Term unter der Wurzel negativ, gibt es keine Lösung, ist er Null, gibt es eine Lösung, ist er positiv, gibt es zwei Lösungen. Dies führt zu folgenden Fallunterscheidungen:
Keine Lösung für $16+24a<0$ bzw. $a<-\frac{2}{3}$.
Eine Lösung für $16+24a=0$ bzw. $a=-\frac{2}{3}$.
Zwei Lösungen für $16+24a>0$ bzw. $a>-\frac{2}{3}$.

c) Die Gleichung $x^2-3tx+\frac{9}{4}=0$ löst man mit Hilfe der abc-Formel:

$$x_{1,2}=\frac{-(-3t)\pm\sqrt{(-3t)^2-4\cdot1\cdot\frac{9}{4}}}{2\cdot1}=\frac{3t\pm\sqrt{9t^2-9}}{2}$$

Ist der Term unter der Wurzel negativ, gibt es keine Lösung, ist er Null, gibt es eine Lösung, ist er positiv, gibt es zwei Lösungen. Dies führt zu folgenden Fallunterscheidungen:
Keine Lösung für $9t^2-9<0$ bzw. $t^2<1$, also $-1<t<1$.
Eine Lösung für $9t^2-9=0$ bzw. $t^2=1$, also $t_1=-1$ und $t_2=1$.
Zwei Lösungen für $9t^2-9>0$ bzw. $t^2>1$, also $t<-1$ oder $t>1$.

d) Die Gleichung $9x^2-3ux+1=0$ löst man mit Hilfe der abc-Formel:

$$x_{1,2}=\frac{-(-3u)\pm\sqrt{(-3u)^2-4\cdot9\cdot1}}{2\cdot9}=\frac{3u\pm\sqrt{9u^2-36}}{18}$$

Ist der Term unter der Wurzel negativ, gibt es keine Lösung, ist er Null, gibt es eine Lösung, ist er positiv, gibt es zwei Lösungen. Dies führt zu folgenden Fallunterscheidungen:
Keine Lösung für $9u^2-36<0$ bzw. $u^2<4$, also $-2<u<2$.
Eine Lösung für $9u^2-36=0$ bzw. $u^2=4$, also $u_1=-2$ und $u_2=2$.
Zwei Lösungen für $9u^2-36>0$ bzw. $u^2>4$, also $u<-2$ oder $u>2$.

e) Die Gleichung $ax - 2x = 5$ kann man durch Ausklammern von x lösen. Es ergibt sich: $x \cdot (a-2) = 5$ bzw. $x = \frac{5}{a-2}$.
Es gibt keine Lösung, wenn der Nenner gleich Null ist: $a - 2 = 0 \Rightarrow a = 2$.
Für $a \neq 2$ gibt es genau eine Lösung.

f) Die Gleichung $tx = 3x + 4$ bzw. $tx - 3x = 4$ löst man durch Ausklammern von x. Es ergibt sich: $x \cdot (t-3) = 4$ bzw. $x = \frac{4}{t-3}$.
Es gibt keine Lösung, wenn der Nenner gleich Null ist: $t - 3 = 0 \Rightarrow t = 3$.
Für $t \neq 3$ gibt es genau eine Lösung.

3.3 Exponentialgleichungen

a) Die Gleichung $\left(x^2 - 4\right) \cdot e^{0,5x} = 0$ löst man mit dem Satz vom Nullprodukt: $x^2 - 4 = 0$ führt zu den Lösungen $x_1 = -2$ und $x_2 = 2$. Die Gleichung $e^{0,5x} = 0$ besitzt keine weitere Lösung.

b) Die Gleichung $e^{3x} - 3e^x = 0$ führt durch Ausklammern zu $e^x \cdot \left(e^{2x} - 3\right) = 0$. Mithilfe des Satzes vom Nullprodukt ergibt sich: Die Gleichung $e^x = 0$ besitzt keine Lösung, die Gleichung $e^{2x} - 3 = 0$ führt zu $x = \frac{\ln(3)}{2}$.

c) Die Gleichung $e^{5x} = 4e^{2x}$ führt zu $e^{5x} - 4e^{2x} = 0$ bzw. durch Ausklammern zu $e^{2x} \cdot \left(e^{3x} - 4\right) = 0$. Mithilfe des Satzes vom Nullprodukt ergibt sich: Die Gleichung $e^{2x} = 0$ besitzt keine Lösung, die Gleichung $e^{3x} - 4 = 0$ führt zu $x = \frac{\ln(4)}{3}$.

d) Die Gleichung $(2x+4) \cdot \left(e^{2x} - 4\right) = 0$ löst man mit dem Satz vom Nullprodukt: $2x + 4 = 0$ führt zur Lösung $x_1 = -2$ und $e^{2x} - 4 = 0$ hat die Lösung $x_2 = \frac{\ln(4)}{2}$.

e) Die Gleichung $\left(2x^2 - 2\right) \cdot \left(e^{-x} - 2\right) = 0$ löst man mit dem Satz vom Nullprodukt: $2x^2 - 2 = 0$ führt zu den Lösungen $x_{1,2} = \pm 1$ und $e^{-x} - 2 = 0$ hat die Lösung $x_3 = -\ln(2)$.

f) Bei der Gleichung $e^{2x} - 6e^x + 5 = 0$ substituiert man $e^x = z$: Wegen $e^{2x} = (e^x)^2$ gilt $e^{2x} = z^2$. Die Gleichung $e^{2x} - 6e^x + 5 = 0$ wird damit zu $z^2 - 6z + 5 = 0$. Lösen mit pq- oder abc-Formel ergibt $z_1 = 5$ und $z_2 = 1$. Die Rücksubstitution $e^x = 5$ führt zur Lösung $x_1 = \ln(5)$, die Rücksubstitution $e^x = 1$ führt zur Lösung $x_2 = \ln(1) = 0$.

g) Bei der Gleichung $e^{4x} - 5e^{2x} + 6 = 0$ substituiert man $e^{2x} = z$: Da $e^{4x} = \left(e^{2x}\right)^2$ gilt $e^{4x} = z^2$. Die Gleichung $e^{4x} - 5e^{2x} + 6 = 0$ wird damit zu $z^2 - 5z + 6 = 0$. Lösen mit Hilfe der pq- oder abc-Formel ergibt $z_1 = 2$ und $z_2 = 3$. Die Rücksubstitution $e^{2x} = 2$ führt zur Lösung $x_1 = \frac{\ln(2)}{2}$, die Rücksubstitution $e^{2x} = 3$ führt zur Lösung $x_2 = \frac{\ln(3)}{2}$.

3.4 Trigonometrische Gleichungen

a) Bei der Gleichung $\sin(3x) = 1;\ x \in [0; 2\pi]$ substituiert man $3x = z$.
Dies führt zu $\sin(z) = 1$ mit den möglichen Lösungen $z_1 = \frac{\pi}{2}, z_2 = \frac{5}{2}\pi, z_3 = \frac{9}{2}\pi, \ldots$
Die Resubstitution $z_1 = \frac{\pi}{2} = 3x$ ergibt $x_1 = \frac{\pi}{6}$, $z_2 = \frac{5}{2}\pi = 3x$ ergibt $x_2 = \frac{5}{6}\pi$,
$z_3 = \frac{9}{2}\pi = 3x$ ergibt $x_3 = \frac{3}{2}\pi$, $z_4 = \frac{13}{2}\pi$ ergibt keine weitere Lösung, da $\frac{13}{6}\pi \notin [0; 2\pi]$
Als Lösungsmenge erhält man $L = \{\frac{1}{6}\pi; \frac{5}{6}\pi; \frac{3}{2}\pi\}$.

b) Bei der Gleichung $\cos\left(x - \frac{\pi}{2}\right) = -1;\ x \in [-\pi; 2\pi]$ substituiert man $x - \frac{\pi}{2} = z$.
Dies führt zu $\cos(z) = -1$ mit den möglichen Lösungen $z_1 = -\pi, z_2 = \pi, z_3 = 3\pi, \ldots$
Die Resubstitution $z_1 = -\pi = x - \frac{\pi}{2}$ ergibt $x_1 = -\frac{\pi}{2}$, $z_2 = \pi = x - \frac{\pi}{2}$ ergibt $x_2 = \frac{3}{2}\pi$,
$z_3 = 3\pi$ ergibt keine weitere Lösung.
Als Lösungsmenge erhält man $L = \{-\frac{\pi}{2}; \frac{3}{2}\pi\}$.

c) Die Gleichung $\cos(x) \cdot (\sin(x) - 1) = 0;\ x \in [0; \pi]$ löst man mit dem Satz vom Nullprodukt: $\cos(x) = 0$ hat im angegebenen Intervall die Lösung $x = \frac{\pi}{2}$.
$\sin(x) - 1 = 0$ bzw. $\sin(x) = 1$ hat ebenfalls die Lösung $x = \frac{\pi}{2}$.
Als Lösungsmenge erhält man $L = \{\frac{\pi}{2}\}$.

d) Die Gleichung $\sin(x) \cdot (\sin(x) + 1) = 0;\ x \in [0; 2\pi]$ löst man mit dem Satz vom Nullprodukt: $\sin(x) = 0$ hat im angegebenen Intervall die Lösungen $x_1 = 0$, $x_2 = \pi$ und $x_3 = 2\pi$.
$\sin(x) + 1 = 0$ bzw. $\sin(x) = -1$ hat die Lösung $x_4 = \frac{3}{2}\pi$.
Als Lösungsmenge erhält man $L = \{0; \pi; \frac{3}{2}\pi; 2\pi\}$.

e) Die Gleichung $\cos(x) \cdot (\cos(x) + 1) = 0;\ x \in [0; \pi]$ löst man mit dem Satz vom Nullprodukt: $\cos(x) = 0$ hat im angegebenen Intervall die Lösung $x_1 = \frac{1}{2}\pi$.
$\cos(x) + 1 = 0$ bzw. $\cos(x) = -1$ hat die Lösung $x_2 = \pi$.
Als Lösungsmenge erhält man $L = \{\frac{1}{2}\pi; \pi\}$.

f) Die Gleichung $\left(x^2 - 4\right) \cdot \sin\left(x - \frac{\pi}{2}\right) = 0;\ x \in [0; 2\pi]$ löst man mit dem Satz vom Nullprodukt. $x^2 - 4 = 0$ hat die Lösungen $x_{1,2} = \pm 2$, es kommt aber wegen $x \in [0; 2\pi]$ nur $x_1 = 2$ als Lösung in Frage. Bei der Gleichung $\sin\left(x - \frac{\pi}{2}\right) = 0$ substituiert man $x - \frac{\pi}{2} = z$. Dies führt zu $\sin(z) = 0$ mit den möglichen Lösungen $z_1 = 0, z_2 = \pi, z_3 = 2\pi, \ldots$ Die Resubstitution $z_1 = 0 = x - \frac{\pi}{2}$ ergibt $x_1 = \frac{\pi}{2}$, $z_2 = \pi = x - \frac{\pi}{2}$ ergibt $x_2 = \frac{3}{2}\pi$, $z_3 = 2\pi$ ergibt keine weitere Lösung.
Als Lösungsmenge erhält man $L = \{\frac{\pi}{2}; 2; \frac{3}{2}\pi\}$.

4 Funktionen und Graphen

4.1 Von der Gleichung zur Kurve

4.1.1 Ganzrationale Funktionen

a) g_1: $f(x) = \frac{1}{2}x + 1$. Schnittpunkt mit der y-Achse: $f(0) = \frac{1}{2} \cdot 0 + 1 = 1 \Rightarrow \mathrm{S}(0 \mid 1)$
Schnittpunkt mit der x-Achse: $f(x) = 0$ bzw. $\frac{1}{2}x + 1 = 0$ führt zu $x = -2 \Rightarrow \mathrm{N}(-2 \mid 0)$
Es handelt sich um eine Gerade mit y-Achsenabschnitt $b = 1$ und Steigung $m = \frac{1}{2}$.

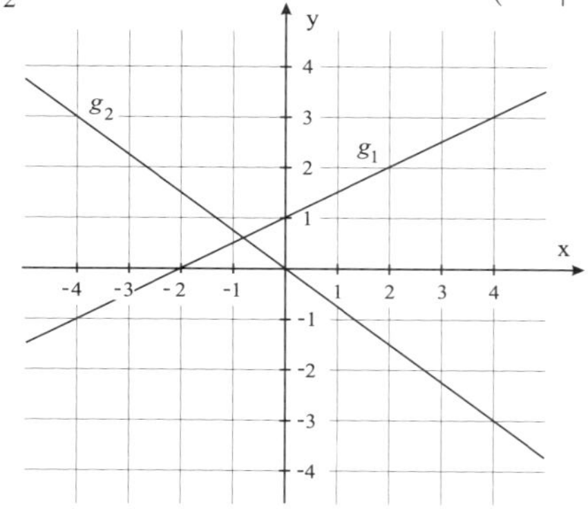

b) g_2: $f(x) = -\frac{3}{4}x$. Schnittpunkt mit der y-Achse: $f(0) = -\frac{3}{4} \cdot 0 = 0 \Rightarrow \mathrm{S}(0 \mid 0)$. Schnittpunkt mit der x-Achse: $f(x) = 0$ bzw. $-\frac{3}{4}x = 0$ führt zu $x = 0 \Rightarrow \mathrm{N}(0 \mid 0)$.
Es handelt sich um eine Ursprungsgerade (Gerade durch den Koordinatenursprung) mit y-Achsenabschnitt $b = 0$ und Steigung $m = -\frac{3}{4}$.

c) $f(x) = (x-1)^2 - 4$. Schnittpunkt mit der y-Achse: $f(0) = (0-1)^2 - 4 = -3 \Rightarrow \mathrm{S}(0 \mid -3)$
Schnittpunkt mit der x-Achse: $f(x) = 0$ bzw. $(x-1)^2 - 4 = 0$ führt zu $x_1 = 3$, $x_2 = -1 \Rightarrow \mathrm{N}_1(3 \mid 0), \mathrm{N}_2(-1 \mid 0)$. Es handelt sich um eine Normalparabel, die um eine LE nach rechts und 4 LE nach unten verschoben wurde, d.h. eine nach oben geöffnete Normalparabel mit Scheitel bei $(1 \mid -4)$.

d) $f(x) = -x^2 + 4$. Schnittpunkt mit der y-Achse: $f(0) = -0^2 + 4 = 4 \Rightarrow \mathrm{S}(0 \mid 4)$
Schnittpunkt mit der x-Achse: $f(x) = 0$ bzw. $-x^2 + 4 = 0$ führt zu $x_1 = 2, x_2 = -2$
$\Rightarrow \mathrm{N}_1(2 \mid 0), \mathrm{N}_2(-2 \mid 0)$.
Es handelt sich um eine Normalparabel, die an der x-Achse gespiegelt und dann um vier LE nach oben verschoben wurde, d.h. eine nach unten geöffnete Normalparabel mit S $(0 \mid 4)$.

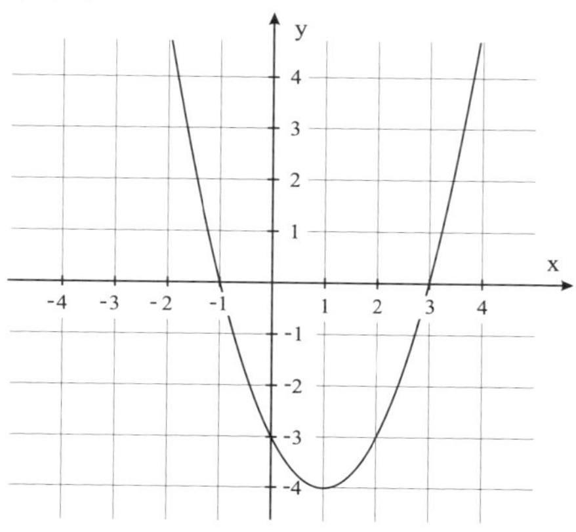

c) $f(x) = (x-1)^2 - 4$

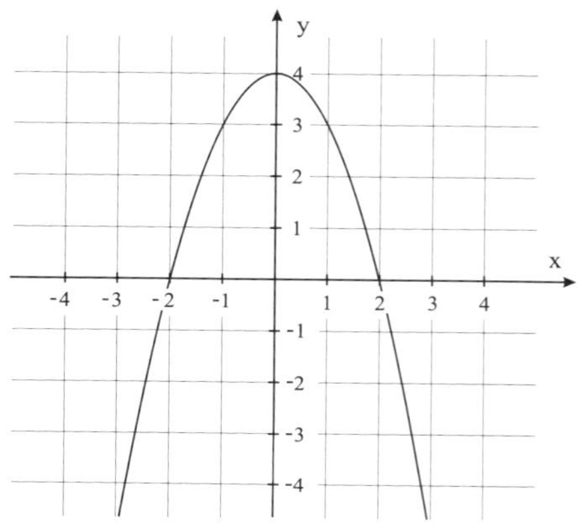

d) $f(x) = -x^2 + 4$

e) $f(x) = -\frac{1}{2}x^2 + 4,5$.
Schnittpunkt mit der y-Achse: $f(0) = -\frac{1}{2} \cdot 0^2 + 4,5 = 4,5 \Rightarrow \mathrm{S}\,(0 \mid 4,5)$.
Schnittpunkt mit der x-Achse: $f(x) = 0$ bzw. $f(x) = -\frac{1}{2}x^2 + 4,5 = 0$ führt zu den Lösungen $x_1 = 3\,,\, x_2 = -3$. Daraus folgt: $\mathrm{N}_1(3 \mid 0)\,,\, \mathrm{N}_2(-3 \mid 0)$.
Es handelt sich um eine Normalparabel, die an der x-Achse gespiegelt, mit Faktor $\frac{1}{2}$ in y-Richtung gestaucht und um $4,5$ LE nach oben verschoben wurde.

f) $f(x) = (x-1)^3 + 1$.
Schnittpunkt mit der y-Achse: $f(0) = (0-1)^3 + 1 = 0 \Rightarrow \mathrm{S}\,(0 \mid 0)$.
Schnittpunkt mit der x-Achse: $f(x) = 0$ bzw. $f(x) = (x-1)^3 + 1 = 0$ führt zu $x = 0 \Rightarrow \mathrm{N}\,(0 \mid 0)$.
Es handelt sich um eine kubische Parabel, die um eine LE nach rechts und eine LE nach oben verschoben wurde.

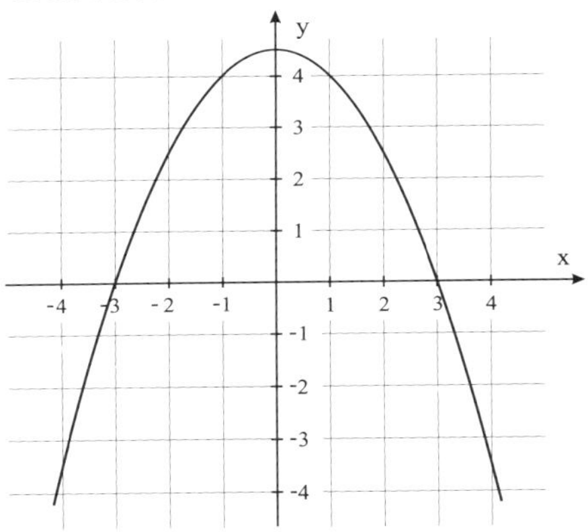

e) $f(x) = -\frac{1}{2}x^2 + 4,5$

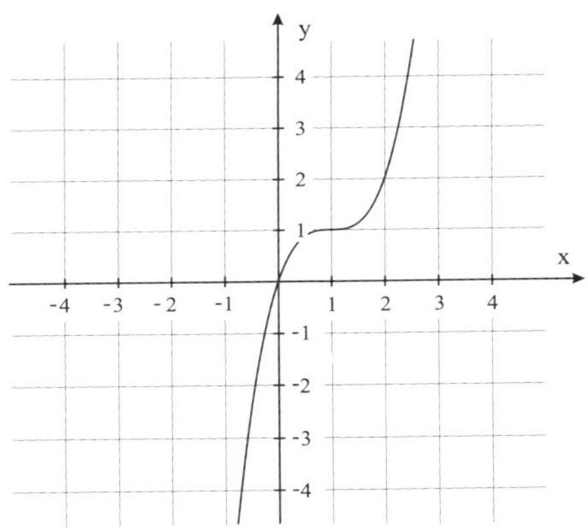

f) $f(x) = (x-1)^3 + 1$

4.1.2 Trigonometrische Funktionen

a) $f(x) = 2\sin(x)$, Periode: $p = \frac{2\pi}{1} = 2\pi$. Der Graph der Funktion $g(x) = \sin(x)$ wurde mit Faktor 2 in y-Richtung gestreckt.

b) $f(x) = \frac{1}{2}\cos(x)$, Periode: $p = \frac{2\pi}{1} = 2\pi$. Der Graph von $g(x) = \cos(x)$ wurde mit Faktor $\frac{1}{2}$ in y-Richtung gestaucht (bzw. gestreckt).

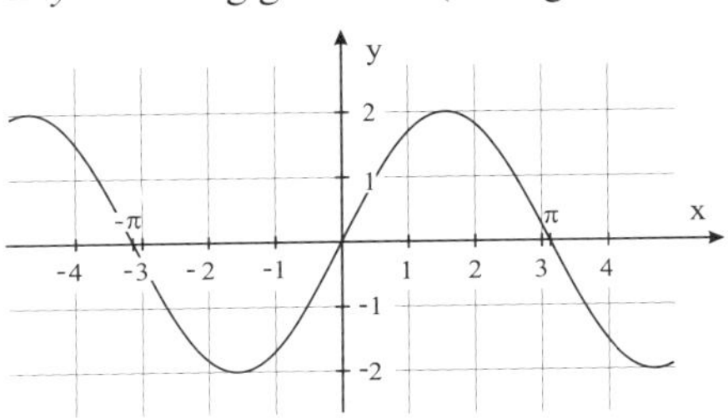

a) $f(x) = 2\sin(x)$

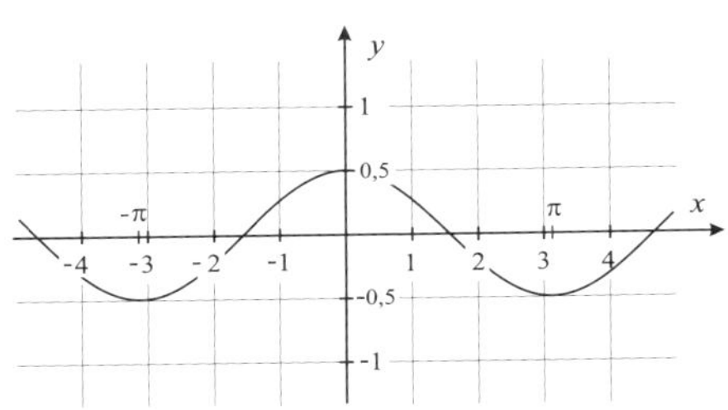

b) $f(x) = \frac{1}{2}\cos(x)$

c) $f(x) = \sin(2x)$, Periode: $p = \frac{2\pi}{2} = \pi$.
Der Graph der Funktion $g(x) = \sin(x)$ wurde mit Faktor 2 in x-Richtung gestaucht.

d) $f(x) = -\sin(2x) + 1$, Periode: $p = \frac{2\pi}{2} = \pi$.
Der Graph der Funktion $g(x) = \sin(x)$ wurde an der x-Achse gespiegelt, mit Faktor 2 in x-Richtung gestaucht und um eine LE nach oben verschoben.

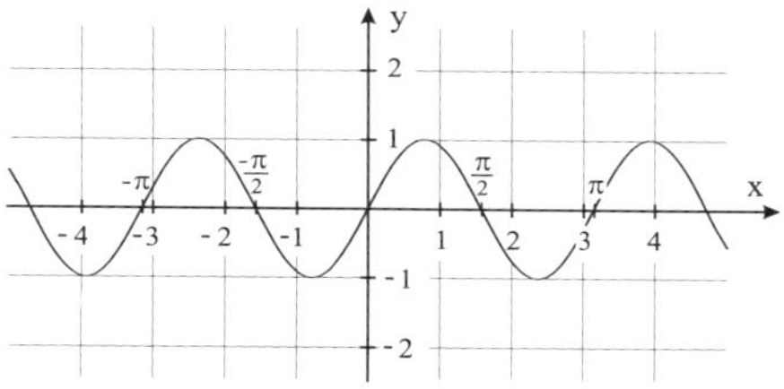

c) $f(x) = \sin(2x)$

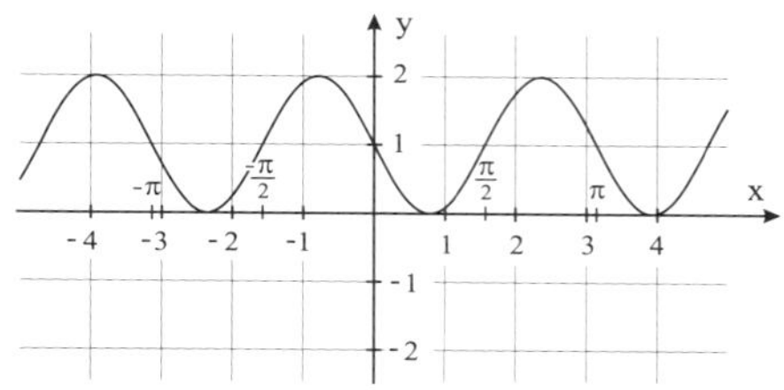

d) $f(x) = -\sin(2x) + 1$

e) $f(x) = \sin\left(\frac{1}{2}\pi(x+1)\right)$, Periode: $p = \frac{2\pi}{\frac{1}{2}\pi} = 4$. der Graph der Funktion $g(x) = \sin(x)$ wurde in x-Richtung gestaucht und um eine LE nach links verschoben.

f) $f(x) = \frac{1}{2}\sin(\frac{\pi}{4}x) + \frac{3}{2}$, Periode: $p = \frac{2\pi}{\frac{\pi}{4}} = 8$. Der Graph der Funktion $g(x) = \sin(x)$ wurde in x-Richtung gestreckt und in y-Richtung mit Faktor $\frac{1}{2}$ gestaucht, anschließend wurde es um $\frac{3}{2}$ LE nach oben verschoben.

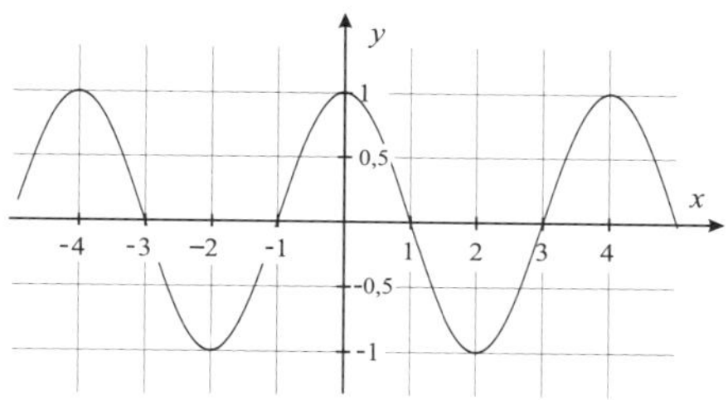

e) $f(x) = \sin\left(\frac{1}{2}\pi(x+1)\right)$

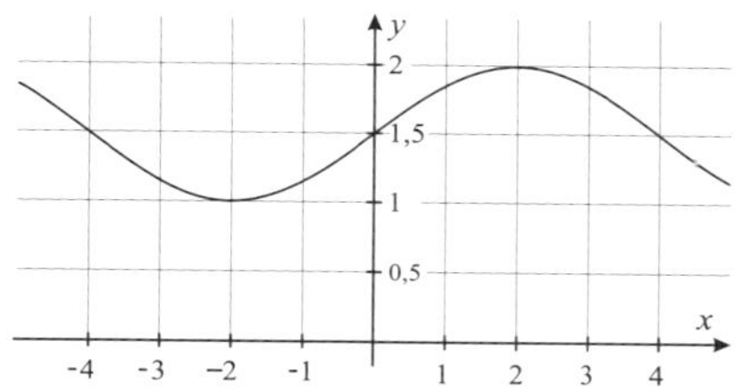

f) $f(x) = \frac{1}{2}\sin(\frac{\pi}{4}x) + \frac{3}{2}$

4.1.3 Exponentialfunktionen

a) $f(x) = e^{x-1} + 1$. Asymptote: $x \to -\infty$ führt zu $y = 1$ (waagerechte Asymptote).
Der Graph der Funktion $g(x) = e^x$ wurde um eine LE nach rechts und eine LE nach oben verschoben.

b) $f(x) = -e^{x-1} + 1$. Asymptote: $x \to -\infty$ führt zu $y = 1$ (waagerechte Asymptote).
Der Graph der Funktion $g(x) = e^x$ wurde an der x-Achse gespiegelt und anschließend um eine LE nach rechts und eine LE nach oben verschoben.

c) $f(x) = e^{-(x-1)} + 2$. Asymptote: $x \to \infty$ führt zu $y = 2$ (waagerechte Asymptote).
Der Graph der Funktion $g(x) = e^x$ wurde erst an der y-Achse gespiegelt und dann um eine LE nach rechts und zwei LE nach oben verschoben.

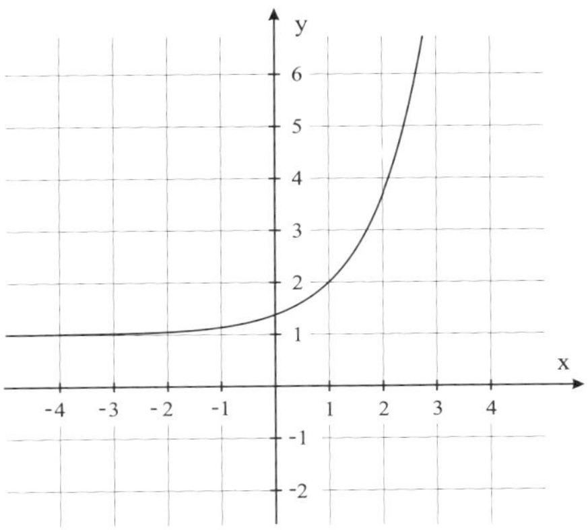

a) $f(x) = e^{x-1} + 1$

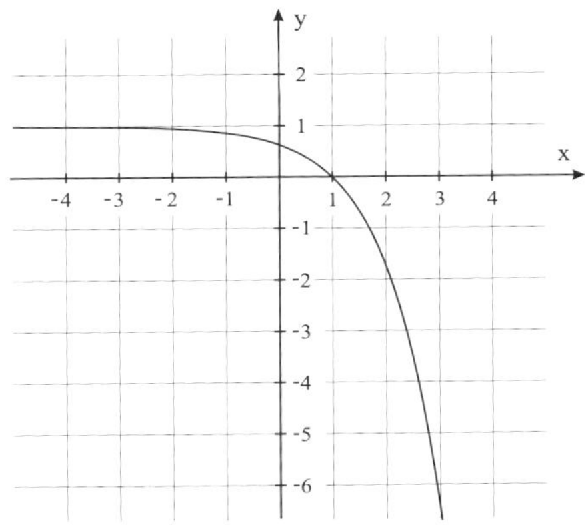

b) $f(x) = -e^{x-1} + 1$

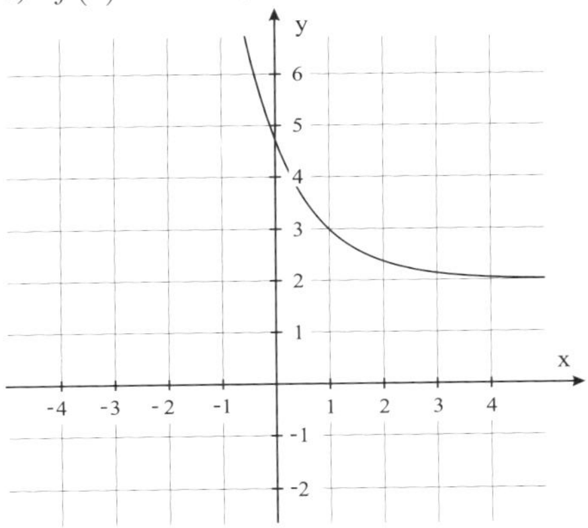

c) $f(x) = e^{-(x-1)} + 2$

4.2 Aufstellen von Funktionen mit Randbedingungen

4.2.1 Ganzrationale Funktionen

a) Ansatz: $f(x) = ax^2 + bx + c$. Die drei Bedingungen ergeben

$$\begin{array}{lcccccccc} f(0)=4 & \Rightarrow & a\cdot 0^2 & + & b\cdot 0 & + & c & = & 4 \\ f(1)=0 & \Rightarrow & a\cdot 1^2 & + & b\cdot 1 & + & c & = & 0 \\ f(2)=18 & \Rightarrow & a\cdot 2^2 & + & b\cdot 2 & + & c & = & 18 \end{array}$$

Daraus ergibt sich das folgende Gleichungssystem:

$$\begin{array}{lcccccccc} \text{I} & & & & & & c & = & 4 \\ \text{II} & a & + & b & + & & c & = & 0 \\ \text{III} & 4a & + & 2b & + & & c & = & 18 \end{array}$$

Einsetzen von c und Auflösen von II und III führt auf $a = 11$ und $b = -15$. Damit ergibt sich für die Funktionsgleichung $f(x) = 11x^2 - 15x + 4$.

b) Ansatz: $f(x) = ax^2 + bx + c$ und $f'(x) = 2ax + b$. Die drei Bedingungen ergeben

$$\begin{array}{lclclclcl} f(0)=2 & \Rightarrow & a\cdot 0^2 & + & b\cdot 0 & + & c & = & 2 \\ f(1)=3 & \Rightarrow & a\cdot 1^2 & + & b\cdot 1 & + & c & = & 3 \\ f'(1)=0 & \Rightarrow & 2a\cdot 1 & + & b & & & = & 0 \end{array}$$

Daraus ergibt sich das folgende Gleichungssystem:

$$\begin{array}{llllllll} \text{I} & & & & & c & = & 2 \\ \text{II} & a & + & b & + & c & = & 3 \\ \text{III} & 2a & + & b & & & = & 0 \end{array}$$

Einsetzen von c und Auflösen von II und III führt auf $a = -1$ und $b = 2$. Damit ergibt sich für die Funktionsgleichung $f(x) = -x^2 + 2x + 2$. (Da es sich um eine nach unten geöffnete Parabel handelt, muss M $(1 \mid 3)$ ein Hochpunkt sein.)

c) Ansatz: $f(x) = ax^2 + c$ und $f'(x) = 2ax$. Die zwei Bedingungen ergeben

$$\begin{array}{lclclcl} f(1)=6 & \Rightarrow & a\cdot 1^2 & + & c & = & 6 \\ f'(1)=2 & \Rightarrow & 2a\cdot 1 & & & = & 2 \end{array}$$

Daraus ergibt sich das folgende Gleichungssystem:

$$\begin{array}{lllll} a & + & c & = & 6 \\ 2a & & & = & 2 \end{array}$$

Auflösen führt auf $a = 1$ und $c = 5$. Damit ergibt sich für die Funktionsgleichung $f(x) = x^2 + 5$.

d) Ansatz: $f(x) = ax^2 + c$. Die zwei Bedingungen ergeben:

$$\begin{array}{lclclcr} f(\sqrt{3})=0 & \Rightarrow & a\cdot\left(\sqrt{3}\right)^2 & + & c & = & 0 \\ f(0)=-3 & \Rightarrow & a\cdot 0 & + & c & = & -3 \end{array}$$

Daraus ergibt sich das folgende Gleichungssystem:

$$\begin{array}{llllr} 3a & + & c & = & 0 \\ & & c & = & -3 \end{array}$$

Auflösen führt auf $c = -3$ und $a = 1$. Damit ergibt sich für die Funktionsgleichung: $f(x) = x^2 - 3$.

e) Ansatz: $f(x) = ax^3 + bx^2 + cx + d$, $f'(x) = 3ax^2 + 2bx + c$, $f''(x) = 6ax + 2b$. Die vier Bedingungen ergeben

$$\begin{array}{lclclclclcl} f(0)=0 & \Rightarrow & a\cdot 0^3 & + & b\cdot 0^2 & + & c\cdot 0 & + & d & = & 0 \\ f''(0)=0 & \Rightarrow & 6a\cdot 0 & + & 2b & & & & & = & 0 \\ f(2)=2 & \Rightarrow & a\cdot 2^3 & + & b\cdot 2^2 & + & c\cdot 2 & + & d & = & 2 \\ f'(2)=0 & \Rightarrow & 3a\cdot 2^2 & + & 2b\cdot 2 & + & c & & & = & 0 \end{array}$$

Daraus ergibt sich das folgende Gleichungssystem:

$$\begin{array}{rcrcrcrcl} & & & & & & d & = & 0 \\ & & 2b & & & & & = & 0 \\ 8a & + & 4b & + & 2c & + & d & = & 2 \\ 12a & + & 4b & + & c & & & = & 0 \end{array}$$

Es ergeben sich $d = 0$, $b = 0$. Einsetzen in die beiden unteren Gleichungen und Auflösen nach a und c ergibt $a = -\frac{1}{8}$ und $c = \frac{3}{2} = 1{,}5$. Damit ergibt sich für die Funktionsgleichung $f(x) = -\frac{1}{8}x^3 + \frac{3}{2}x$.

f) Ansatz: $f(x) = ax^3 + bx^2 + cx + d$, $f'(x) = 3ax^2 + 2bx + c$, $f''(x) = 6ax + 2b$. Die vier Bedingungen ergeben

$$\begin{array}{lcrcrcrcrcr} f(0) = 1 & \Rightarrow & a \cdot 0^3 & + & b \cdot 0^2 & + & c \cdot 0 & + & d & = & 1 \\ f'(0) = -1 & \Rightarrow & 3a \cdot 0^2 & + & 2b \cdot 0 & + & c & & & = & -1 \\ f(-1) = 4 & \Rightarrow & a \cdot (-1)^3 & + & b \cdot (-1)^2 & + & c \cdot (-1) & + & d & = & 4 \\ f''(-1) = 0 & \Rightarrow & 6a \cdot (-1) & + & 2b & & & & & = & 0 \end{array}$$

Daraus ergibt sich das folgende Gleichungssystem:

$$\begin{array}{rcrcrcrcr} & & & & & & d & = & 1 \\ & & & & c & & & = & -1 \\ -a & + & b & - & c & + & d & = & 4 \\ -6a & + & 2b & & & & & = & 0 \end{array}$$

Es ergeben sich $a = 1$, $b = 3$, $c = -1$, $d = 1$. Damit ergibt sich für die Funktionsgleichung $f(x) = x^3 + 3x^2 - x + 1$.

g) Ansatz: $f(x) = ax^4 + bx^2$, $f'(x) = 4ax^3 + 2bx$, $f''(x) = 12ax^2 + 2b$. Die zwei Bedingungen ergeben

$$\begin{array}{lcrcrcr} f(1) = -2{,}5 & \Rightarrow & a \cdot 1^4 & + & b \cdot 1^2 & = & -2{,}5 \\ f''(1) = 0 & \Rightarrow & 12a \cdot 1^2 & + & 2b & = & 0 \end{array}$$

Daraus ergibt sich das folgende Gleichungssystem:

$$\begin{array}{rcrcr} a & + & b & = & -2{,}5 \\ 12a & + & 2b & = & 0 \end{array}$$

Auflösen führt auf $a = \frac{1}{2}$ und $b = -3$. Damit ist die Funktionsgleichung: $f(x) = \frac{1}{2}x^4 - 3x^2$.

4.2.2 Exponentialfunktionen

Der allgemeine Ansatz der e-Funktionen ist $f(x) = a \cdot e^{kx}$. Ihre Ableitung ist $f'(x) = k \cdot a \cdot e^{kx}$.

a) Zuerst wird a bestimmt: $f(0) = 2 \Rightarrow a \cdot e^{k \cdot 0} = 2 \Rightarrow a = 2$. Anschließend setzt man dies in die Funktionsgleichung ein und bestimmt k: $f(4) = 2e^{12} \Rightarrow 2 \cdot e^{k \cdot 4} = 2 \cdot e^{12}$. Teilen durch 2 ergibt $e^{k \cdot 4} = e^{12}$. Logarithmieren mit ln führt zu $k \cdot 4 = 12 \Rightarrow k = 3$. Damit ist $f(x) = 2 \cdot e^{3x}$.

b) Zuerst wird a bestimmt: $f(0) = 3 \Rightarrow a \cdot e^{k \cdot 0} = 3 \Rightarrow a = 3$. Anschließend setzt man dies in die Funktionsgleichung ein und bestimmt k: $f(2) = 3e^{8} \Rightarrow 3 \cdot e^{k \cdot 2} = 3 \cdot e^{8}$. Teilen durch 3 ergibt $e^{k \cdot 2} = e^{8}$. Logarithmieren mit ln führt zu $k \cdot 2 = 8 \Rightarrow k = 4$. Damit ist $f(x) = 3 \cdot e^{4x}$.

c) Zuerst wird wie in den vorangegangenen Aufgaben a bestimmt: $f(0) = 3 \Rightarrow a \cdot e^{k \cdot 0} = 3 \Rightarrow a = 3$. Dies setzt man in die zweite Aussage über die Ableitung ein, um k zu bestimmen: $f'(0) = 6 \Rightarrow k \cdot 3 \cdot e^{k \cdot 0} = 6 \Rightarrow k \cdot 3 = 6 \Rightarrow k = 2$. Damit ist $f(x) = 3 \cdot e^{2x}$.

d) Zuerst wird wie in den vorangegangenen Aufgaben a bestimmt: $f(0) = 2 \Rightarrow a \cdot e^{k \cdot 0} = 2 \Rightarrow a = 2$. Dies setzt man in die zweite Aussage über die Ableitung ein, um k zu bestimmen: $f'(0) = 4 \Rightarrow k \cdot 2 \cdot e^{k \cdot 0} = 4 \Rightarrow k \cdot 2 = 4 \Rightarrow k = 2$. Damit ist $f(x) = 2 \cdot e^{2x}$.

e) Wird der Graph von $g(x) = e^{x}$ an der x-Achse gespiegelt und um 2 LE nach rechts und 3 LE nach unten verschoben, so erhält man als Funktionsgleichung: $f(x) = -e^{x-2} - 3$.

4.2.3 Trigonometrische Funktionen

Eine verallgemeinerte Sinusfunktion hat die Gleichung $f(x) = a \cdot \sin(b \cdot (x - c)) + d$, eine verallgemeinerte Kosinusfunktion die Gleichung $f(x) = a \cdot \cos(b \cdot (x - c)) + d$.

a) Verschiebung um 3 LE nach oben: $d = 3$. Periode $p = \pi \Rightarrow b = \frac{2\pi}{p} = \frac{2\pi}{\pi} = 2$.
Keine Verschiebung nach links/ rechts: $c = 0$, keine Streckung in y-Richtung: $a = 1$
Setzt man die Koeffizienten ein, erhält man als Lösung $f(x) = \sin(2x) + 3$.

b) Streckfaktor 2,5 in y-Richtung: $a = 2{,}5$. Periode $p = \frac{\pi}{2} \Rightarrow b = \frac{2\pi}{p} = \frac{2\pi}{\frac{\pi}{2}} = 4$.
Verschiebung um 3 LE nach rechts: $c = 3$, Verschiebung um 1,5 LE nach unten: $d = -1{,}5$
Setzt man die Koeffizienten ein, erhält man als Lösung $f(x) = 2{,}5 \cdot \sin(4(x-3)) - 1{,}5$.

c) Verschiebung um 2 LE nach links: $c = -2$. Verschiebung um 4 LE nach oben: $d = 4$.
Streckfaktor 0,8 in y-Richtung: $a = 0{,}8$, Abstand zwischen zwei Hochpunkten = Periodenlänge $\Rightarrow p = 3\pi \Rightarrow b = \frac{2\pi}{p} = \frac{2\pi}{3\pi} = \frac{2}{3}$. Setzt man die Koeffizienten ein, erhält man als Lösung $f(x) = 0{,}8 \cdot \cos\left(\frac{2}{3} \cdot (x+2)\right) + 4$.

d) Verschiebung um 1 LE nach rechts: $c = 1$. Verschiebung um 2 LE nach unten: $d = -2$.
Streckfaktor 1,7 in y-Richtung: $a = 1{,}7$. Abstand zwischen zwei Wendepunkten = halbe Periodenlänge $= \frac{\pi}{2} \Rightarrow p = 2 \cdot \frac{\pi}{2} = \pi. \Rightarrow b = \frac{2\pi}{p} = \frac{2\pi}{\pi} = 2$. Setzt man die Koeffizienten ein, erhält man als Lösung $f(x) = 1{,}7 \cdot \cos(2 \cdot (x-1)) - 2$.

4.3 Von der Kurve zur Gleichung

4.3.1 Ganzrationale Funktionen

Zu jeder Aufgabe gibt es verschiedene Lösungswege, diese sind bei den Tipps zu dieser Aufgabe ausführlich beschrieben.

a) 1. Ansatz als allgemeine Parabel 2. Grades $f(x) = ax^2 + bx + c$. Aus der Zeichnung liest man ab: $f(-2) = 0$, $f(-1) = 1$, $f(0) = 4$. Einsetzen in die allgemeine Funktion ergibt folgende Gleichungen:

$$\begin{array}{rcrcrcr} 4a & - & 2b & + & c & = & 0 \\ a & - & b & + & c & = & 1 \\ & & & & c & = & 4 \end{array}$$

Einsetzen von c und Auflösen der beiden oberen Gleichungen führt auf $a = 1$ und $b = 4$, damit ist $f(x) = x^2 + 4x + 4$.

2. Ansatz mit Linearfaktoren: Der Graph hat nur eine Nullstelle bei $x = -2$ und geht durch den Punkt P$(0 \mid 4)$.
Also ist $f(x) = a \cdot (x+2) \cdot (x+2)$ und es gilt:
$f(0) = 4 \Rightarrow 4 = a \cdot (0+2) \cdot (0+2) \Rightarrow a = 1$.
Damit ist die Lösung $f(x) = (x+2)^2$ bzw. $f(x) = x^2 + 4x + 4$.

3. Ansatz als verschobene Normalparabel: Es handelt sich um eine um 2 LE nach links verschobene Normalparabel, daher wird $g(x) = x^2$ zu $f(x) = (x+2)^2$. Auch hier zur Kontrolle einsetzen: $f(0) = 4$, es herrscht Übereinstimmung. Ausmultiplizieren führt zu $f(x) = x^2 + 4x + 4$.

b) 1. Ansatz als allgemeine Funktion 2. Grades $f(x) = ax^2 + bx + c$. Aus der Zeichnung liest man ab: $f(-1) = -2$, $f(0) = -1$, $f(1) = 2$. Einsetzen in die allgemeine Funktion ergibt folgende Gleichungen:

$$\begin{array}{rcrcrcr} a & - & b & + & c & = & -2 \\ & & & & c & = & -1 \\ a & + & b & + & c & = & 2 \end{array}$$

Einsetzen von c und Auflösen der oberen und unteren Gleichung führt zu $a = 1$ und $b = 2$, damit ist $f(x) = x^2 + 2x - 1$.

2. Ansatz mit Linearfaktoren ist nicht möglich, da sich die Nullstellen nicht genau bestimmen lassen.

3. Ansatz als verschobene Normalparabel: Es handelt sich um eine Normalparabel, die um 1 LE nach links und um 2 LE nach unten verschoben ist:
$f(x) = x^2$ wird zu $f(x) = (x+1)^2 - 2$. Kontrolle für $x = 0$: $f(0) = -1$, d.h. Übereinstimmung. Ausmultiplizieren führt zu $f(x) = x^2 + 2x - 1$.

c) 1. Ansatz als allgemeine Funktion 2. Grades $f(x) = ax^2 + bx + c$. Aus der Zeichnung liest man ab: $f(0) = -3$, $f(1) = 0$, $f(2) = 1$. Einsetzen in die allgemeine Funktion ergibt folgende Gleichungen:

$$\begin{array}{rcrcrcr} a & + & b & + & c & = & 0 \\ 4a & + & 2b & + & c & = & 1 \\ & & & & c & = & -3 \end{array}$$

Einsetzen von c und Auflösen der beiden oberen Gleichungen führt zu $a = -1$ und $b = 4$, damit ist $f(x) = -x^2 + 4x - 3$.

2. Ansatz mit Linearfaktoren: Der Graph hat Nullstellen bei $x = 1$ und $x = 3$ und geht durch den Punkt P(2 | 1).
Also ist $f(x) = a \cdot (x-1) \cdot (x-3)$ und es gilt:
$f(2) = 1 \Rightarrow 1 = a \cdot (2-1) \cdot (2-3) \Rightarrow a = -1$.
Damit ist die Lösung $f(x) = -1 \cdot (x-1) \cdot (x-3)$ bzw. $f(x) = -x^2 + 4x - 3$.

3. Ansatz als verschobene Normalparabel: Es handelt sich um eine nach unten geöffnete Normalparabel, die um 2 LE nach rechts und um 1 LE nach oben verschoben ist: $f(x) = -x^2$ wird zu $f(x) = -(x-2)^2 + 1$. Auch hier Kontrolle für $x = 2$: $f(2) = 1$, es herrscht Übereinstimmung. Ausmultiplizieren führt zu $f(x) = -x^2 + 4x - 3$.

d) 1. Der Ansatz als allgemeine Funktion 3. Grades $f(x) = ax^3 + bx^2 + cx + d$ ist zwar möglich, aber langwierig: Aus der Zeichnung liest man ab: $f(-1) = 0$, $f(0) = 3$, $f(1) = 0$ und $f(3) = 0$. Einsetzen in die allgemeine Funktion ergibt folgende Gleichungen:

$$\begin{array}{rcrcrcrcr} -a & + & b & - & c & + & d & = & 0 \\ & & & & & & d & = & 3 \\ a & + & b & + & c & + & d & = & 0 \\ 27a & + & 9b & + & 3c & + & d & = & 0 \end{array}$$

Einsetzen von d und Auflösen der oberen Gleichungen führt zu $a = 1$, $b = -3$ und $c = -1$, damit ist $f(x) = x^3 - 3x^2 - x + 3$.

2. Ansatz mit Linearfaktoren: Der Graph hat Nullstellen bei $x = -1$, $x = 1$ und $x = 3$ und geht durch den Punkt P(2 | −3).
Also ist $f(x) = a \cdot (x+1) \cdot (x-1) \cdot (x-3)$ und es gilt:
$f(2) = -3 \Rightarrow -3 = a \cdot (2+1) \cdot (2-1) \cdot (2-3) \Rightarrow a = 1$.
Damit ist die Lösung $f(x) = 1 \cdot (x+1) \cdot (x-1) \cdot (x-3) = x^3 - 3x^2 - x + 3$.

4.3.2 Trigonometrische Funktionen

a) Als möglichen Ansatz kann man eine Sinusfunktion der Form $f(x) = a \cdot \sin(b \cdot (x-c)) + d$ verwenden. Die «Mittelachse» des Graphen liegt genau auf der x-Achse, also ist der Graph der Grundfunktion $g(x) = \sin(x)$ nicht in y-Richtung verschoben, somit ist

$d = 0$. Da der Graph durch den Ursprung geht, ist die Grundfunktion $g(x) = \sin(x)$ nicht in x-Richtung verschoben, somit ist $c = 0$. Da die Periode $p = 2\pi$ ist, gilt: $b = \frac{2\pi}{p} = \frac{2\pi}{2\pi} = 1$. Der Abstand des Hoch- bzw. Tiefpunkts zur «Mittelachse» (Amplitude) beträgt 2 LE, also ist der Streckfaktor in y-Richtung $a = 2$.
Eine mögliche Funktionsgleichung ist $f(x) = 2 \cdot \sin(x)$.

b) Da das Maximum des Graphen im Punkt $H(1 \mid 1,5)$ liegt, kann man eine Kosinusfunktion der Form $f(x) = a \cdot \cos(b \cdot (x - c)) + d$ verwenden. Die «Mittelachse» des Graphen liegt genau auf der x-Achse, also ist der Graph der Grundfunktion $g(x) = \cos(x)$ nicht in y-Richtung verschoben, somit ist $d = 0$. Wegen $H(1 \mid 1,5)$ ist der Graph der Grundfunktion $g(x) = \cos(x)$ um 1 LE in x-Richtung verschoben, somit ist $c = 1$. Da die Periode $p = 2\pi$ ist, gilt: $b = \frac{2\pi}{p} = \frac{2\pi}{2\pi} = 1$. Der Abstand des Hoch- bzw. Tiefpunkts zur «Mittelachse» (Amplitude) beträgt 1,5 LE, also ist der Streckfaktor in y-Richtung $a = 1,5$.
Eine mögliche Funktionsgleichung ist damit $f(x) = 1,5 \cdot \cos(x - 1)$.
Bei einem Ansatz mit einer Sinusfunktion ergibt sich beispielsweise $f(x) = 1,5 \cdot \sin(x + 0,5)$, da der Graph der Grundfunktion $\sin(x)$ um 0,5 LE nach links verschoben und mit Faktor 1,5 in y-Richtung gestreckt wurde.

c) Als möglichen Ansatz kann man eine Sinusfunktion der Form $f(x) = a \cdot \sin(b \cdot (x - c)) + d$ verwenden. Die «Mittelachse» des Graphen liegt genau auf der Geraden $y = 1$, also ist der Graph der Grundfunktion $g(x) = \sin(x)$ um 1 LE in y-Richtung verschoben, somit ist $d = 1$. Da der Graph durch den Punkt $(0 \mid 1)$ geht, ist die Grundfunktion $g(x) = \sin(x)$ nicht in x-Richtung verschoben, somit ist $c = 0$. Da die Periode $p = 2\pi$ beträgt, gilt: $b = \frac{2\pi}{p} = \frac{2\pi}{2\pi} = 1$. Der Abstand des Hoch- bzw. Tiefpunkts zur «Mittelachse» (Amplitude) beträgt 2 LE, also ist der Streckfaktor in y-Richtung $a = 2$.
Eine mögliche Funktionsgleichung ist damit $f(x) = 2 \cdot \sin(x) + 1$.

d) Als möglichen Ansatz kann man eine Sinusfunktion der Form $f(x) = a \cdot \sin(b \cdot (x - c)) + d$ verwenden. Die «Mittelachse» des Graphen liegt genau auf der x-Achse, also ist der Graph der Grundfunktion $g(x) = \sin(x)$ nicht in y-Richtung verschoben, somit ist $d = 0$. Da der Graph durch den Ursprung geht, ist die Grundfunktion $g(x) = \sin(x)$ nicht in x-Richtung verschoben, somit ist $c = 0$. Die Periodenlänge lässt sich an den Schnittpunkten mit der x-Achse ablesen, sie beträgt $p = 6$, also gilt: $b = \frac{2\pi}{6} = \frac{\pi}{3}$. Der Abstand des Hoch- bzw. Tiefpunkts zur «Mittelachse» (Amplitude) beträgt 4 LE, also ist der Streckfaktor in y-Richtung $a = 4$.
Eine mögliche Funktionsgleichung ist damit $f(x) = 4 \cdot \sin\left(\frac{\pi}{3}x\right)$.
Bemerkung: Diese Aussagen sind über diese Funktion nur möglich, weil vorher bekannt war, dass es sich um eine trigonometrische Funktion handelt. Wäre dies nicht bekannt, könnte es sich auch um eine Funktion der Gestalt $f(x) = ax^4 - bx^2$ handeln.

4.4 Graphen von f, f' und F

4.4.1 Von f zu f'

Es wird zuerst die Tangentensteigung in einigen Punkten näherungsweise bestimmt (z.B. mit Hilfe einer gezeichneten Tangente, deren Steigung dann ermittelt wird).

a)

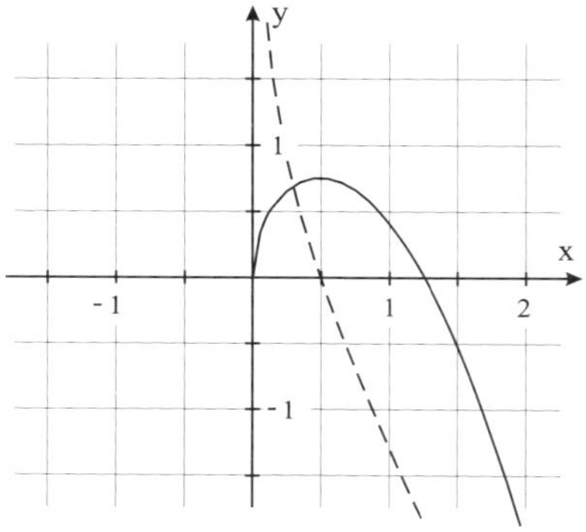

I) Antwort: nein, die Ableitungskurve hat an der Stelle $x = 1$ keine waagrechte Tangente, also kein relatives Maximum.

II) Antwort: ja, die Tangenten an die Ableitungskurve haben alle eine negative Steigung.

III) Antwort: ja, die Ableitungskurve verläuft für $x > 1$ unterhalb der x-Achse.

b)

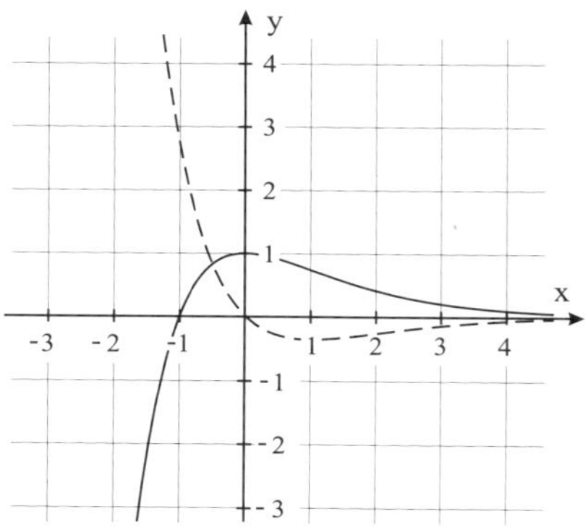

I) Antwort: ja, die Ableitungskurve hat an der Stelle $x = 1$ eine Tangente mit waagrechter Steigung sowie ein Minimum, also einen Extrempunkt.

II) Antwort: ja, bei $x = 2$ ist die Steigung der Tangente an die Ableitungskurve extremal.

III) Antwort: ja, die Ableitungskurve verläuft sogar für $x > 0$ unterhalb der x-Achse, also ist f' für $x > 1$ negativ.

c)

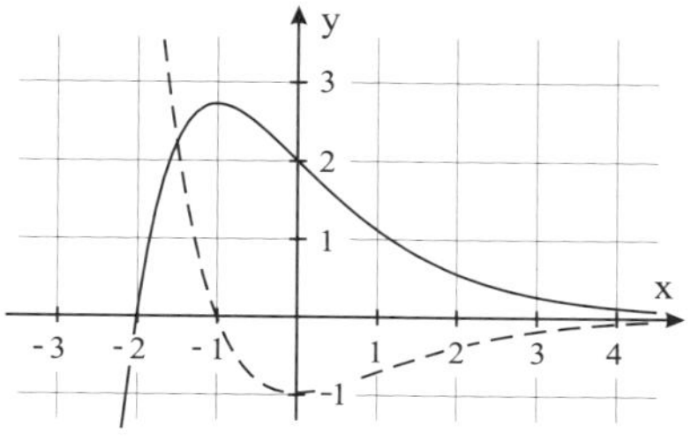

I) Antwort: nein, da die Ableitungskurve für $x < -1$ oberhalb der x-Achse verläuft.

II) Antwort: ja, bei $x = 0$ hat die Ableitungskurve eine waagrechte Tangente.

III) Antwort: nein, da $f'(0) = -1$ und $f(-1) = 0$.

4.4.2 Von f' zu f

a)

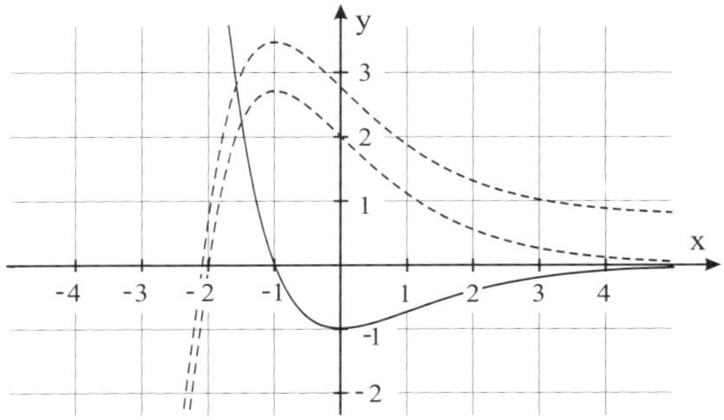

- Ableitung $f'(x)$: ——
- Mögliche Funktionen $f(x)$: - - -
- Die Funktion ist in Bezug auf Verschiebungen in y-Richtung nicht festgelegt.

I) Antwort: nein, die Ableitungskurve hat an dieser Stelle einen Extrempunkt, daher hat der Graph der Funktion für $x = 0$ einen Wendepunkt.

II) Antwort: ja, die Ableitungskurve hat an dieser Stelle eine Nullstelle und einen Vorzeichenwechsel. Dies bedeutet, dass der Graph der Funktion einen Extrempunkt für $x = -1$ besitzt. Da die Tangenten in Extrempunkten immer waagerecht sind (Steigung $= 0$), ist die Aussage richtig.

III) Antwort: nein, die Kurve der Ableitung hat an der Stelle $x = 0$ einen Tiefpunkt. Das bedeutet, dass der Graph der Funktion f an dieser Stelle einen Wendepunkt besitzt.

IV) Antwort: nein, da der Graph von f' für $0 \leqslant x \leqslant 2$ unterhalb der x-Achse verläuft und damit f streng monoton fallend ist.

b)

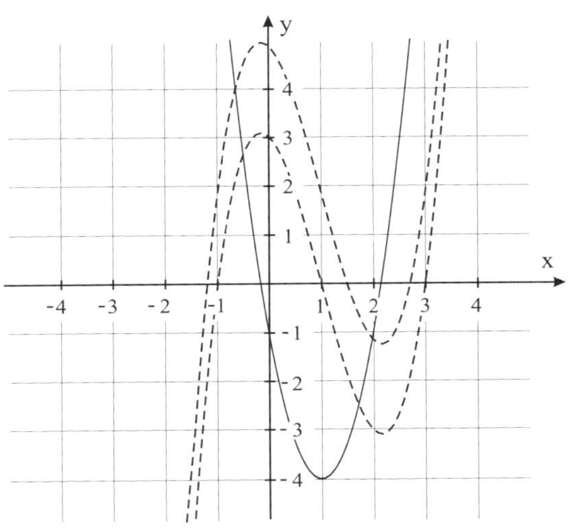

- Ableitung $f'(x)$: ——
- Mögliche Funktionen $f(x)$: - - -
- Die Funktion ist in Bezug auf Verschiebungen in y-Richtung nicht festgelegt.

I) Antwort: nein, der Graph der angegebenen Ableitungsfunktion f' hat an dieser Stelle einen Tiefpunkt. Das bedeutet, dass der Graph der Funktion f für $x = 1$ einen Wendepunkt besitzt.

II) Antwort: ja, der Graph der Ableitungsfunktion hat für $x \approx -0,2$ eine Nullstelle. Zusätzlich wechselt das Vorzeichen von f' von $+$ nach $-$ (die Steigung war erst positiv und ist nun negativ): Es liegt ein Hochpunkt vor.

III) Antwort: ja, da die Ableitungsfunktion mindestens den Grad 2 hat (Parabel), muss der Grad der Funktion f mindestens 3 sein.

IV) Antwort: ja, die Gerade $y = 2x$ hat die Steigung 2. Die Funktionswerte der angegebenen Ableitungsfunktion f' geben in jedem Punkt die Steigung der Funktion f an. Die Ableitungsfunktion hat für $x \approx 2,4$ den Wert $f'(2,4) = 2$. Daher ist die Tangente parallel zur Geraden $y = 2x$.

c)

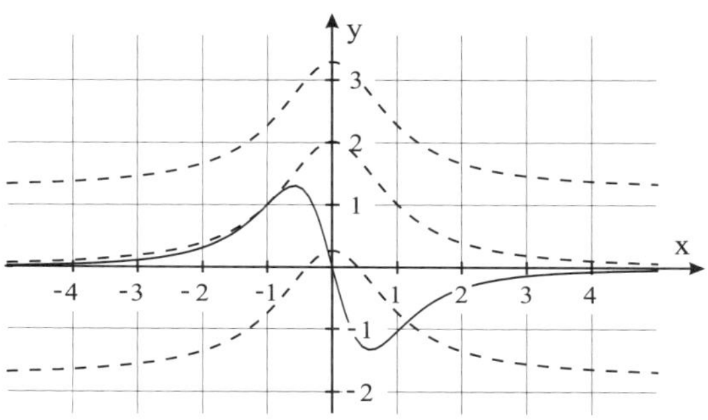

- Ableitung $f'(x)$: ——
- Mögliche Funktionen $f(x)$: - - -
- Die Funktion ist in Bezug auf Verschiebungen in y-Richtung nicht festgelegt.

I) Antwort: ja, bei $x = 0$ wechselt f' das Vorzeichen von $+$ nach $-$ $\Rightarrow$ Der Graph von f hat bei $x = 0$ einen Hochpunkt. Der gezeichnete Graph der Ableitungsfunktion ist ursprungssymmetrisch, damit unterscheiden sich die Steigungswerte rechts und links der y-Achse nur durch ihr Vorzeichen und der Graph von f ist y-achsensymmetrisch.

II) Antwort: ja, da der Graph von f' für $x > 0$ stets unterhalb der x-Achse verläuft und damit f streng monoton fallend ist.

III) Antwort: nein, die angegebene Ableitungsfunktion f' hat für $x = 0$ zwar eine Nullstelle, es handelt sich aber um einen Hochpunkt des Graphen von f, da an der Nullstelle ein Vorzeichenwechsel von $+$ nach $-$ stattfindet.

IV) Antwort: nein, die gezeichnete Ableitungsfunktion f' hat nur eine Nullstelle mit Vorzeichenwechsel. Daher besitzt der Graph von f genau einen Extrempunkt.

4.4.3 Von f zu F

Die Stammfunktion F

a)

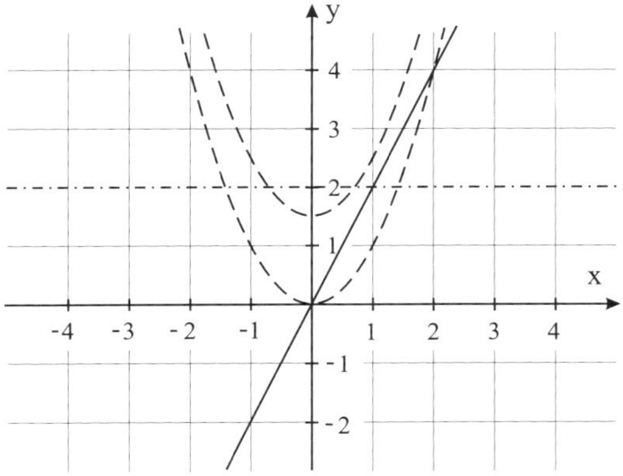

- Funktion $f(x)$: ——
- Mögliche Stammfunktionen F(x): – – –
- Ableitung $f'(x)$: – · – ·
- Die eingezeichneten Stammfunktionen sind nur einige von vielen möglichen Stammfunktionen, da diese in Bezug auf eine Verschiebung in y-Richtung nicht festgelegt sind.

I) Antwort: ja, die Ableitung einer Geraden ist immer eine waagerechte Gerade, da die Steigung einer Geraden konstant ist. Daher ist der Graph der Ableitungsfunktion parallel zur Geraden $y = 1$.

II) Antwort: ja, da $f(x)$ die Steigung von F(x) beschreibt und $f(1) = 2 = F'(1)$ ist.

III) Antwort: nein, streng monoton wachsend bedeutet für dern Graph, dass die y-Werte für zunehmende x-Werte immer größer werden, dass bedeutet $f'(x) > 0$, die Steigung ist an jedem Punkt des Graphen positiv. Dies gilt zwar für f, nicht aber für f'.

IV) Antwort: ja, der Graph der Ableitungsfunktion ist eine waagerechte Gerade. Diese erfüllt die Bedingung $f'(-x) = f'(x) = 2$.

b)

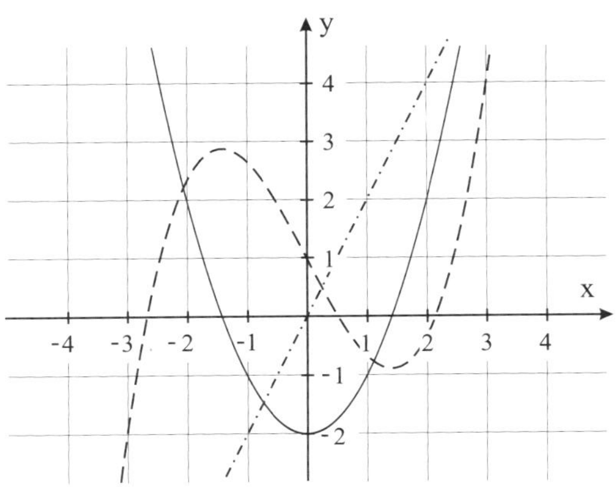

- Funktion $f(x)$: ——
- Mögliche Stammfunktionen F(x): – – –
- Ableitung $f'(x)$: – · – ·
- Die eingezeichnete Stammfunktion ist nur eine von vielen möglichen Stammfunktionen, da diese in Bezug auf eine Verschiebung in y-Richtung nicht festgelegt sind.

I) Antwort: ja, die Ableitungskurve einer Parabel ist eine Gerade mit einer Steigung ungleich Null. Diese besitzt genau eine Nullstelle am Extrempunkt der Parabel. Da die Parabel diesen für $x = 0$ hat, liegt die Nullstelle auch im fraglichen Intervall.

II) Antwort: nein, da der Graph von f für $0 \leqslant x \leqslant 1$ stets unterhalb der x-Achse verläuft.

III) Antwort: ja, die Extremstellen einer Funktion sind Nullstellen der 1. Ableitung. Da die Funktion f die Ableitung von F ist, besitzt F genau 2 Extremstellen im Intervall. Da die Nullstellen von f an den Stellen $x \approx \pm 1{,}4$ liegen, befinden sich die Extrempunkte an den Punkten $(1{,}4 \mid (\mathrm{F}(1{,}4))$ bzw. $(-1{,}4 \mid (\mathrm{F}(-1{,}4))$.

4.5 Kurvendiskussion

4.5.1 Elemente der Kurvendiskussion

a) Es ist $f(x) = \frac{1}{4}x^4 - x^3 + 4x - 2$, $f'(x) = x^3 - 3x^2 + 4$, $f''(x) = 3x^2 - 6x$, $f'''(x) = 6x - 6$
Einsetzen von $x = 2$: $f'(2) = 0$, $f''(2) = 0$, $f'''(2) = 6 \neq 0$. An der Stelle $x = 2$ hat der Graph von f einen Wendepunkt mit Steigung Null, also einen Sattelpunkt und keinen Tiefpunkt.

b) Es ist $f(x) = \frac{1}{x}$ und $g(x) = x^2 + 1$. Damit erhält man: $g(2) = 2^2 + 1 = 5$ und
$f(g(2)) = f(5) = \frac{1}{5}$ sowie $f(2) = \frac{1}{2}$ und $g(f(2)) = g\left(\frac{1}{2}\right) = \left(\frac{1}{2}\right)^2 + 1 = \frac{5}{4}$.
Setzt man $g(x)$ in $f(x)$ ein, ergibt sich: $f(g(x)) = \frac{1}{x^2+1}$.
Die Gleichung $f(g(x)) = 0{,}1$ führt zu $\frac{1}{x^2+1} = 0{,}1$ bzw.
$1 = 0{,}1x^2 + 0{,}1 \Rightarrow 9 = x^2 \Rightarrow x_{1,2} = \pm 3$.

c) Um zu bestimmen, für welche Werte von x der Graph der Funktion f mit
$f(x) = (x+3) \cdot (x-1)$ oberhalb der x-Achse verläuft, löst man die Ungleichung
$(x+3) \cdot (x-1) > 0$ durch funktionale Betrachtung: Der Graph von
$f(x) = (x+3) \cdot (x-1) = x^2 + 2x - 3$ ist eine nach oben geöffnete Parabel mit den Nullstellen $x_1 = -3$ und $x_2 = 1$.
Somit verläuft der Graph von f für $x < -3$ oder $x > 1$ oberhalb der x-Achse.
Alternativ kann man die Ungleichung $(x+3) \cdot (x-1) > 0$ auch durch Fallunterscheidung lösen:
I) $x + 3 > 0$ und $x - 1 > 0$ führt zu $x > -3$ und $x > 1$, also $x > 1$
II) $x + 3 < 0$ und $x - 1 < 0$ führt zu $x < -3$ und $x < 0$, also $x < -3$
Für $x < -3$ oder $x > 1$ verläuft der Graph von f oberhalb der x-Achse.

d) Für eine ganzrationale Funktion 3. Grades mit $f(1) = 4$, $f'(1) = 0$, $f''(1) < 0$, $f(0) = 2$, $f''(0) = 0$ und $f'''(0) \neq 0$ kann man folgende Aussagen treffen:
Wegen $f(1) = 4$, $f'(1) = 0$, $f''(1) < 0$ ist der Punkt H $(1 \mid 4)$ Hochpunkt des Graphen von f.
Wegen $f(0) = 2$, $f''(0) = 0$ und $f'''(0) \neq 0$ ist der Punkt W $(0 \mid 2)$ Wendepunkt des Graphen von f.
Da bei einer ganzrationalen Funktion 3. Grades der Wendepunkt der Mittelpunkt der Strecke vom Hochpunkt zum Tiefpunkt ist, hat der Tiefpunkt des Graphen von f die Koordinaten T $(-1 \mid 0)$.

e) Es ist $f(x) = x^2 \cdot e^x$. Die 1. und 2. Ableitung von f erhält man mit der Produktregel:
$f'(x) = (x^2 + 2x) \cdot e^x$ und $f''(x) = \left(x^2 + 4x + 2\right) \cdot e^x$. Setzt man $x = 0$ in $f'(x)$ ein, erhält man:
$f'(0) = (0^2 + 2 \cdot 0) \cdot e^0 = 0$ Damit hat die Funktion hat einen möglichen Extremwert für $x = 0$. Setzt man $x = 0$ in $f''(x)$ ein, ergibt sich: $f''(0) = (0^2 + 4 \cdot 0 + 2)e^0 = 2 > 0$. Also handelt es sich um ein Minimum.

f) Um zu bestimmen, für welche Werte von x der Graph der Funktion f mit $f(x) = -x^2 + 3x + 7$ oberhalb der Geraden mit der Gleichung $y = 3$ verläuft, löst man die Ungleichung $-x^2 + 3x + 7 > 3$ durch funktionale Betrachtung: Der Graph von $f(x) = -x^2 + 3x + 7$ ist eine nach unten geöffnete Parabel. Die Schnittstellen der Parabel mit der Geraden erhält man durch Lösen der Gleichung $-x^2 + 3x + 7 = 3$ bzw. $-x^2 + 3x + 4 = 0$. Mit Hilfe der pq- oder abc-Formel erhält man die Schnittstellen $x_1 = -1$ und $x_2 = 4$. Somit verläuft der Graph von f für $-1 < x < 4$ oberhalb der Geraden mit der Gleichung $y = 3$.

g) Es ist $f(x) = -x \cdot e^{-2x}$. Die 1. Ableitung erhält man mit Hilfe der Produkt- und Kettenregel:
$f'(x) = -1 \cdot e^{-2x} + \left(-x \cdot e^{-2x}\right) \cdot (-2) = -1 \cdot e^{-2x} + 2x \cdot e^{-2x} = (2x - 1) \cdot e^{-2x}$
Der Graph der Funktion f ist streng monoton fallend, wenn $f'(x) < 0$ gilt.
$(2x - 1) \cdot e^{-2x} < 0$ führt wegen $e^{-2x} > 0$ zu $2x - 1 < 0 \Rightarrow x < \frac{1}{2}$.
Somit ist für $x < \frac{1}{2}$ der Graph von f streng monoton fallend.

h) Es ist $f(x) = 3x^3 + 4$, Ableiten ergibt $f'(x) = 9x^2$, $f''(x) = 18x$, $f'''(x) = 18$. Setzt man $x = 0$ in $f'(x)$ ein, erhält man: $f'(0) = 9 \cdot 0^2 = 0$. Außerdem hat $f'(x)$ bei $x = 0$ keinen Vorzeichenwechsel. Also besitzt der Graph der Funktion einen Sattelpunkt in $(0 \mid 4)$.

i) Es ist $f'(x) = 1e^{-x} + x \cdot e^{-x} \cdot (-1) = (1 - x)e^{-x}$,
$f''(x) = -1e^{-x} + (1 - x)e^{-x} \cdot (-1) = (x - 2)e^{-x}$,
$f'''(x) = 1e^{-x} + (x - 2)e^{-x} \cdot (-1) = (3 - x)e^{-x}$.
Setzt man $f''(x) = 0$, so erhält man $(x - 2)e^{-x} = 0 \Rightarrow x = 2$.
Setzt man $x = 2$ in $f'''(x)$ ein, so ergibt sich $f'''(2) = (3 - 2)e^{-2} \neq 0$, also existiert genau ein Wendepunkt W $\left(2 \mid 2e^{-2}\right)$.

j) Es ist $f'(x) = (x - 2)^3$. Da $f'(2) = (2 - 2)^3 = 0$, ist die notwendige Bedingung für einen lokalen Tiefpunkt erfüllt.
Zur Ermittlung des Vorzeichenwechsels betrachtet man $x-$Werte, die kleiner bzw. größer als 2 sind:
$x < 2 \Rightarrow f'(x) < 0$, da der Term in der Klammer kleiner als Null ist und «hoch 3» das Vorzeichen beibehält.
$x > 2 \Rightarrow f'(x) > 0$, da der Term in der Klammer größer als Null ist und «hoch 3» das Vorzeichen beibehält.
Somit wechselt f' das Vorzeichen an der Stelle $x = 2$ von $-$ nach $+$.
Also hat der Graph von f bei $x = 2$ einen Tiefpunkt.

k) Es ist $f(x) = 2 \cdot \sin\left(x - \frac{\pi}{2}\right)$. P liegt auf dem Graph von f, da $f(\pi) = 2 \cdot \sin\left(\pi - \frac{\pi}{2}\right) = 2 \cdot \sin\left(\frac{\pi}{2}\right) = 2$.
Es ist $f'(x) = 2 \cdot \cos\left(x - \frac{\pi}{2}\right)$ (Kettenregel). Die Steigung im Punkt $\mathrm{P}(\pi \mid 2)$ erhält man durch Einsetzen von $x = \pi$ in $f'(x)$: Es ist $f'(\pi) = 2 \cdot \cos\left(\pi - \frac{\pi}{2}\right) = 2 \cdot \cos\left(\frac{\pi}{2}\right) = 0$, also liegt im Punkt P eine waagrechte Tangente vor.

l) Es ist $f(x) = \frac{1}{2} \cdot \sin(2x - \pi)$,
$f'(x) = \frac{1}{2} \cdot \cos(2x - \pi) \cdot 2 = \cos(2x - \pi)$,
$f''(x) = -\sin(2x - \pi) \cdot 2 = -2 \cdot \sin(2x - \pi)$,
$f'''(x) = -2 \cdot \cos(2x - \pi) \cdot 2 = -4 \cdot \cos(2x - \pi)$.
Da $f''(\pi) = -2 \cdot \sin(2\pi - \pi) = -2 \cdot \sin(\pi) = -2 \cdot 0 = 0$
und $f'''(\pi) = -4 \cdot \cos(2\pi - \pi) = -4 \cdot \cos(\pi) = 4 \neq 0$,
hat der Graph von f bei $x = \pi$ einen Wendepunkt.

4.5.2 Symmetrie

a) Da die Funktion f mit $f(x) = x^4 + 3x^2$ nur gerade Exponenten enthält, erfüllt sie das Kriterium für y-Achsensymmetrie: $f(-x) = (-x)^4 + 3 \cdot (-x)^2 = x^4 + 3x^2 = f(x)$.

b) Da die Funktion f mit $f(x) = 3x^5 - 7,2x^3 + x$ nur ungerade Exponenten enthält und durch den Ursprung verläuft, erfüllt sie das Kriterium für Punktsymmetrie zum Ursprung:
$f(-x) = 3 \cdot (-x)^5 - 7,2 \cdot (-x)^3 + (-x) = -3x^5 + 7,2x^3 - x = -\left(3x^5 - 7,2x^3 + x\right) = -f(x)$.

c) Um zu zeigen, dass der Graph der Funktion f mit $f(x) = 2 \cdot e^{x^2+2} + 3$ achsensymmetrisch zur y-Achse ist, setzt man $-x$ in $f(x)$ ein:

$$f(-x) = 2 \cdot e^{(-x)^2+2} + 3 = 2 \cdot e^{x^2+2} + 3 = f(x)$$

Wegen $f(-x) = f(x)$ ist der Graph von f achsensymmetrisch zur y-Achse.

d) Um zu zeigen, dass der Graph der Funktion f mit $f(x) = -\frac{4}{x}$ punktsymmetrisch zum Ursprung ist, setzt man $-x$ in $f(x)$ ein:

$$f(-x) = -\frac{4}{-x} = -\left(-\frac{4}{x}\right) = -f(x)$$

Wegen $f(-x) = -f(x)$ ist der Graph von f punktsymmetrisch zum Ursprung.

4.5.3 Tangenten und Normalen

a) Aus $f(x) = x^2 - 4x + 2$ folgt $f'(x) = 2x - 4$. Für die Steigung m_t der Tangente im Punkt $\mathrm{P}(1 \mid -1)$ gilt: $m_t = f'(1) = 2 \cdot 1 - 4 = -2$. Setzt man $\mathrm{P}(1 \mid -1)$ und $m_t = -2$ in die Tangentengleichung $y = f'(u) \cdot (x - u) + f(u)$ ein, so erhält man $y = -2 \cdot (x - 1) + (-1)$ und damit die Tangentengleichung $t: \ y = -2x + 1$. Für die Normalensteigung m_n gilt: $m_n = -\frac{1}{m_t} = -\frac{1}{-2} = \frac{1}{2}$. Setzt man P und m_n in die Gleichung $y = -\frac{1}{f'(u)} \cdot (x - u) + f(u)$ ein, so erhält man $y = \frac{1}{2} \cdot (x - 1) + (-1)$ und damit die Normalengleichung $n: \ y = \frac{1}{2}x - \frac{3}{2}$.

b) Aus $f(x) = x^3 + x + 1$ folgt $f'(x) = 3x^2 + 1$, $f''(x) = 6x$ und $f'''(x) = 6$. Um den Wendepunkt zu bestimmen, wird die 2. Ableitung gleich Null gesetzt: $f''(x) = 6x = 0 \Rightarrow x_\mathrm{W} = 0$. Probe in f''' ergibt $f'''(0) = 6 \neq 0$, es handelt sich also um einen Wendepunkt. Der y-Wert wird bestimmt, indem man $x_\mathrm{W} = 0$ in $f(x)$ einsetzt, was zu $\mathrm{W}(0 \mid 1)$ führt.

Die Tangentensteigung in W ist $m_t = f'(0) = 1$. Setzt man W$(0 \mid 1)$ und $m_t = 1$ in die Tangentengleichung $y = f'(u) \cdot (x-u) + f(u)$ ein, so erhält man $y = 1 \cdot (x-0) + 1$ und damit die Tangentengleichung $t:\ y = x+1$.
Für die Normalensteigung gilt: $m_n = -\frac{1}{m_t} = -\frac{1}{1} = -1$.
Setzt man W$(0 \mid 1)$ und $m_n = -1$ in die Normalengleichung $y = -\frac{1}{f'(u)} \cdot (x-u) + f(u)$ ein, so erhält man $y = -1 \cdot (x-0) + 1$ und damit die Normalengleichung $n:\ y = -x+1$.

c) I) Da die Steigung der Tangente schon angegeben ist, muss zuerst der Punkt P bestimmt werden, in dem die Tangente die Kurve berührt. In diesem Punkt soll die Steigung der Kurve gleich -2 sein. Daher setzt man die 1. Ableitung gleich -2.
Es ist $f(x) = x^2 + 4x - 3$ und $f'(x) = 2x+4$. Gleichsetzen der 1. Ableitung:
$f'(x) = 2x+4 = -2 \Rightarrow x_P = -3$. Durch Einsetzen in $f(x)$ wird die y-Koordinate des Punktes bestimmt. Damit ist der gesuchte Punkt P$(-3 \mid -6)$. Setzt man P$(-3 \mid -6)$ und $m_t = -2$ in die Tangentengleichung $y = f'(u) \cdot (x-u) + f(u)$ ein, so erhält man $y = -2 \cdot (x-(-3)) + (-6)$ und damit die Tangentengleichung $t:\ y = -2x - 12$.

II) Da die Tangente orthogonal zu der angegebenen Geraden g ist, gilt für ihre Steigung $m_t = -\frac{1}{m_g}$, die Steigung der Tangente ist damit $m_t = -\frac{1}{-\frac{1}{3}} = 3$. Nun muss der Punkt P bestimmt werden, in dem die Tangente die Kurve berührt: Da in diesem Punkt die Steigung der Kurve gleich 3 sein muss, setzt man die 1. Ableitung gleich 3 und löst nach x auf: $f'(x) = 2x+4 = 3 \Rightarrow x_P = -\frac{1}{2}$. Durch Einsetzen in $f(x)$ wird die y-Koordinate des Punktes bestimmt. Damit ist der gesuchte Punkt P$\left(-\frac{1}{2} \mid -\frac{19}{4}\right)$. Setzt man P$\left(-\frac{1}{2} \mid -\frac{19}{4}\right)$ und $m_t = 3$ in die Tangentengleichung $y = f'(u) \cdot (x-u) + f(u)$ ein, so erhält man $y = 3 \cdot \left(x - \left(-\frac{1}{2}\right)\right) + \left(-\frac{19}{4}\right)$ und damit die Tangentengleichung:
$t:\ y = 3x - \frac{13}{4}$.

III) Da die Tangente parallel zur angegebenen Geraden ist und die Tangentensteigung damit gleich groß ist wie die Geradensteigung, muss zuerst der Punkt P bestimmt werden, in dem die Tangente die Kurve berührt: In diesem Punkt ist die Steigung gleich 4. Daher setzt man die 1. Ableitung gleich 4: $f'(x) = 2x+4 = 4 \Rightarrow x_P = 0$. Durch Einsetzen in $f(x)$ wird der y-Wert des Punktes bestimmt. Damit ist der gesuchte Punkt P$(0 \mid -3)$. Setzt man P$(0 \mid -3)$ und $m_t = 4$ in die Tangentengleichung $y = f'(u) \cdot (x-u) + f(u)$ ein, so erhält man $y = 4 \cdot (x-0) + (-3)$ und damit die Tangentengleichung $t:\ y = 4x - 3$.

d) Die Tangente berührt die Kurve in einem noch unbekannten Punkt B$(u \mid f(u))$ beziehungsweise B$\left(u \mid u^2 - 2u + 3\right)$. Die Tangentensteigung in diesem Punkt bestimmt man mit Hilfe der 1. Ableitung: Es ist $f(x) = x^2 - 2x + 3$ und $f'(x) = 2x - 2$. Somit gilt: $m_t = f'(u) = 2u - 2$.
Setzt man B$(u \mid f(u))$ und $m_t = f'(u)$ in die Tangentengleichung $y = f'(u) \cdot (x-u) + f(u)$ ein, so erhält man als Tangentengleichung in Abhängigkeit von u:

$$t:\ y = (2u-2) \cdot (x-u) + \left(u^2 - 2u + 3\right)$$

Da $P(0 \mid -6)$ auf der Tangente liegt, kann man diesen in die Tangentengleichung einsetzen:
$-6 = (2u-2)\cdot(0-u) + \left(u^2 - 2u + 3\right)$ bzw. $u^2 = 9 \Rightarrow u_1 = 3 \quad u_2 = -3$.
Setzt man u_1 bzw. u_2 in $B(u \mid f(u))$ ein, so erhält man $B_1(3 \mid 6)$ und $B_2(-3 \mid 18)$.
Setzt man u_1 bzw. u_2 in die Tangentengleichung ein, so erhält man:
$y = (2\cdot 3 - 2)\cdot(x-3) + \left(3^2 - 2\cdot 3 + 3\right)$ bzw.
$y = (2\cdot(-3) - 2)\cdot(x-(-3)) + \left((-3)^2 - 2\cdot(-3) + 3\right)$.
Somit ergeben sich als Tangentengleichungen $t_1:\ y = 4x - 6$ und $t_2:\ y = -8x - 6$.

4.5.4 Funktionenscharen / Funktionen mit Parameter

a) I) Es handelt sich bei den Graphen von f_t um Parabeln, die symmetrisch zur y-Achse sind. Je nach Wert von t sind die Parabeln «gestreckt» oder «gestaucht». Für positive Werte von t sind die Parabeln nach oben geöffnet, für negative Werte sind sie nach unten geöffnet (siehe Zeichnung).

II) Der Punkt $P_1(2 \mid 2)$ wird in die Gleichung eingesetzt und liefert $2 = t \cdot 2^2$. Umstellen nach t ergibt $t = \frac{1}{2}$. Die Funktion damit $f_{\frac{1}{2}}(x) = \frac{1}{2}x^2$.
Der Punkt $P_2(-1 \mid -2)$ wird in die Gleichung eingesetzt und liefert $-2 = t \cdot (-1)^2$. Umstellen nach t ergibt $t = -2$. Die Funktion ist damit $f_{-2}(x) = -2x^2$.

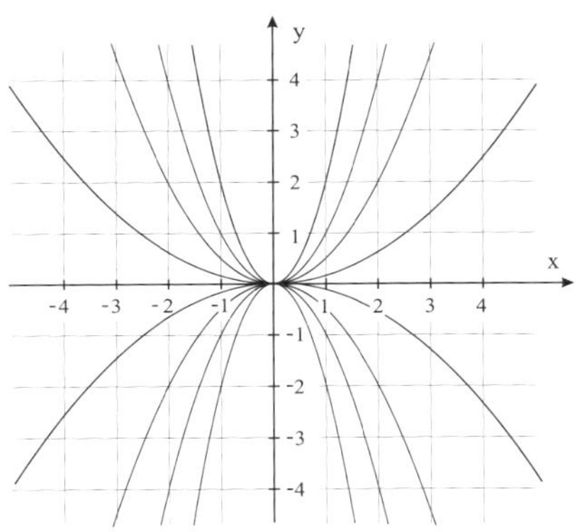

Kurvenschar c)

b) Die Ableitungen der Funktionen sind:
$f(x) = -x^2 + 2 \Rightarrow f'(x) = -2x \quad g_t(x) = tx^2 - 1 \Rightarrow g_t{}'(x) = 2tx$
Damit die Graphen der Funktionen im Schnittpunkt aufeinander senkrecht stehen, müssen folgende Gleichungen gelten:

$$\begin{array}{lrcl} \text{I} & f(x) & = & g_t(x) \\ \text{II} & f'(x)\cdot g_t{}'(x) & = & -1 \end{array}$$

Dabei ist Gleichung I die Gleichung für den Schnittpunkt und Gleichung II die Orthogonalitätsbedingung. Setzt man die Funktionen bzw. die Ableitungen ein, führt dies zu:

$$\begin{array}{llllllll} \text{Ia} & -x^2+2 & = & tx^2-1 & \Rightarrow & 3 = x^2\cdot(t+1) & \Rightarrow & x^2 = \frac{3}{t+1} \\ \text{IIa} & -2x\cdot 2tx & = & -1 & \Rightarrow & & & -4tx^2 = -1 \end{array}$$

Nun setzt man Gleichung Ia in Gleichung IIa ein: $-4t\cdot\frac{3}{t+1} = -1$. Auflösen nach t ergibt $t = \frac{1}{11}$. Die beiden Kurven stehen also für $t = \frac{1}{11}$ im Schnittpunkt senkrecht aufeinander

c) Die Ableitungen sind:
$f(x) = 2x^2 \Rightarrow f'(x) = 4x \quad g_t(x) = -tx^2+4 \Rightarrow g_t{}'(x) = -2tx$
Damit die Graphen der Funktionen im Schnittpunkt aufeinander senkrecht stehen, müssen folgende Gleichungen gelten:

$$\begin{array}{lrcl} \text{I} & f(x) & = & g_t(x) \\ \text{II} & f'(x)\cdot g_t{}'(x) & = & -1 \end{array}$$

Dabei ist Gleichung I die Gleichung für den Schnittpunkt und Gleichung II die Orthogonalitätsbedingung. Setzt man die Funktionen bzw. die Ableitungen ein, führt dies zu:

$$\begin{array}{llllllll} \text{Ia} & 2x^2 & = & -tx^2+4 & \Rightarrow & x^2 & = & \frac{4}{t+2} \\ \text{IIa} & 4x\cdot(-2)tx & = & -1 & \Rightarrow & -8tx^2 & = & -1 \end{array}$$

Nun setzt man Gleichung Ia in Gleichung IIa ein: $-8t\cdot\frac{4}{t+2} = -1$. Auflösen nach t ergibt $t = \frac{2}{31}$. Die beiden Kurven stehen also für $t = \frac{2}{31}$ im Schnittpunkt senkrecht aufeinander.

d) Es ist $f_t(x) = (2x+t)\cdot e^{-x}$; $x\in\mathbb{R}$; $t\geqslant 0$. Um den abgebildeten Graphen der Funktionenschar f_t den jeweiligen Parameter t zuzuordnen, kann man die Nullstellen der Graphen betrachten. Die Nullstelle von f_t erhält man rechnerisch, indem man die Funktionsgleichung gleich Null setzt:
$f_t(x) = 0$ führt zu $(2x+t)\cdot e^{-x} = 0$ bzw. $2x+t = 0 \Rightarrow x = -\frac{t}{2}$ ist einzige Nullstelle.
Der Graph G hat als einzige Nullstelle $x = -2$, somit gilt: $-\frac{t}{2} = -2 \Rightarrow t = 4$.
Der Graph G* hat als einzige Nullstelle $x = -1$, somit gilt: $-\frac{t}{2} = -1 \Rightarrow t = 2$.
Der Graph G** hat als einzige Nullstelle $x = 0$, somit gilt: $-\frac{t}{2} = 0 \Rightarrow t = 0$.
Damit gehört zu G der Parameter $t = 4$, zu G* der Parameter $t = 2$ und zu G** der Parameter $t = 0$.

Alternativ kann man auch den Schnittpunkt mit der y-Achse untersuchen. Für $x = 0$ ergibt sich: $f_t(0) = (2\cdot 0+t)\cdot e^{-0} = t\cdot 1 = t$. Anhand der Graphen kommt man zu den gleichen Lösungen wie oben angegeben.

e) Man erhält die Extremstellen von $f_t(x) = x\cdot e^{tx}$; $x\in\mathbb{R}$; $t<0$, indem man die 1. Ableitung (Produkt- und Kettenregel) gleich Null setzt:

$$f_t{}'(x) = 1\cdot e^{tx} + x\cdot e^{tx}\cdot t = (1+tx)\cdot e^{tx} = 0$$

führt zu $1+tx = 0$ bzw. $x = -\frac{1}{t}$.

Setzt man $x = -\frac{1}{t}$ in die 2. Ableitung $f_t''(x) = t \cdot e^{tx} + (1+tx) \cdot e^{tx} \cdot t = \left(2t + t^2 x\right) \cdot e^{tx}$ ein, so erhält man:

$$f_t'\left(-\frac{1}{t}\right) = \left(2t + t^2 \cdot \left(-\frac{1}{t}\right)\right) \cdot e^{t \cdot \left(-\frac{1}{t}\right)} = t \cdot e^{-1} \neq 0$$

Daraus folgt: $x = -\frac{1}{t}$ ist die einzige Extremstelle von $f_t(x)$.
Da $x = 2$ Extremstelle sein soll, muss gelten: $2 = -\frac{1}{t} \Rightarrow t = -\frac{1}{2}$.
Für $t = -\frac{1}{2}$ hat der Graph von f_t bei $x = 2$ eine Extremstelle.

4.5.5 Krümmungsverhalten von Kurven

a) Es ist $f(x) = \frac{1}{3}x^3 - x$. Zur Bestimmung des Krümmungsverhaltens benötigt man die 2. Ableitung: Es ist $f'(x) = x^2 - 1$ und $f''(x) = 2x$.
Der Graph von f ist linksgekrümmt, wenn $f''(x) > 0$ gilt: $2x > 0 \Rightarrow x > 0$. Also ist f für $x > 0$ linksgekrümmt.
Der Graph von f ist rechtsgekrümmt, wenn $f''(x) < 0$ gilt: $2x < 0 \Rightarrow x < 0$. Also ist f für $x < 0$ rechtsgekrümmt.

b) Es ist $f(x) = (x-1)^5$. Zur Bestimmung des Krümmungsverhaltens benötigt man die 2. Ableitung (Kettenregel): Es ist $f'(x) = 5 \cdot (x-1)^4$ und $f''(x) = 20 \cdot (x-1)^3$.
Der Graph von f ist linksgekrümmt, wenn $f''(x) > 0$ gilt: $20 \cdot (x-1)^3 > 0 \Rightarrow x > 1$. Also ist f für $x > 1$ linksgekrümmt.
Der Graph von f ist rechtsgekrümmt, wenn $f''(x) < 0$ gilt: $20 \cdot (x-1)^3 < 0 \Rightarrow x < 1$. Also ist f für $x < 1$ rechtsgekrümmt.

c) Es ist $f(x) = (2x-3) \cdot e^{-x}$. Zur Bestimmung des Krümmungsverhaltens benötigt man die 2. Ableitung (Produkt- und Kettenregel): Es ist $f'(x) = 2 \cdot e^{-x} + (2x-3) \cdot e^{-x} \cdot (-1)$ $= (-2x+5) \cdot e^{-x}$ und $f''(x) = -2 \cdot e^{-x} + (-2x+5) \cdot e^{-x} \cdot (-1) = (2x-7) \cdot e^{-x}$.
Der Graph von f ist linksgekrümmt, wenn $f''(x) > 0$ gilt: $(2x-7) \cdot e^{-x} > 0 \Rightarrow x > \frac{7}{2}$. Also ist f für $x > \frac{7}{2}$ linksgekrümmt.
Der Graph von f ist rechtsgekrümmt, wenn $f''(x) < 0$ gilt: $(2x-7) \cdot e^{-x} < 0 \Rightarrow x < \frac{7}{2}$. Also ist f für $x < \frac{7}{2}$ rechtsgekrümmt.

4.6 Extremwertaufgaben

a) I) Es ist $f(x) = 6 - \frac{1}{4}x^2$. Gesucht ist ein Rechteck mit maximalem Umfang, das der angegebenen Kurve einbeschrieben werden soll. Nebenbedingung: Zwei Eckpunkte des Rechtecks müssen auf der Kurve, die anderen beiden auf der x-Achse liegen. Der Punkt auf der Kurve im 1. Quadranten sei $\mathrm{P}(u \mid v)$ mit $v = f(u)$. Damit gilt für die Höhe $h = f(u)$. Für das Rechteck ist die Grundseite $2u$, mit $0 \leqslant u \leqslant \sqrt{24}$ ($x = \pm\sqrt{24}$ sind die Nullstellen von f).
Durch Einsetzen der Nebenbedingung ergibt sich als Zielfunktion für den Umfang: $\mathrm{U}(u) = 4 \cdot u + 2 \cdot f(u) \Rightarrow \mathrm{U}(u) = 4u + 2 \cdot \left(6 - \frac{1}{4}u^2\right) = 4u + 12 - \frac{1}{2}u^2$. Ableiten führt auf: $\mathrm{U}'(u) = 4 - u$. Die Ableitung wird gleich Null gesetzt, um die Extremstelle zu bestimmen: $u = 4$. Einsetzen in die 2. Ableitung $\mathrm{U}''(u) = -1$ ergibt: $\mathrm{U}''(4) = -1 < 0$, daraus folgt, dass es sich um ein globales Maximum handelt. Die Randstellen müssen daher nicht mehr überprüft werden. Durch einsetzen in die Zielfunktion ergibt sich für den gesuchten Umfang: $\mathrm{U}(4) = 4 \cdot 4 + 2 \cdot f(4) = 16 + 2 \cdot 2 = 20\,\mathrm{LE}$.

II) Gesucht ist ein Rechteck mit maximaler Fläche, das der angegebenen Kurve einbeschrieben werden soll. Nebenbedingung: Zwei Eckpunkte des Rechtecks müssen auf der Kurve, die anderen beiden auf der x-Achse liegen. Der Punkt auf der Kurve im 1. Quadranten sei $\mathrm{P}(u \mid v)$ mit $v = f(u)$. Damit gilt für die Höhe $h = f(u)$. Für dieses Rechteck ist die Grundseite $2u$, mit $0 \leqslant u \leqslant \sqrt{24}$. (Es sind $x = \pm\sqrt{24}$ Schnittstellen der Kurve mit der x-Achse.)
Durch Einsetzen der Nebenbedingung ergibt sich als Zielfunktion für die Fläche: $\mathrm{A}(u) = 2 \cdot u \cdot f(u) \Rightarrow \mathrm{A}(u) = 2u \cdot \left(6 - \frac{1}{4}u^2\right) = 12u - \frac{1}{2}u^3$. Ableiten führt auf: $\mathrm{A}'(u) = 12 - \frac{3}{2}u^2$. Die Ableitung wird gleich Null gesetzt, um die Extremstelle zu bestimmen: $\frac{3}{2}u^2 = 12 \Rightarrow u_{1,2} = \pm\sqrt{8} = \pm 2{,}83$. Der Wert $-\sqrt{8}$ scheidet aus, da es sich bei u um eine Länge handelt und diese immer positiv sind. Also ist $u = \sqrt{8} \approx 2{,}83$. Setzt man $\sqrt{8}$ in die 2. Ableitung $\mathrm{A}''(u) = -3u$ ein, ergibt sich: $\mathrm{A}''(\sqrt{8}) = -3\sqrt{8} < 0$. Daraus folgt, dass es sich um ein lokales Maximum handelt. Es muss noch überprüft werden, ob die Randstellen eventuell größere Funktionswerte liefern. Es ist $\mathrm{A}(0) = 0$ und $\mathrm{A}(\sqrt{24}) = 0$, damit existieren keine Randextremwerte und für $u = 2{,}83$ liegt ein globales Maximum vor. Setzt man $u = 2{,}83$ in die Zielfunktion ein, ergibt sich für die gesuchte Fläche: $\mathrm{A} = 12 \cdot \sqrt{8} - \frac{1}{2} \cdot \left(\sqrt{8}\right)^3 \approx 22{,}63\,\mathrm{FE}$.

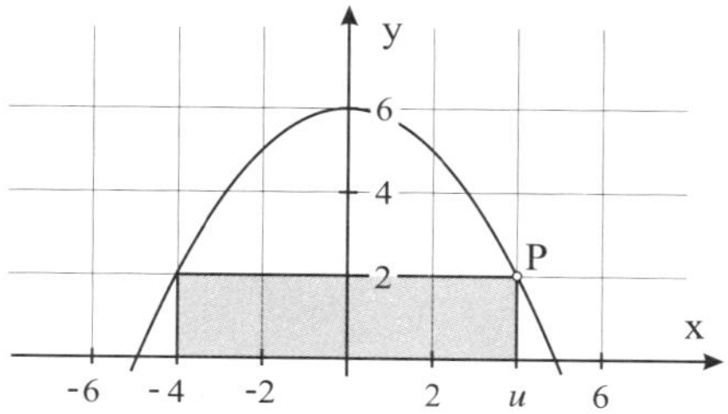

Aufgabe a) I)

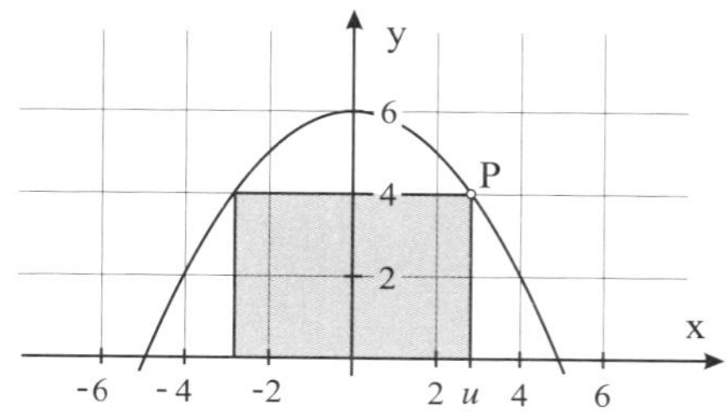

Aufgabe a) II)

b) Es ist $f(x) = -(x+2)e^{-x}$. Zuerst werden f' und f'' bestimmt. Mit der Produktregel folgt:

$$f(x) = -(x+2)e^{-x}$$
$$f'(x) = e^{-x}(x+1)$$
$$f''(x) = -x \cdot e^{-x}$$

Gesucht ist die Normale in W $(0 \mid -2)$. Es ist $m_n = -\frac{1}{f'(0)} = -\frac{1}{1} = -1$. Damit folgt für die Gleichung der Normale: $y = -x - 2$.

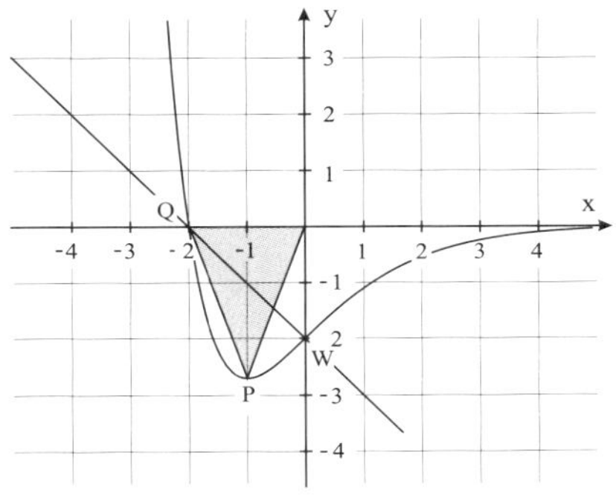

Bestimmung des zweiten Schnittpunktes Q der Normalen mit der Kurve K:
$-(x+2)e^{-x} = -x-2 \Rightarrow (x+2)-(x+2)e^{-x} = 0$. Ausklammern von $(x+2)$ führt nun zu: $(x+2)(1-e^{-x}) = 0$. Damit ergibt sich $x_1 = -2$ und aus dem zweiten Faktor $x_2 = 0$. Die Lösung $x_1 = -2$ führt zum gesuchten Schnittpunkt Q $(-2 \mid 0)$. Für den Punkt P gilt: P $(u \mid -(u+2) \cdot e^{-u})$ mit $-2 < u < 0$.
Die Grundseite des Dreiecks OPQ ist $|\overline{QO}| = 2$, die Höhe beträgt $-f(u)$. (Für $-2 < u < 0$ ist $f(u)$ negativ, die Höhe des Dreiecks muss aber eine positive Größe sein.)
Damit ergibt sich für den Flächeninhalt des Dreiecks OPQ:

$$\mathrm{A}(u) = \frac{1}{2} \cdot g \cdot h = \frac{1}{2} \cdot 2 \cdot (-f(u)) = (u+2) \cdot e^{-u}$$

Ableiten ergibt:
$\mathrm{A}'(u) = 1 \cdot e^{-u} + (u+2) \cdot (-e^{-u}) = e^{-u}(1-u-2) = e^{-u} \cdot (-u-1)$
$\mathrm{A}''(u) = -e^{-u} \cdot (-u-1) + e^{-u} \cdot (-1) = e^{-u}(u+1-1) = e^{-u} \cdot u$
Für die Extremstelle ergibt sich damit $e^{-u} \cdot (-u-1) = 0 \Rightarrow -u-1 = 0 \Rightarrow u_1 = -1$.
Einsetzen in $\mathrm{A}''(u) : \mathrm{A}''(-1) < 0 \Rightarrow$ es liegt ein lokales Maximum vor. Auch dieser Extremwert kann mit dem GTR/CAS bestimmt werden. Um zu prüfen, ob ein globales Maximum vorliegt, wird $\mathrm{A}(-1) = (-1+2) \cdot e^1 = e$ mit den Randwerten verglichen: $\mathrm{A}(-2) = 0$ und $\mathrm{A}(0) = 2$. Da $\mathrm{A}(-1) = e > 2$ ist, nimmt der Flächeninhalt für $u = -1$ ein globales Maximum an.

c) Es sind $f(x) = (2x+3)\cdot e^{-x}$ und $g(x) = e^{-x}$.
Der Punkt P liegt auf G_f und hat somit die Koordinaten: $P\left(u \mid (2u+3)\cdot e^{-u}\right)$.
Der Punkt Q liegt auf G_g und hat somit die Koordinaten: $Q\left(u \mid e^{-u}\right)$.
Die Länge l der Strecke PQ erhält man als Differenz der y-Werte von P und Q:
$l(u) = (2u+3)\cdot e^{-u} - e^{-u} = (2u+2)\cdot e^{-u}$
Zur Bestimmung des Maximums benötigt man die 1. und 2. Ableitung (Produkt- und Kettenregel):

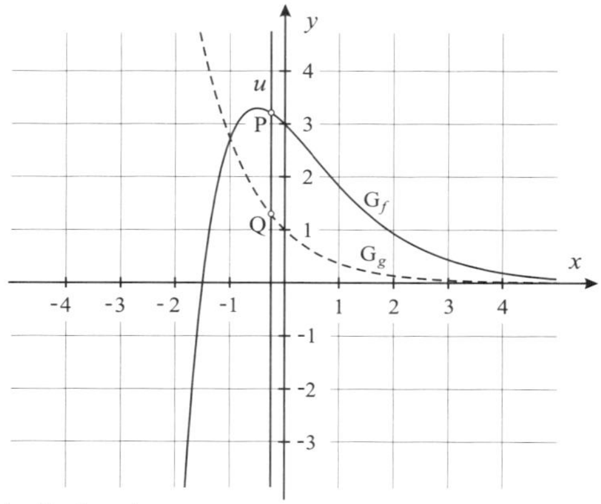

Aufgabe c)

$l'(u) = 2\cdot e^{-u} + (2u+2)\cdot e^{-u}\cdot(-1) = -2u\cdot e^{-u}$
$l''(x) = -2\cdot e^{-u} + (-2u\cdot e^{-u})\cdot(-1) = (2u-2)\cdot e^{-u}$
Die 1. Ableitung wird Null gesetzt: $-2u\cdot e^{-u} = 0 \Rightarrow u_E = 0$. Setzt man $u_E = 0$ in $l''(u)$ ein, so erhält man: $l''(0) = (2\cdot 0 - 2)\cdot e^{-0} = -2 < 0 \Rightarrow$ globales Maximum.
Für $u = 0$ ist die Länge der Strecke PQ maximal. Setzt man $u = 0$ in $l(u)$ ein, so erhält man: $l(0) = (2\cdot 0+2)\cdot e^{-0} = 2$. Die maximale Länge der Strecke PQ beträgt 2 LE.

4.7 Verständnis von Zusammenhängen

a) Gegeben sind die Funktionen $f(x) = 9 - x^2$ und $g(x) = x^2 - 9$.
Mit Hilfe des Rechenschritts (1) $9 - x^2 = x^2 - 9 \Rightarrow x_1 = -3$ und $x_2 = 3$ werden die Schnittstellen der Graphen der beiden Funktionen bestimmt.
Durch das Integral $\int_{-3}^{3} \left(9 - x^2 - \left(x^2 - 9\right)\right) \mathrm{d}x = 72$ wird der Inhalt der Fläche, die von den Graphen der beiden Funktionen f und g eingeschlossen wird, bestimmt. Er beträgt 72 FE.

b) Die Produktionskosten eines Werkstücks in Abhängigkeit von der produzierten Stückzahl werden durch die Funktion P mit $P(x) = 20 - 10\cdot e^{-0{,}2x}$; $x \geqslant 0$ beschrieben.
(x: Stückzahl, $P(x)$: Herstellungskosten des x-ten Werkstücks in Euro).
I) Mit Hilfe des Integrals

$$\int_0^{50} \left(20 - 10\cdot e^{-0{,}2x}\right) \mathrm{d}x$$

werden die Gesamtkosten der Herstellung der 50 ersten Werkstücke berechnet, da durch das Integral die Kosten der einzelnen Werkstücke summiert werden.
II) Mit Hilfe des Integrals

$$\frac{1}{100}\cdot\int_0^{100} \left(20 - 10\cdot e^{-0{,}2x}\right) \mathrm{d}x$$

werden die durchschnittlichen Kosten eines Werkstücks bei der Herstellung der 100 ersten Werkstücke berechnet, da die Gesamtkosten der Herstellung der 100 ersten Werkstücke noch durch 100 geteilt werden.

c) In Rechenschritt (1) wird $x = 2$ in $f(x)$ eingesetzt, so dass man den zugehörigen y-Wert erhält; damit werden die Koordinaten eines Punktes P des Graphen von f berechnet: $\mathrm{P}(2 \mid 1)$. In Rechenschritt (2) wird die 1. Ableitung von f bestimmt und der x-Wert des Punktes P eingesetzt; damit erhält man die (Tangenten-)Steigung $m = f'(2) = 3$ im Punkt P. In Schritt (3) werden m und die Koordinaten von P in die Punkt-Steigungsform einer Geraden eingesetzt; so erhält man die Gleichung der Tangente in P an der Graph von f.

d) Durch das Integral

$$\int_0^{52} f(t)\,\mathrm{d}t$$

wird die Anzahl der Zahnpastatuben berechnet, die insgesamt innerhalb eines Jahres verkauft werden. Teilt man diese Summe durch 52, so erhält man die durchschnittliche Anzahl an Zahnpastatuben, die wöchentlich verkauft werden, was durch das Integral $\frac{1}{52} \cdot \int_0^{52} f(t)\,\mathrm{d}t$ beschrieben wird.

e) Eine ganzrationale Funktion f vierten Grades hat allgemein die Gleichung $f(x) = ax^4 + bx^3 + cx^2 + dx + e$ mit $f'(x) = 4ax^3 + 3bx^2 + 2cx + d$ und $f''(x) = 12ax^2 + 6bx + 2c$.
Als notwendige Bedingung für Wendepunkte des Graphen von f müsste man die Gleichung $f''(x) = 0$ lösen, also $12ax^2 + 6bx + 2c = 0$. Dies ist eine quadratische Gleichung, welche maximal zwei Lösungen für x hat. Damit hat der Graph von f auch nur maximal zwei Wendepunkte.
Somit gibt es keine ganzrationale Funktion vierten Grades, deren Graph drei Wendepunkte besitzt.

f) Die Graphen von f und g zeigt folgende Abbildung:

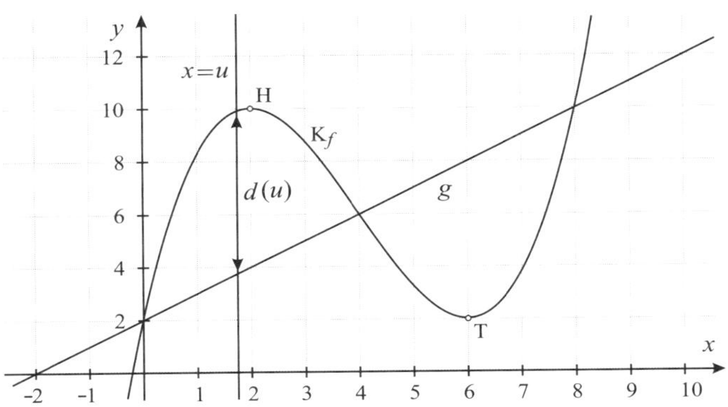

In Rechenschritt (1) schneidet die Gerade $x = u$ für $0 \leqslant u \leqslant 4$ aus den beiden Graphen eine Strecke mit der Länge $d(u)$ aus.
In Rechenschritt (2) wird die 1. Ableitung der Längenfunktion $d(u)$ gleich Null gesetzt, d.h. es werden die Extremstellen u_1 und u_2 von $d(u)$ berechnet.
In Rechenschritt (3) wird eine der Extremstellen in die 2. Ableitung von $d(u)$ eingesetzt.

Da das Ergebnis negativ ist, handelt es sich um ein Maximum.
Somit hat die Strecke zwischen den beiden Graphen im Bereich $0 \leqslant u \leqslant 4$ für $u \approx 1{,}69$ die maximale Länge.

g) Gegeben ist die Funktion f mit $f(x) = x^2$. Ihr Graph sei K_f.
In Rechenschritt (1) werden die Koordinaten eines Punktes P, der auf dem Graph K_f liegt, in Abhängigkeit von x festgelegt. In Rechenschritt (2) wird der Abstand von P zum Ursprung in Abhängigkeit von x bestimmt und mit $\sqrt{20}$ gleichgesetzt, d.h. der Abstand von P zum Ursprung soll $\sqrt{20}$ LE betragen. In Rechenschritt (3) werden die Lösungen der Gleichung angegeben sowie die zugehörigen Punkte, d.h. die Punkte $P_1(-2 \mid 4)$ und $P_2(2 \mid 4)$ haben vom Ursprung den Abstand $\sqrt{20}$ LE.

Geometrie

5 Punkte, Geraden und Ebenen

5.1 Lineare Gleichungssysteme

a) Gegeben ist das Gleichungssystem:

$$\begin{array}{lrcrcrcr} \text{I} & 4x & + & y & - & 2z & = & 9 \\ \text{II} & -2x & + & 3y & + & 3z & = & 4 \\ \text{III} & x & - & 2y & - & z & = & -4 \end{array}$$

Addiert man das 2-fache von Gleichung II zu Gleichung I und subtrahiert man das 4-fache von Gleichung III von Gleichung I, ergibt sich:

$$\begin{array}{lrcrcrcr} \text{I} & 4x & + & y & - & 2z & = & 9 \\ \text{IIa} & & & 7y & + & 4z & = & 17 \\ \text{IIIa} & & & 9y & + & 2z & = & 25 \end{array}$$

Subtrahiert man das 7-fache von Gleichung IIIa vom 9-fachen von Gleichung IIa, erhält man:

$$\begin{array}{lrcrcrcr} \text{I} & 4x & + & y & - & 2z & = & 9 \\ \text{IIa} & & & 7y & + & 4z & = & 17 \\ \text{IIIb} & & & & & 22z & = & -22 \end{array}$$

Alternativ kann man das Gleichungssystem auch als Matrix schreiben und vereinfachen:

$$\begin{pmatrix} 4 & 1 & -2 & 9 \\ -2 & 3 & 3 & 4 \\ 1 & -2 & -1 & -4 \end{pmatrix} \Rightarrow \begin{pmatrix} 4 & 1 & -2 & 9 \\ 0 & 7 & 4 & 17 \\ 0 & 9 & 2 & 25 \end{pmatrix} \Rightarrow \begin{pmatrix} 4 & 1 & -2 & 9 \\ 0 & 7 & 4 & 17 \\ 0 & 0 & 22 & -22 \end{pmatrix}$$

Aus IIIb folgt: $z = -1$. Einsetzen in IIa ergibt: $7y + 4 \cdot (-1) = 17 \Rightarrow y = 3$.
Einsetzen in I ergibt: $4x + 3 - 2 \cdot (-1) = 9 \Rightarrow x = 1$.
Die Lösungsmenge ist damit: $\mathrm{L} = \{(1; 3; -1)\}$.

b) Gegeben ist das Gleichungssystem:

$$\begin{array}{lrcrcrcr} \text{I} & x & + & 2y & - & 2z & = & 7 \\ \text{II} & 2x & & & + & z & = & 8 \\ \text{III} & -3x & + & y & + & 2z & = & -1 \end{array}$$

Subtrahiert man Gleichung II vom 2-fachen von Gleichung I und addiert man das 3-fache von Gleichung I zu Gleichung III, ergibt sich:

$$\begin{array}{lrcrcrcr} \text{I} & x & + & 2y & - & 2z & = & 7 \\ \text{IIa} & & & 4y & - & 5z & = & 6 \\ \text{IIIa} & & & 7y & - & 4z & = & 20 \end{array}$$

Subtrahiert man das 4-fache von Gleichung IIIa vom 7-fachen von Gleichung IIa, erhält man:

$$\begin{array}{lrcrcrcr} \text{I} & x & + & 2y & - & 2z & = & 7 \\ \text{IIa} & & & 4y & - & 5z & = & 6 \\ \text{IIIb} & & & & & -19z & = & -38 \end{array}$$

Alternativ kann man das Gleichungssystem auch als Matrix schreiben und vereinfachen:

$$\begin{pmatrix} 1 & 2 & -2 & 7 \\ 2 & 0 & 1 & 8 \\ -3 & 1 & 2 & -1 \end{pmatrix} \Rightarrow \begin{pmatrix} 1 & 2 & -2 & 7 \\ 0 & 4 & -5 & 6 \\ 0 & 7 & -4 & 20 \end{pmatrix} \Rightarrow \begin{pmatrix} 1 & 2 & -2 & 7 \\ 0 & 4 & -5 & 6 \\ 0 & 0 & -19 & -38 \end{pmatrix}$$

Aus IIIb folgt: $z = 2$. Einsetzen in IIa ergibt: $4y - 5 \cdot 2 = 6 \Rightarrow y = 4$.
Einsetzen in I ergibt: $x + 2 \cdot 4 - 2 \cdot 2 = 7 \Rightarrow x = 3$.
Die Lösungsmenge ist damit: $\mathrm{L} = \{(3;4;2)\}$.

c) Gegeben ist das Gleichungssystem:

$$\begin{array}{lrcrcrcr} \text{I} & x & + & y & + & 7z & = & 2 \\ \text{II} & 2x & - & y & - & 3z & = & -5 \\ \text{III} & & - & y & + & 4z & = & -3 \end{array}$$

Multiplikation von I mit (-2) und Addieren zu II führt zu:

$$\begin{array}{lrcrcrcr} \text{I} & x & + & y & + & 7z & = & 2 \\ \text{IIa} & & - & 3y & - & 17z & = & -9 \\ \text{III} & & - & y & + & 4z & = & -3 \end{array}$$

Multiplikation von III mit (-3) und Addieren zu IIa führt zu:

$$\begin{array}{lrcrcrcr} \text{I} & x & + & y & + & 7z & = & 2 \\ \text{IIa} & & - & 3y & - & 17z & = & -9 \\ \text{IIIa} & & & & - & 29z & = & 0 \end{array}$$

Alternativ kann man das Gleichungssystem auch als Matrix schreiben und vereinfachen:

$$\begin{pmatrix} 1 & 1 & 7 & 2 \\ 2 & -1 & -3 & -5 \\ 0 & -1 & 4 & -3 \end{pmatrix} \Rightarrow \begin{pmatrix} 1 & 1 & 7 & 2 \\ 0 & -3 & -17 & -9 \\ 0 & -1 & 4 & -3 \end{pmatrix} \Rightarrow \begin{pmatrix} 1 & 1 & 7 & 2 \\ 0 & -3 & -17 & -9 \\ 0 & 0 & -29 & 0 \end{pmatrix}$$

Aus IIIa folgt: $z = 0$. Einsetzen in IIa ergibt: $-3y - 17 \cdot 0 = -9 \Rightarrow y = 3$.
Einsetzen in I ergibt: $x + 3 + 7 \cdot 0 = 2 \Rightarrow x = -1$.
Die Lösungsmenge ist damit: $\mathrm{L} = \{(-1;3;0)\}$.

d) Gegeben ist das Gleichungssystem:

$$\begin{array}{lrcrcrcr} \text{I} & x & + & 2y & - & z & = & 4 \\ \text{II} & -x & + & 2y & - & 3z & = & 6 \\ \text{III} & 2x & & & + & 2z & = & -2 \end{array}$$

Addiert man Gleichung I zu Gleichung II und subtrahiert man Gleichung III vom 2-fachen von Gleichung I, ergibt sich:

$$\begin{array}{lrcrcrcr} \text{I} & x & + & 2y & - & z & = & 4 \\ \text{IIa} & & & 4y & - & 4z & = & 10 \\ \text{IIIa} & & & 4y & - & 4z & = & 10 \end{array}$$

Subtrahiert man Gleichung IIIa von Gleichung IIa, erhält man:

$$\begin{array}{lrcrcrcr} \text{I} & x & + & 2y & - & z & = & 4 \\ \text{IIa} & & & 4y & - & 4z & = & 10 \\ \text{IIIb} & & & & & 0 & = & 0 \end{array}$$

Alternativ kann man das Gleichungssystem auch als Matrix schreiben und vereinfachen:

$$\begin{pmatrix} 1 & 2 & -1 & 4 \\ -1 & 2 & -3 & 6 \\ 2 & 0 & 2 & -2 \end{pmatrix} \Rightarrow \begin{pmatrix} 1 & 2 & -1 & 4 \\ 0 & 4 & -4 & 10 \\ 0 & 4 & -4 & 10 \end{pmatrix} \Rightarrow \begin{pmatrix} 1 & 2 & -1 & 4 \\ 0 & 4 & -4 & 10 \\ 0 & 0 & 0 & 0 \end{pmatrix}$$

Aufgrund der wahren Aussage in Gleichung IIIb gibt es unendlich viele Lösungen.
Man wählt nun in Gleichung IIa z.B. $z = t$, erhält man: $4y - 4t = 10 \Rightarrow y = 2{,}5 + t$.
Einsetzen in I ergibt: $x + 2 \cdot (2{,}5 + t) - t = 4 \Rightarrow x = -1 - t$.
Damit ist die Lösungsmenge: $\mathrm{L} = \{(-1 - t; 2{,}5 + t; t) \mid t \in \mathbb{R}\}$.

e) Gegeben ist das Gleichungssystem:

$$\begin{array}{lrcrcrcr} \text{I} & 2x & + & y & + & z & = & 4 \\ \text{II} & & & 2y & - & 6z & = & 4 \\ \text{III} & -3x & & & - & 6z & = & -3 \end{array}$$

Addiert man das 3-fache von Gleichung I zum 2-fachen von Gleichung III, ergibt sich:

$$\begin{array}{lrcrcrcr} \text{I} & 2x & + & y & + & z & = & 4 \\ \text{II} & & & 2y & - & 6z & = & 4 \\ \text{IIIa} & & & 3y & - & 9z & = & 6 \end{array}$$

Subtrahiert man das 2-fache von Gleichung IIIa vom 3-fachen von Gleichung II, erhält man:

$$\begin{array}{lrcrcrcr} \text{I} & 2x & + & y & + & z & = & 4 \\ \text{II} & & & 2y & - & 6z & = & 4 \\ \text{IIIb} & & & & & 0 & = & 0 \end{array}$$

Alternativ kann man das Gleichungssystem auch als Matrix schreiben und vereinfachen:

$$\begin{pmatrix} 2 & 1 & 1 & 4 \\ 0 & 2 & -6 & 4 \\ -3 & 0 & -6 & -3 \end{pmatrix} \Rightarrow \begin{pmatrix} 2 & 1 & 1 & 4 \\ 0 & 2 & -6 & 4 \\ 0 & 3 & -9 & 6 \end{pmatrix} \Rightarrow \begin{pmatrix} 2 & 1 & 1 & 4 \\ 0 & 2 & -6 & 4 \\ 0 & 0 & 0 & 0 \end{pmatrix}$$

Aufgrund der wahren Aussage in Gleichung IIIb gibt es unendlich viele Lösungen.

Man wählt nun in Gleichung II z.B. $z = t$, erhält man: $2y - 6t = 4 \Rightarrow y = 2 + 3t$.
Einsetzen in I ergibt: $2x + 2 + 3t + t = 4 \Rightarrow x = 1 - 2t$.
Damit ist die Lösungsmenge: $\mathrm{L} = \{(1 - 2t\,; 2 + 3t\,; t) \mid t \in \mathbb{R}\}$.

f) Gegeben ist das Gleichungssystem:

$$\begin{array}{lrcrcrcr} \text{I} & x & + & 2y & + & z & = & 4 \\ \text{II} & -x & - & 4y & + & z & = & 7 \\ \text{III} & 2x & + & 8y & - & 2z & = & 18 \end{array}$$

Addieren von Gleichung I zu II, sowie Multiplikation von I mit (-2) und Addieren zu III führt zu:

$$\begin{array}{lrcrcrcr} \text{I} & x & + & 2y & + & z & = & 4 \\ \text{IIa} & & - & 2y & + & 2z & = & 11 \\ \text{IIIa} & & & 4y & - & 4z & = & 10 \end{array}$$

Multiplikation von IIa mit 2 und Addieren zu IIIa führt zu:

$$\begin{array}{lrcrcrcr} \text{I} & x & + & 2y & + & z & = & 4 \\ \text{IIb} & & - & 2y & + & 2z & = & 11 \\ \text{IIIb} & & & & & 0 & = & 32 \end{array}$$

Alternativ kann man das Gleichungssystem auch als Matrix schreiben und vereinfachen:

$$\begin{pmatrix} 1 & 2 & 1 & 4 \\ -1 & -4 & 1 & 7 \\ 2 & 8 & -2 & 18 \end{pmatrix} \Rightarrow \begin{pmatrix} 1 & 2 & 1 & 4 \\ 0 & -2 & 2 & 11 \\ 0 & 4 & -4 & 10 \end{pmatrix} \Rightarrow \begin{pmatrix} 1 & 2 & 1 & 4 \\ 0 & -2 & 2 & 11 \\ 0 & 0 & 0 & 32 \end{pmatrix}$$

Gleichung IIIb ist ein Widerspruch. Damit ist das Gleichungssystem nicht lösbar und die Lösungsmenge ist leer: $\mathrm{L} = \{\,\}$.

5.2 Rechnen mit Vektoren

5.2.1 Rechenregeln und Betrag

Gegeben sind die Vektoren $\vec{a} = \begin{pmatrix} -1 \\ 2 \\ 4 \end{pmatrix}$ und $\vec{b} = \begin{pmatrix} 3 \\ 1 \\ 2 \end{pmatrix}$.

a) $\vec{a} + \vec{b} = \begin{pmatrix} 2 \\ 3 \\ 6 \end{pmatrix}$ b) $\vec{a} - \vec{b} = \begin{pmatrix} -4 \\ 1 \\ 2 \end{pmatrix}$ c) $2 \cdot \vec{a} = \begin{pmatrix} -2 \\ 4 \\ 8 \end{pmatrix}$

d) $-\vec{a} = \begin{pmatrix} 1 \\ -2 \\ -4 \end{pmatrix}$ e) $2\vec{a} + 3\vec{b} = \begin{pmatrix} 7 \\ 7 \\ 14 \end{pmatrix}$

f) $\vec{a} \cdot \vec{b} = (-1) \cdot 3 + 2 \cdot 1 + 4 \cdot 2 = 7$

g) $|\vec{a}| = \sqrt{(-1)^2 + 2^2 + 4^2} = \sqrt{1 + 4 + 16} = \sqrt{21}$

h) $|\vec{b}| = \sqrt{3^2 + 1^2 + 2^2} = \sqrt{14}$

i) $|\vec{a} + \vec{b}| = \left| \begin{pmatrix} 2 \\ 3 \\ 6 \end{pmatrix} \right| = \sqrt{2^2 + 3^2 + 6^2} = \sqrt{49} = 7$

5.2.2 Orts- und Verbindungsvektoren

a) Gegeben sind die Punkte A (2 | 3 | 2), B (7 | 4 | 3) und C (1 | 5 | −2).

Die Ortsvektoren sind: $\vec{a} = \begin{pmatrix} 2 \\ 3 \\ 2 \end{pmatrix}$, $\vec{b} = \begin{pmatrix} 7 \\ 4 \\ 3 \end{pmatrix}$, $\vec{c} = \begin{pmatrix} 1 \\ 5 \\ -2 \end{pmatrix}$.

Die Verbindungsvektoren sind:

$$\overrightarrow{AB} = \vec{b} - \vec{a} = \begin{pmatrix} 7 \\ 4 \\ 3 \end{pmatrix} - \begin{pmatrix} 2 \\ 3 \\ 2 \end{pmatrix} = \begin{pmatrix} 5 \\ 1 \\ 1 \end{pmatrix}$$

$$\overrightarrow{AC} = \vec{c} - \vec{a} = \begin{pmatrix} 1 \\ 5 \\ -2 \end{pmatrix} - \begin{pmatrix} 2 \\ 3 \\ 2 \end{pmatrix} = \begin{pmatrix} -1 \\ 2 \\ -4 \end{pmatrix}$$

$$\overrightarrow{BC} = \vec{c} - \vec{b} = \begin{pmatrix} 1 \\ 5 \\ -2 \end{pmatrix} - \begin{pmatrix} 7 \\ 4 \\ 3 \end{pmatrix} = \begin{pmatrix} -6 \\ 1 \\ -5 \end{pmatrix}$$

Die Längen der Dreiecksseiten erhält man mit Hilfe der Beträge der Verbindungsvektoren:

$$\overline{AB} = \left|\overrightarrow{AB}\right| = \left|\begin{pmatrix} 5 \\ 1 \\ 1 \end{pmatrix}\right| = \sqrt{5^2+1^2+1^2} = \sqrt{27}$$

$$\overline{AC} = \left|\overrightarrow{AC}\right| = \left|\begin{pmatrix} -1 \\ 2 \\ -4 \end{pmatrix}\right| = \sqrt{(-1)^2+2^2+(-4)^2} = \sqrt{21}$$

$$\overline{BC} = \left|\overrightarrow{BC}\right| = \left|\begin{pmatrix} -6 \\ 1 \\ -5 \end{pmatrix}\right| = \sqrt{(-6)^2+1^2+(-5)^2} = \sqrt{62}$$

Da alle drei Seiten des Dreiecks unterschiedlich lang sind, ist das Dreieck ABC nicht gleichschenklig.

b) I) $\overrightarrow{AB} = \begin{pmatrix} -4 \\ -2 \\ -1 \end{pmatrix}, \overrightarrow{AC} = \begin{pmatrix} -1 \\ -4 \\ -2 \end{pmatrix}, \overrightarrow{BC} = \begin{pmatrix} 3 \\ -2 \\ -1 \end{pmatrix}.$

Die Länge der Dreiecksseiten erhält man mit Hilfe der Beträge der Verbindungsvektoren:

$$\overline{AB} = \left|\overrightarrow{AB}\right| = \left|\begin{pmatrix} -4 \\ -2 \\ -1 \end{pmatrix}\right| = \sqrt{(-4)^2+(-2)^2+(-1)^2} = \sqrt{21}$$

$$\overline{AC} = \left|\overrightarrow{AC}\right| = \left|\begin{pmatrix} -1 \\ -4 \\ -2 \end{pmatrix}\right| = \sqrt{(-1)^2+(-4)^2+(-2)^2} = \sqrt{21}$$

Wegen $\overline{AB} = \overline{AC} = \sqrt{21}$ ist das Dreieck ABC gleichschenklig.

II) $\overrightarrow{AB} = \begin{pmatrix} 5 \\ 3 \\ -2 \end{pmatrix}, \overrightarrow{AC} = \begin{pmatrix} 4 \\ 4 \\ -2 \end{pmatrix}, \overrightarrow{BC} = \begin{pmatrix} -1 \\ 1 \\ 0 \end{pmatrix}$, es ist $\overline{AB} = \sqrt{38}$, $\overline{AC} = 6$

und $\overline{BC} = \sqrt{2}$, damit ist das Dreieck ABC nicht gleichschenklig.

c) I) 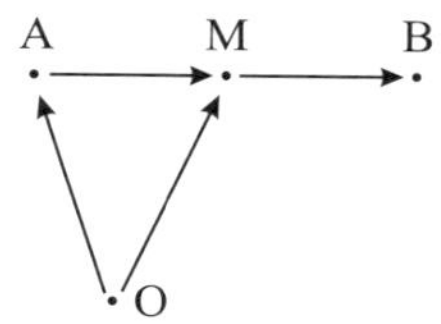

$$\overrightarrow{OM} = \overrightarrow{OA} + \tfrac{1}{2}\overrightarrow{AB} = \begin{pmatrix} 4 \\ 1 \\ 3 \end{pmatrix} + \tfrac{1}{2} \cdot \begin{pmatrix} -6 \\ 4 \\ -8 \end{pmatrix} = \begin{pmatrix} 1 \\ 3 \\ -1 \end{pmatrix}$$

$\Rightarrow M(1 \mid 3 \mid -1)$

II) 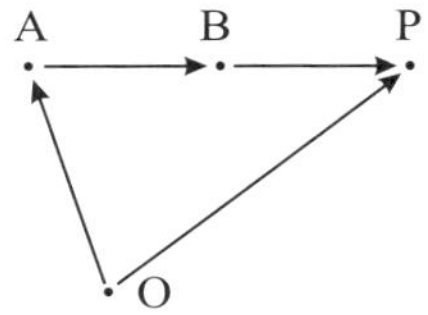

$$\overrightarrow{OP} = \overrightarrow{OA} + 2 \cdot \overrightarrow{AB} = \begin{pmatrix} 3 \\ -1 \\ -4 \end{pmatrix} + 2 \cdot \begin{pmatrix} 1 \\ 3 \\ 9 \end{pmatrix} = \begin{pmatrix} 5 \\ 5 \\ 14 \end{pmatrix}$$

$\Rightarrow P(5 \mid 5 \mid 14)$

d) I) 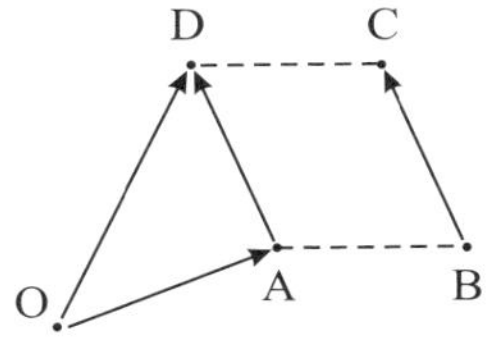

$$\overrightarrow{OD} = \overrightarrow{OA} + \overrightarrow{BC} = \begin{pmatrix} 4 \\ 2 \\ 3 \end{pmatrix} + \begin{pmatrix} -3 \\ -7 \\ -8 \end{pmatrix} = \begin{pmatrix} 1 \\ -5 \\ -5 \end{pmatrix}$$

$\Rightarrow D(1 \mid -5 \mid -5)$

II) 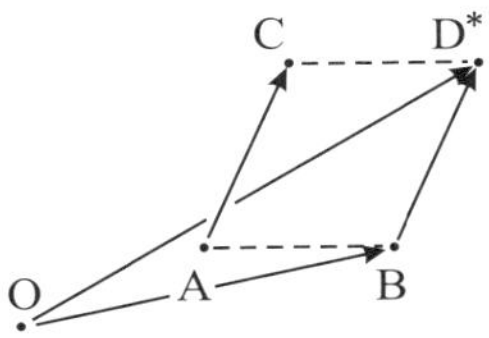

$$\overrightarrow{OD^*} = \overrightarrow{OB} + \overrightarrow{AC} = \begin{pmatrix} 1 \\ 8 \\ 5 \end{pmatrix} + \begin{pmatrix} -6 \\ -1 \\ -6 \end{pmatrix} = \begin{pmatrix} -5 \\ 7 \\ -1 \end{pmatrix}$$

$\Rightarrow D^*(-5 \mid 7 \mid -1)$

III) 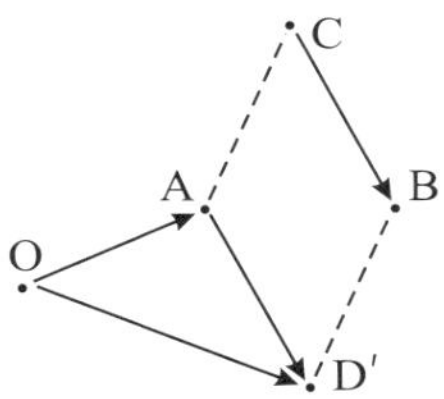

$$\overrightarrow{OD'} = \overrightarrow{OA} + \overrightarrow{CB} = \begin{pmatrix} 4 \\ 2 \\ 3 \end{pmatrix} + \begin{pmatrix} 3 \\ 7 \\ 8 \end{pmatrix} = \begin{pmatrix} 7 \\ 9 \\ 11 \end{pmatrix}$$

$\Rightarrow D'(7 \mid 9 \mid 11)$

e) I) Es ergeben sich folgende mögliche Vektorketten:

$$\overrightarrow{OD} = \overrightarrow{OA} + \overrightarrow{BC} = \begin{pmatrix} 3 \\ 1 \\ 4 \end{pmatrix} + \begin{pmatrix} 7 \\ -3 \\ 6 \end{pmatrix} = \begin{pmatrix} 10 \\ -2 \\ 10 \end{pmatrix} \Rightarrow D(10 \mid -2 \mid 10)$$

$$\overrightarrow{OE} = \overrightarrow{OA} + \overrightarrow{BF} = \begin{pmatrix} 3 \\ 1 \\ 4 \end{pmatrix} + \begin{pmatrix} 11 \\ 1 \\ 9 \end{pmatrix} = \begin{pmatrix} 14 \\ 2 \\ 13 \end{pmatrix} \Rightarrow E(14 \mid 2 \mid 13)$$

$$\overrightarrow{OG} = \overrightarrow{OC} + \overrightarrow{BF} = \begin{pmatrix} 5 \\ -2 \\ 3 \end{pmatrix} + \begin{pmatrix} 11 \\ 1 \\ 9 \end{pmatrix} = \begin{pmatrix} 16 \\ -1 \\ 12 \end{pmatrix} \Rightarrow G(16 \mid -1 \mid 12)$$

$$\overrightarrow{OH} = \overrightarrow{OD} + \overrightarrow{BF} = \begin{pmatrix} 10 \\ -2 \\ 10 \end{pmatrix} + \begin{pmatrix} 11 \\ 1 \\ 9 \end{pmatrix} = \begin{pmatrix} 21 \\ -1 \\ 19 \end{pmatrix} \Rightarrow H(21 \mid -1 \mid 19)$$

II) Die Länge der Raumdiagonalen AG ist die Länge des Verbindungsvektors $\overrightarrow{AG}$:

$$AG = |\overrightarrow{AG}| = \left| \begin{pmatrix} 13 \\ -2 \\ 8 \end{pmatrix} \right| = \sqrt{169 + 4 + 64} = \sqrt{237}\,\text{LE}.$$

f) Bei einem schiefen Dreiecksprisma sind folgende 3 Kanten parallel: AD, BE und CF $\Rightarrow$

$\overrightarrow{AD} = \overrightarrow{BE} = \overrightarrow{CF}$. Daher gilt: $\overrightarrow{OE} = \overrightarrow{OB} + \overrightarrow{AD} = \begin{pmatrix} 5 \\ -2 \\ -1 \end{pmatrix} + \begin{pmatrix} 3 \\ 3 \\ 5 \end{pmatrix} = \begin{pmatrix} 8 \\ 1 \\ 4 \end{pmatrix}$

$\Rightarrow E(8 \mid 1 \mid 4)$

$$\overrightarrow{OF} = \overrightarrow{OC} + \overrightarrow{AD} = \begin{pmatrix} -1 \\ 3 \\ -2 \end{pmatrix} + \begin{pmatrix} 3 \\ 3 \\ 5 \end{pmatrix} = \begin{pmatrix} 2 \\ 6 \\ 3 \end{pmatrix} \Rightarrow F(2 \mid 6 \mid 3)$$

Die Länge der Kante EF ist $|\overrightarrow{EF}| = \left| \begin{pmatrix} -6 \\ 5 \\ -1 \end{pmatrix} \right| = \sqrt{36+25+1} = \sqrt{62}$ LE.

5.2.3 Orthogonalität von Vektoren

a) I) $\vec{a} \cdot \vec{b} = \begin{pmatrix} -1 \\ 0 \\ 1 \end{pmatrix} \cdot \begin{pmatrix} 2 \\ 2 \\ 0 \end{pmatrix} = (-1) \cdot 2 + 0 \cdot 2 + 1 \cdot 0 = -2 \Rightarrow \vec{a}$ steht nicht orthogonal auf $\vec{b}$.

II) $\vec{r} \cdot \vec{n} = \begin{pmatrix} 5 \\ -1 \\ 3 \end{pmatrix} \cdot \begin{pmatrix} 2 \\ 1 \\ -3 \end{pmatrix} = 5 \cdot 2 + (-1) \cdot 1 + 3 \cdot (-3) = 0 \Rightarrow \vec{r}$ steht orthogonal auf $\vec{n}$.

III) $\vec{z} \cdot \vec{w} = \begin{pmatrix} 2 \\ -2 \\ 4 \end{pmatrix} \cdot \begin{pmatrix} 1 \\ 3 \\ 1 \end{pmatrix} = 2 \cdot 1 + (-2) \cdot 3 + 4 \cdot 1 = 0 \Rightarrow \vec{z}$ steht orthogonal auf $\vec{w}$.

b) Es sind Vektoren zu bestimmen, deren Skalarprodukt mit $\vec{n}$ Null ergibt. Dazu kann man zwei Komponenten des Vektors frei wählen, die dritte ergibt sich dann, z.B.:

$\vec{a} = \begin{pmatrix} 4 \\ -2 \\ 0 \end{pmatrix}$, denn $\vec{a} \cdot \vec{n} = \begin{pmatrix} 4 \\ -2 \\ 0 \end{pmatrix} \cdot \begin{pmatrix} 1 \\ 2 \\ -3 \end{pmatrix} = 4 \cdot 1 + (-2) \cdot 2 + 0 \cdot (-3) = 4 - 4 = 0$

$\vec{b} = \begin{pmatrix} 0 \\ 3 \\ 2 \end{pmatrix}$, denn $\vec{b} \cdot \vec{n} = \begin{pmatrix} 0 \\ 3 \\ 2 \end{pmatrix} \cdot \begin{pmatrix} 1 \\ 2 \\ -3 \end{pmatrix} = 0 \cdot 1 + 3 \cdot 2 + 2 \cdot (-3) = 6 - 6 = 0$

$\vec{c} = \begin{pmatrix} 5 \\ -1 \\ 1 \end{pmatrix}$, denn $\vec{c} \cdot \vec{n} = \begin{pmatrix} 5 \\ -1 \\ 1 \end{pmatrix} \cdot \begin{pmatrix} 1 \\ 2 \\ -3 \end{pmatrix} = 5 \cdot 1 + (-1) \cdot 2 + 1 \cdot (-3) = 5 - 2 - 3 = 0$

c) $\overrightarrow{AB} = \begin{pmatrix} -4 \\ 4 \\ 2 \end{pmatrix}$, $\overrightarrow{AC} = \begin{pmatrix} -6 \\ 0 \\ 6 \end{pmatrix}$, $\overrightarrow{BC} = \begin{pmatrix} -2 \\ -4 \\ 4 \end{pmatrix}$

$$\overrightarrow{AB} \cdot \overrightarrow{AC} = \begin{pmatrix} -4 \\ 4 \\ 2 \end{pmatrix} \cdot \begin{pmatrix} -6 \\ 0 \\ 6 \end{pmatrix} = 24 + 0 + 12 = 36$$

$$\overrightarrow{AB} \cdot \overrightarrow{BC} = \begin{pmatrix} -4 \\ 4 \\ 2 \end{pmatrix} \cdot \begin{pmatrix} -2 \\ -4 \\ 4 \end{pmatrix} = 8 - 16 + 8 = 0$$

$$\overrightarrow{AC} \cdot \overrightarrow{BC} = \begin{pmatrix} -6 \\ 0 \\ 6 \end{pmatrix} \cdot \begin{pmatrix} -2 \\ -4 \\ 4 \end{pmatrix} = 12 + 0 + 24 = 36$$

Da das Skalarprodukt von $\overrightarrow{AB}$ und $\overrightarrow{BC}$ gleich Null ist, stehen diese beiden Vektoren senkrecht aufeinander, d.h. das Dreieck ABC hat bei B einen rechten Winkel.

5.3 Geraden

5.3.1 Aufstellen von Geradengleichungen

Der Ortsvektor des einen Punktes wird als Stützvektor für die Gerade benutzt. Einen Richtungsvektor erhält man, indem man einen Verbindungsvektor zwischen den beiden Punkten aufstellt. Da es beliebig ist, welcher Punkt als «Stützpunkt» genommen wird bzw. in welche Richtung man den Richtungsvektor aufstellt, gibt es mehrere Lösungen. Für Aufgabe a) sind alle vier Lösungen dargestellt, für die Aufgaben b) und c) ist eine mögliche Lösung aufgeführt.

a) I) $g:\ \vec{x}=\begin{pmatrix}1\\0\\2\end{pmatrix}+r\cdot\begin{pmatrix}2\\1\\1\end{pmatrix}$ II) $g:\ \vec{x}=\begin{pmatrix}3\\1\\3\end{pmatrix}+r\cdot\begin{pmatrix}2\\1\\1\end{pmatrix}$

III) $g:\ \vec{x}=\begin{pmatrix}1\\0\\2\end{pmatrix}+r\cdot\begin{pmatrix}-2\\-1\\-1\end{pmatrix}$ IV) $g:\ \vec{x}=\begin{pmatrix}3\\1\\3\end{pmatrix}+r\cdot\begin{pmatrix}-2\\-1\\-1\end{pmatrix}$

b) $g:\ \vec{x}=\begin{pmatrix}2\\1\\-4\end{pmatrix}+s\cdot\begin{pmatrix}2\\-1\\5\end{pmatrix}$ c) $g:\ \vec{x}=\begin{pmatrix}1\\1\\0\end{pmatrix}+t\cdot\begin{pmatrix}1\\1\\-1\end{pmatrix}$

5.3.2 Punktprobe

Die Ortsvektoren der Punkte werden in die Geradengleichung eingesetzt. Dann ermittelt man den Parameter mit Hilfe der Gleichungen des dazugehörigen Gleichungssystems. Es muss sich für alle drei Gleichungen der gleiche Parameter ergeben.

a) Einsetzen ergibt

$$\begin{array}{lrcrcr} \text{I} & 2 & = & 1 & + & r \\ \text{II} & 7 & = & 3 & + & 4r \\ \text{III} & 0 & = & -2 & + & 2r \end{array}$$

Lösen der Gleichungen I, II und III führt zu $r=1$. Also liegt der Punkt A auf der Geraden.

b) Einsetzen ergibt

$$\begin{array}{lrcrcr} \text{I} & 3 & = & 1 & + & r \\ \text{II} & 11 & = & 3 & + & 4r \\ \text{III} & 3 & = & -2 & + & 2r \end{array}$$

Lösen der Gleichungen I und II führt zu $r=2$. Lösen von Gleichung III ergibt $r=2,5$. Dies ist ein Widerspruch. Der Punkt liegt also nicht auf der Geraden.

c) Lösen der Gleichungen I, II und III wie in den vorangegangenen Aufgaben führt zu $r=-3$. Also liegt der Punkt C auf der Geraden.

5.3.3 Gegenseitige Lage von Geraden

Für einige Aufgaben ist die Lösung ausführlich dargestellt, ansonsten sind Zwischenergebnisse und das Endergebnis angegeben.

a) Die Richtungsvektoren der Geraden sind kein Vielfaches voneinander, da es kein k gibt, so dass gilt: $k \cdot \begin{pmatrix} 1 \\ 1 \\ 2 \end{pmatrix} = \begin{pmatrix} -3 \\ 4 \\ 2 \end{pmatrix}$, also können sich die Geraden schneiden oder windschief sein.
Gleichsetzen der Geraden führt zu:

$$\begin{array}{lcccccccc} \text{I} & 4 & + & t & = & 5 & - & 3r \\ \text{II} & 2 & + & t & = & -4 & + & 4r \\ \text{III} & 5 & + & 2t & = & -1 & + & 2r \end{array}$$

Gleichung I − Gleichung II ergibt $r = 1$. Eingesetzt in Gleichung I ergibt: $t = -2$. Prüfen in Gleichung III ergibt eine wahre Aussage: $1 = 1$. Setzt man $t = -2$ in g_1 oder $r = 1$ in g_2 ein, ergibt sich der Schnittpunkt S mit $S(2 \mid 0 \mid 1)$.

b) Die Richtungsvektoren der Geraden sind kein Vielfaches voneinander, da es kein k gibt, so dass gilt: $k \cdot \begin{pmatrix} -2 \\ 1 \\ 3 \end{pmatrix} = \begin{pmatrix} 3 \\ 4 \\ 5 \end{pmatrix}$, also können sich die Geraden schneiden oder windschief sein.
Gleichsetzen der Geraden führt zu:

$$\begin{array}{lcccccccc} \text{I} & -4 & - & 2r & = & 3 & + & 3t \\ \text{II} & & & r & = & 2 & + & 4t \\ \text{III} & 4 & + & 3r & = & 3 & + & 5t \end{array}$$

Gleichung I + 2·Gleichung II ergibt $t = -1$. Eingesetzt in Gleichung II ergibt sich $r = -2$. Prüfen in Gleichung III ergibt eine wahre Aussage: $-2 = -2$. Setzt man $t = -1$ in g_2 oder $r = -2$ in g_1 ein, ergibt sich der Schnittpunkt S mit $S(0 \mid -2 \mid -2)$.

c) Die Richtungsvektoren der Geraden sind kein Vielfaches voneinander, da es kein k gibt, so dass gilt: $k \cdot \begin{pmatrix} 2 \\ 1 \\ -3 \end{pmatrix} = \begin{pmatrix} 4 \\ -5 \\ -1 \end{pmatrix}$.
Gleichsetzen der Geraden führt zu

$$\begin{array}{lcccccccc} \text{I} & 1 & + & 2s & = & 5 & + & 4t \\ \text{II} & -3 & + & s & = & 1 & - & 5t \\ \text{III} & 5 & - & 3s & = & -3 & - & t \end{array}$$

Gleichung I $-$ 2$\cdot$ Gleichung II ergibt $t = \frac{2}{7}$. Eingesetzt in Gleichung II ergibt sich $s = \frac{18}{7}$. Prüfen in Gleichung III ergibt: $-\frac{19}{7} = -\frac{23}{7}$. Dies ist ein Widerspruch, also sind die Geraden windschief.

d) Die Richtungsvektoren der Geraden sind kein Vielfaches voneinander, da es kein k gibt, so dass gilt: $k \cdot \begin{pmatrix} 2 \\ 0 \\ 1 \end{pmatrix} = \begin{pmatrix} 0 \\ 1 \\ -1 \end{pmatrix}$. Gleichsetzen der Geradengleichungen und Berechnen von t und r mit Gleichung I und II ergibt $t = \frac{1}{2}$ und $r = -1$. Prüfen in Gleichung III führt auf einen Widerspruch, also sind die Geraden windschief.

e) Prüfung der Richtungsvektoren:
$k \cdot \begin{pmatrix} 2 \\ -1 \\ 3 \end{pmatrix} = \begin{pmatrix} -2 \\ 1 \\ -3 \end{pmatrix} \Rightarrow k = -1$, d.h. die Richtungsvektoren sind ein Vielfaches voneinander (linear abhängig), also können die Geraden parallel oder identisch sein.
Man prüft nun, ob P$(4 \mid 0 \mid 1)$ der Geraden g auch auf der Geraden h liegt:

$$\begin{pmatrix} 4 \\ 0 \\ 1 \end{pmatrix} = \begin{pmatrix} 6 \\ -1 \\ 4 \end{pmatrix} + t \cdot \begin{pmatrix} -2 \\ 1 \\ -3 \end{pmatrix}$$

$$\begin{aligned} 4 &= 6 - 2t &\Rightarrow\quad t &= 1 \\ 0 &= -1 + t &\Rightarrow\quad t &= 1 \\ 1 &= 4 - 3t &\Rightarrow\quad t &= 1 \end{aligned}$$

positive Punktprobe, also sind die Geraden identisch.

f) Prüfung der Richtungsvektoren:
$k \cdot \begin{pmatrix} 1 \\ -1 \\ 2 \end{pmatrix} = \begin{pmatrix} -3 \\ 3 \\ -6 \end{pmatrix} \Rightarrow k = -3$, d.h. die Richtungsvektoren sind ein Vielfaches voneinander (linear abhängig), also können die Geraden parallel oder identisch sein.
Man prüft nun, ob P$(1 \mid 2 \mid 3)$ der Geraden h auch auf der Geraden g liegt:

$$\begin{pmatrix} 1 \\ 2 \\ 3 \end{pmatrix} = \begin{pmatrix} -1 \\ 4 \\ -1 \end{pmatrix} + s \cdot \begin{pmatrix} -3 \\ 3 \\ -6 \end{pmatrix}$$

$$\begin{aligned} 1 &= -1-3s \quad \Rightarrow \quad s = -\frac{2}{3} \\ 2 &= 4+3s \quad \Rightarrow \quad s = -\frac{2}{3} \\ 3 &= -1-6s \quad \Rightarrow \quad s = -\frac{2}{3} \end{aligned}$$

positive Punktprobe, also sind die Geraden identisch.

g) Prüfung der Richtungsvektoren:
$k \cdot \begin{pmatrix} -2 \\ -1 \\ 3 \end{pmatrix} = \begin{pmatrix} 4 \\ 2 \\ -6 \end{pmatrix} \Rightarrow k = -2$, d.h. die Richtungsvektoren sind ein Vielfaches voneinander (linear abhängig), also können die Geraden parallel oder identisch sein.
Man prüft nun, ob $P(1 \mid 4 \mid -2)$ der Geraden g auch auf der Geraden h liegt:

$$\begin{pmatrix} 1 \\ 4 \\ -2 \end{pmatrix} = \begin{pmatrix} -1 \\ 3 \\ -1 \end{pmatrix} + r \cdot \begin{pmatrix} 4 \\ 2 \\ -6 \end{pmatrix}$$

$$\begin{aligned} 1 &= -1+4r \quad \Rightarrow \quad r = \frac{1}{2} \\ 4 &= 3+2r \quad \Rightarrow \quad r = \frac{1}{2} \\ -2 &= -1-6r \quad \Rightarrow \quad r = \frac{1}{2} \end{aligned}$$

dies ist ein Widerspruch, d.h. negative Punktprobe, also sind die Geraden parallel.

h) Prüfung der Richtungsvektoren:
$k \cdot \begin{pmatrix} 4 \\ 6 \\ -8 \end{pmatrix} = \begin{pmatrix} 2 \\ 3 \\ -4 \end{pmatrix} \Rightarrow k = \frac{1}{2}$, d.h. die Richtungsvektoren sind ein Vielfaches voneinander (linear abhängig), also können die Geraden parallel oder identisch sein.
Man prüft nun, ob $P(0 \mid 1 \mid 4)$ der Geraden g auch auf der Geraden h liegt:

$$\begin{pmatrix} 0 \\ 1 \\ 4 \end{pmatrix} = \begin{pmatrix} 4 \\ 8 \\ -4 \end{pmatrix} + t \cdot \begin{pmatrix} 2 \\ 3 \\ -4 \end{pmatrix}$$

$$\begin{aligned} 0 &= 4+2t \quad \Rightarrow \quad t = -2 \\ 1 &= 8+3t \quad \Rightarrow \quad t = -\frac{7}{3} \\ 4 &= -4-4t \quad \Rightarrow \quad t = -2 \end{aligned}$$

Widerspruch, d.h. negative Punktprobe, also sind die Geraden parallel.

5.4 Ebenen

5.4.1 Parameterform der Ebenengleichung

a) Einer der angegebenen Punkte, z.B. A, wird als «Stützpunkt» genommen; die Verbindungsvektoren $\overrightarrow{AB}$ und $\overrightarrow{AC}$ sind dann die Spannvektoren der Ebene. Konkret ergibt sich damit:

$$E: \vec{x} = \begin{pmatrix} 1 \\ 4 \\ 3 \end{pmatrix} + r \cdot \begin{pmatrix} 1 \\ 3 \\ -6 \end{pmatrix} + s \cdot \begin{pmatrix} 2 \\ 1 \\ -2 \end{pmatrix}$$

b) Auch hier wird einer der angegebenen Punkte als Stützpunkt genommen, die Verbindungsvektoren $\overrightarrow{PQ}$ und $\overrightarrow{PR}$ ermittelt und als Spannvektoren genommen. Damit gilt:

$$E: \vec{x} = \begin{pmatrix} 3 \\ 1 \\ 2 \end{pmatrix} + r \cdot \begin{pmatrix} 1 \\ 6 \\ 1 \end{pmatrix} + s \cdot \begin{pmatrix} 1 \\ -1 \\ -3 \end{pmatrix}$$

c) Der «Stützpunkt» und der erste Spannvektor können direkt von der Geraden g übernommen werden. Den zweiten Spannvektor erhält man, indem man den Verbindungsvektor zwischen dem Stützpunkt und dem angegebenen Punkt aufstellt. Damit gilt:

$$E: \vec{x} = \begin{pmatrix} -1 \\ 2 \\ 4 \end{pmatrix} + r \cdot \begin{pmatrix} 3 \\ 6 \\ -1 \end{pmatrix} + s \cdot \begin{pmatrix} 2 \\ 1 \\ 2 \end{pmatrix}$$

d) Auch hier können der «Stützpunkt» und der erste Spannvektor direkt von der Geraden g übernommen werden. Den zweiten Spannvektor erhält man, indem man den Verbindungsvektor zwischen dem angegebenen Punkt und dem Stützpunkt aufstellt. Damit gilt:

$$E: \vec{x} = \begin{pmatrix} 7 \\ 3 \\ 2 \end{pmatrix} + r \cdot \begin{pmatrix} 1 \\ 2 \\ 1 \end{pmatrix} + s \cdot \begin{pmatrix} 7 \\ 2 \\ 0 \end{pmatrix}$$

5.4.2 Koordinatengleichung einer Ebene

Die Koordinatengleichung einer Ebene erhält man, indem man die Koordinaten eines gegebenen Punktes in den Ansatz $n_x x + n_y y + n_z z = d$ einsetzt und d bestimmt.

a) Zuerst legt man fest, welcher Ortsvektor als Stützvektor benutzt wird, dann bildet man zwei Spannvektoren und errechnet mit diesen den Normalenvektor $\vec{n}$.

Als Stützvektor wird $\vec{a}$ gewählt, damit ergibt sich für die Spannvektoren $\overrightarrow{AB} = \begin{pmatrix} 2 \\ -1 \\ 1 \end{pmatrix}$ und $\overrightarrow{AC} = \begin{pmatrix} 6 \\ 2 \\ 3 \end{pmatrix}$. Das Vektorprodukt (siehe Seite 41) der Spannvektoren ergibt $\begin{pmatrix} -5 \\ 0 \\ 10 \end{pmatrix}$.

Ausklammern von 5 führt zu $\vec{n} = \begin{pmatrix} -1 \\ 0 \\ 2 \end{pmatrix}$.

Setzt man man die Koordinaten des Punktes A(2 | 2 | 2) in den Ansatz $-x + 2z = d$ ein, ergibt sich:

$$-2 + 2 \cdot 2 = d \Rightarrow d = 2$$

Damit erhält man die Koordinatengleichung: $-x + 2z = 2$.

b) Stützvektor $= \vec{p}$, Spannvektoren $\overrightarrow{PQ} = \begin{pmatrix} 1 \\ 4 \\ -2 \end{pmatrix}$ und $\overrightarrow{PR} = \begin{pmatrix} 4 \\ -2 \\ -2 \end{pmatrix}$. Das Vektorprodukt (siehe Seite 41) der Spannvektoren ergibt $\begin{pmatrix} -12 \\ -6 \\ -18 \end{pmatrix}$. Ausklammern von (-6) führt zu $\vec{n} = \begin{pmatrix} 2 \\ 1 \\ 3 \end{pmatrix}$.

Setzt man die Koordinaten des Punktes P(1 | 3 | 5) in den Ansatz $2x + y + 3z = d$ ein, ergibt sich:

$$2 \cdot 1 + 3 + 3 \cdot 5 = d \Rightarrow d = 20$$

Damit erhält man die Koordinatengleichung: $2x + y + 3z = 20$.

c) Der Stützvektor der Geraden wird als Punkt der Ebene zum Aufstellen der Koordinatengleichung benutzt. Der erste Spannvektor ist der Richtungsvektor der Geraden, der zweite Spannvektor ergibt sich als Verbindungsvektor des «Stützpunktes» der Geraden zu dem gegebenen Punkt. Mit den beiden Spannvektoren wird $\vec{n}$ berechnet.
Stützvektor $= \vec{s} = \begin{pmatrix} 3 \\ 5 \\ 7 \end{pmatrix}$, Spannvektoren $\begin{pmatrix} 1 \\ 1 \\ 1 \end{pmatrix}$ und $\begin{pmatrix} 1 \\ -4 \\ -5 \end{pmatrix}$. Das Vektorprodukt (sie-
he Seite 41) der Spannvektoren und Ausklammern von (-1) führt zu $\vec{n} = \begin{pmatrix} 1 \\ -6 \\ 5 \end{pmatrix}$.

Setzt man die Koordinaten des Punktes (3 | 5 | 7) in den Ansatz $x - 6y + 5z = d$ ein, ergibt sich:

$$3 - 6 \cdot 5 + 5 \cdot 7 = d \Rightarrow d = 8$$

Damit erhält man die Koordinatengleichung: $x - 6y + 5z = 8$.

d) Stützvektor $= \vec{s} = \begin{pmatrix} 7 \\ 2 \\ 3 \end{pmatrix}$, Spannvektoren $\begin{pmatrix} 1 \\ -3 \\ -3 \end{pmatrix}$ und $\begin{pmatrix} -3 \\ 1 \\ 1 \end{pmatrix}$. Das Vektorprodukt (siehe Seite 41) der Spannvektoren und Ausklammern von 8 führt zu $\vec{n} = \begin{pmatrix} 0 \\ 1 \\ -1 \end{pmatrix}$.

Setzt man die Koordinaten des Punktes $(7 \mid 2 \mid 3)$ in den Ansatz $y - z = d$ ein, ergibt sich:

$$2 - 3 = d \Rightarrow d = -1$$

Damit erhält man die Koordinatengleichung: $y - z = -1$.

e) Zuerst wird der Schnittpunkt der Geraden ermittelt, um auszuschließen, dass die Geraden windschief sind. Bevor man die Gleichungen gleichsetzt, überprüft man, ob sie den gleichen Stützvektor besitzen. Der eine Richtungsvektor bildet einen Spannvektor, der andere Richtungsvektor den anderen. Mit den beiden Spannvektoren wird $\vec{n}$ berechnet.

Beide Geraden besitzen den gleichen Stützvektor $\vec{s} = \begin{pmatrix} 1 \\ 2 \\ 3 \end{pmatrix}$, die Spannvektoren sind $\begin{pmatrix} 1 \\ 3 \\ 4 \end{pmatrix}$ und $\begin{pmatrix} 2 \\ -1 \\ 3 \end{pmatrix}$. Damit ist $\vec{n} = \begin{pmatrix} 13 \\ 5 \\ -7 \end{pmatrix}$.

Setzt man die Koordinaten des Punktes $(1 \mid 2 \mid 3)$ in den Ansatz $13x + 5y - 7z = d$ ein, ergibt sich:

$$13 \cdot 1 + 5 \cdot 2 - 7 \cdot 3 = d \Rightarrow d = 2$$

Damit erhält man die Koordinatengleichung: $13x + 5y - 7z = 2$.

f) Die Geraden besitzen nicht den gleichen Stützvektor, daher wird zuerst der Schnittpunkt der Geraden durch Gleichsetzen der dazugehörigen Gleichungen bestimmt:

$$\begin{array}{llllllll} \text{I} & 1 & + & s & = & 3 & + & 2t \\ \text{II} & 2 & + & 3s & = & 3 & + & t \\ \text{III} & 4 & + & 2s & = & 7 & + & 3t \end{array}$$

Die Gleichung II wird mit -2 multipliziert und zu I addiert. Auflösen nach s ergibt: $s = 0$. Einsetzen in I führt zu $t = -1$. Beide Variablen müssen noch in III überprüft werden. Um den Schnittpunkt zu bestimmen, setzt man s oder t in eine der beiden Geradengleichungen ein. Der Schnittpunkt S ist damit $S\,(1 \mid 2 \mid 4)$. Nun wählt man wieder die beiden Richtungsvektoren als Spannvektoren und bestimmt $\vec{n}$: Damit ist $\vec{n} = \begin{pmatrix} 7 \\ 1 \\ -5 \end{pmatrix}$.

Setzt man die Koordinaten des Punktes $S\,(1 \mid 2 \mid 4)$ in den Ansatz $7x + y - 5z = d$ ein, ergibt sich:

$$7 \cdot 1 + 2 - 5 \cdot 4 = d \Rightarrow d = -11$$

Damit erhält man die Koordinatengleichung: $7x + y - 5z = -11$.

g) Zuerst wird der Schnittpunkt durch Gleichsetzen der Gleichungen bestimmt: $s = -1$ und $t = 2$. Der Schnittpunkt S ist damit $S(1 \mid 0 \mid 2)$. Nun wählt man wieder die beiden Richtungsvektoren als Spannvektoren und bestimmt $\vec{n}$: $\vec{n} = \begin{pmatrix} -17 \\ 6 \\ 7 \end{pmatrix}$.

Setzt man die Koordinaten des Punktes $S(1 \mid 0 \mid 2)$ in den Ansatz $-17x + 6y + 7z = d$ ein, ergibt sich:

$$-17 \cdot 1 + 6 \cdot 0 + 7 \cdot 2 = d \Rightarrow d = -3$$

Damit erhält man die Koordinatengleichung: $-17x + 6y + 7z = -3$.

h) Zuerst wird der Schnittpunkt durch Gleichsetzen der dazugehörigen Gleichungen bestimmt:

$$\begin{array}{llllllll} \text{I} & 1 & + & 3s & = & 4 & + & 6t \\ \text{II} & & & s & = & 1 & + & 2t \\ \text{III} & 2 & + & 2s & = & 1 & + & 4t \end{array}$$

Die Gleichung II wird mit -2 multipliziert zu III addiert. Es ergibt sich der Ausdruck $3 = 0$. Dies ist ein Widerspruch. Die Gleichung hat damit keine Lösung, d.h. die Geraden schneiden sich nicht. Da die Richtungsvektoren linear abhängig sind, sind die Geraden parallel. Der «Stützpunkt» der einen Geraden wird als Punkt zum Aufstellend der Koordinatengleichung benutzt.
Der erste Spannvektor der Ebene ist der Richtungsvektor der Geraden, der zweite Spannvektor ergibt sich aus dem Verbindungsvektor zwischen den «Stützpunkten» der beiden Geraden. Mit den beiden Spannvektoren wird $\vec{n}$ berechnet. Der Stützvektor ist $\vec{s} = \begin{pmatrix} 1 \\ 0 \\ 2 \end{pmatrix}$, die Spannvektoren sind $\begin{pmatrix} 3 \\ 1 \\ 2 \end{pmatrix}$ und $\begin{pmatrix} 3 \\ 1 \\ -1 \end{pmatrix}$. Das Vektorprodukt (siehe Seite 41) der Spannvektoren und Ausklammern von (-3) führt zu $\vec{n} = \begin{pmatrix} 1 \\ -3 \\ 0 \end{pmatrix}$.

Setzt man die Koordinaten des Punktes $(1 \mid 0 \mid 2)$ in den Ansatz $x - 3y = d$ ein, ergibt sich:

$$1 - 3 \cdot 0 = d \Rightarrow d = 1$$

Damit erhält man die Koordinatengleichung: $x - 3y = 1$.

i) Zuerst wird der Schnittpunkt durch Gleichsetzen bestimmt. Das Lösen des Gleichungssystems führt zu einem Widerspruch, daher schneiden sich die Geraden nicht. Die Richtungsvektoren sind linear abhängig $\Rightarrow$ die Geraden sind parallel. Die Ebene wird wie in der vorangehenden Aufgabe aufgestellt, die Spannvektoren sind $\begin{pmatrix} 2 \\ 1 \\ 2 \end{pmatrix}$ und $\begin{pmatrix} 2 \\ -1 \\ 2 \end{pmatrix}$.

Das Vektorprodukt (siehe Seite 41) der Spannvektoren und Ausklammern von 4 führt zu $\vec{n} = \begin{pmatrix} 1 \\ 0 \\ -1 \end{pmatrix}$. Setzt man die Koordinaten des Punktes $(0 \mid 1 \mid 0)$ in den Ansatz $x - z = d$ ein, ergibt sich:

$$0 - 0 = d \Rightarrow d = 0$$

Damit erhält man die Koordinatengleichung: $x - z = 0$.

j) Der Verbindungsvektor $\overrightarrow{\mathrm{AA}^*}$ ist orthogonal zur Spiegelebene. Damit kann man ihn als Normalenvektor der Ebene benutzen. Dann wird der Punkt P in der Mitte der beiden Punkte ausgerechnet.

Es ist $\overrightarrow{\mathrm{AA}^*} = \begin{pmatrix} 2 \\ -2 \\ -4 \end{pmatrix}$. Ausklammern von 2 ergibt $\vec{n} = \begin{pmatrix} 1 \\ -1 \\ -2 \end{pmatrix}$. Für $\vec{p}$ ergibt sich

$\vec{p} = \overrightarrow{\mathrm{OA}} + \frac{1}{2} \cdot \overrightarrow{\mathrm{AA}^*} = \begin{pmatrix} 2 \\ 3 \\ 5 \end{pmatrix}$. Setzt man die Koordinaten des Punktes $\mathrm{P}(2 \mid 3 \mid 5)$ in den Ansatz $x - y - 2z = d$ ein, ergibt sich:

$$2 - 3 - 2 \cdot 5 = d \Rightarrow d = -11$$

Damit erhält man die Koordinatengleichung: $x - y - 2z = -11$.

k) Da E die Gerade g enthalten soll, muss der Normalenvektor $\vec{n}$ senkrecht auf dem Richtungsvektor $\begin{pmatrix} 2 \\ 0 \\ -1 \end{pmatrix}$ der Geraden g stehen. Außerdem soll die Ebene E auch auf der angegebenen Ebene F mit $\vec{n_\mathrm{F}} = \begin{pmatrix} -1 \\ 1 \\ 2 \end{pmatrix}$ senkrecht stehen. Somit muss der Normalenvektor $\vec{n}$ auch noch senkrecht auf dem Normalenvektor $\begin{pmatrix} -1 \\ 1 \\ 2 \end{pmatrix}$ stehen. Damit erhält man den Normalenvektor $\vec{n}$ von E mithilfe des Vektorprodukts (siehe Seite 41) der beiden Vektoren $\begin{pmatrix} 2 \\ 0 \\ -1 \end{pmatrix}$ und $\begin{pmatrix} -1 \\ 1 \\ 2 \end{pmatrix}$. Es ergibt sich: $\vec{n} = \begin{pmatrix} 1 \\ -3 \\ 2 \end{pmatrix}$.

Setzt man die Koordinaten des Punktes $(3 \mid 1 \mid 2)$ in den Ansatz $x - 3y + 2z = d$ ein, ergibt sich:

$$3 - 3 \cdot 1 + 2 \cdot 2 = d \Rightarrow d = 4$$

Damit erhält man die Koordinatengleichung: $x - 3y + 2z = 4$.

l) Mit drei Punkten wird eine Ebene aufgestellt. Anschließend prüft man, ob der 4. Punkt in der Ebene liegt. Da eine Punktprobe in der Parameterform relativ aufwändig ist, lohnt es sich, die Koordinatenform aufzustellen.

Als Stützvektor wird $\vec{a}$ gewählt, damit ergibt sich für die Spannvektoren $\overrightarrow{AB} = \begin{pmatrix} 2 \\ 2 \\ 2 \end{pmatrix}$ und $\overrightarrow{AC} = \begin{pmatrix} 5 \\ 1 \\ 1 \end{pmatrix}$. Das Vektorprodukt (siehe Seite 41) der Spannvektoren und Ausklammern von 8 führt zu $\vec{n} = \begin{pmatrix} 0 \\ 1 \\ -1 \end{pmatrix}$.

Setzt man die Koordinaten des Punktes A $(2 \mid 1 \mid 2)$ in den Ansatz $y - z = d$ ein, ergibt sich:

$$1 - 2 = d \Rightarrow d = -1$$

Damit erhält man die Koordinatengleichung: $y - z = -1$.
Einsetzen von D $(8 \mid -1 \mid 0)$ in die Koordinatengleichung ergibt $-1 = -1$.
Aufgrund der wahren Aussagen liegen damit alle vier Punkte in einer Ebene.

5.4.3 Ebenen im Koordinatensystem

Die Spurpunkte einer Ebene liegen auf den Koordinatenachsen. Für den Spurpunkt auf der x-Achse sind die y- und die z-Komponente des Punktes gleich Null. Also setzt man in der Koordinatengleichung für diese 0 ein und stellt nach x um. Die Spurgeraden sind die Verbindungsgeraden der entsprechenden Spurpunkte.

a) Koordinatengleichung von E: $3x + 4y + 3z = 12$. Spurpunkt auf der x-Achse: Für y und z wird 0 eingesetzt, man erhält $3x = 12 \Rightarrow x = 4 \Rightarrow$ Spurpunkt $S_x\,(4 \mid 0 \mid 0)$. Entsprechend verfährt man für die anderen Punkte: $4y = 12 \Rightarrow y = 3 \Rightarrow S_y\,(0 \mid 3 \mid 0)$ und $3z = 12 \Rightarrow z = 4 \Rightarrow S_z\,(0 \mid 0 \mid 4)$.

b) E : $4x - 8y + 4z = 16$. Spurpunkte: $4x = 16, \Rightarrow S_x\,(4 \mid 0 \mid 0)$, $-8y = 16 \Rightarrow S_y\,(0 \mid -2 \mid 0)$ und $4z = 16 \Rightarrow S_z\,(0 \mid 0 \mid 4)$.

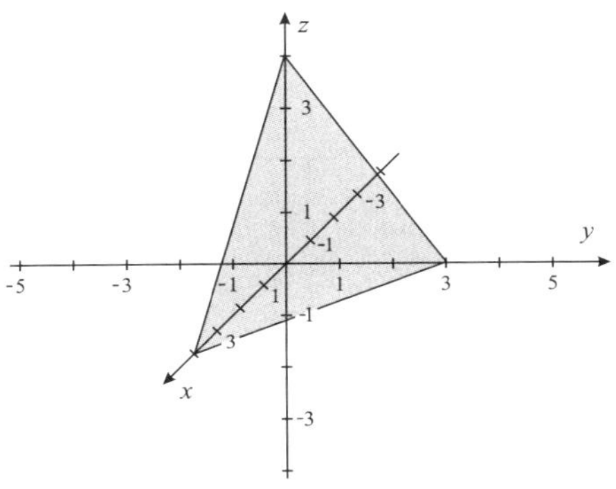

Aufgabe a)

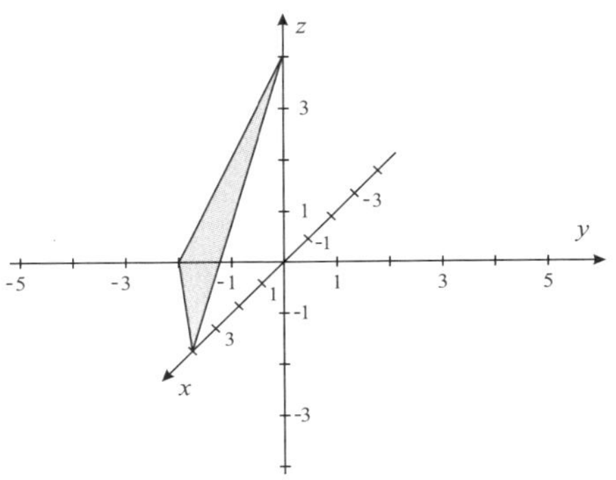

Aufgabe b)

c) E : $3x-3y-3z=9$. Spurpunkte: $3x=9\Rightarrow S_x(3\mid 0\mid 0)$, $-3y=9\Rightarrow S_y(0\mid -3\mid 0)$ und $-3z=9\Rightarrow S_z(0\mid 0\mid -3)$.

d) E : $2x+4y=8$. Spurpunkte: $2x=8\Rightarrow S_x(4\mid 0\mid 0)$ und $4y=8\Rightarrow S_y(0\mid 2\mid 0)$. Da es keinen Spurpunkt auf der z-Achse gibt, bedeutet dies, dass die Ebene parallel zur z-Achse ist.

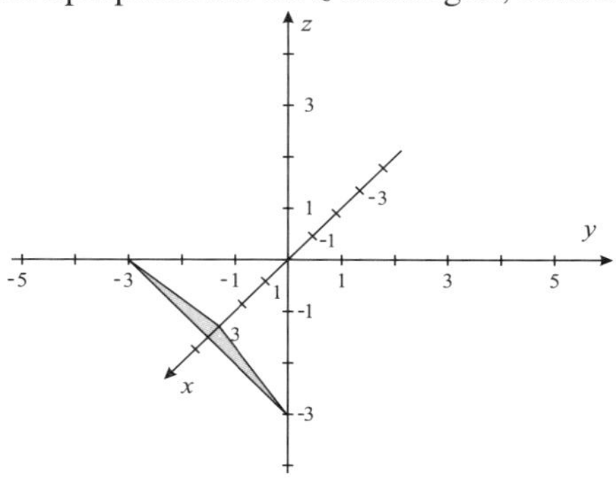

Aufgabe c)

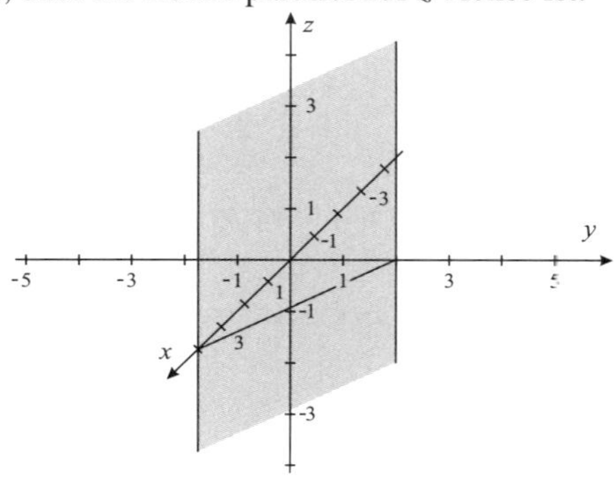

Aufgabe d)

e) E : $x+2z=4$. Spurpunkte: $x=4\Rightarrow S_x(4\mid 0\mid 0)$ und $2z=4\Rightarrow S_z(0\mid 0\mid 2)$. Da es keinen Spurpunkt auf der y-Achse gibt, bedeutet dies, dass die Ebene parallel zur y-Achse ist.

f) E : $3y+z=3$. Spurpunkte: $3y=3\Rightarrow S_y(0\mid 1\mid 0)$ und $z=3\Rightarrow S_z(0\mid 0\mid 3)$. Da es keinen Spurpunkt auf der x-Achse gibt, bedeutet dies, dass die Ebene parallel zur x-Achse ist.

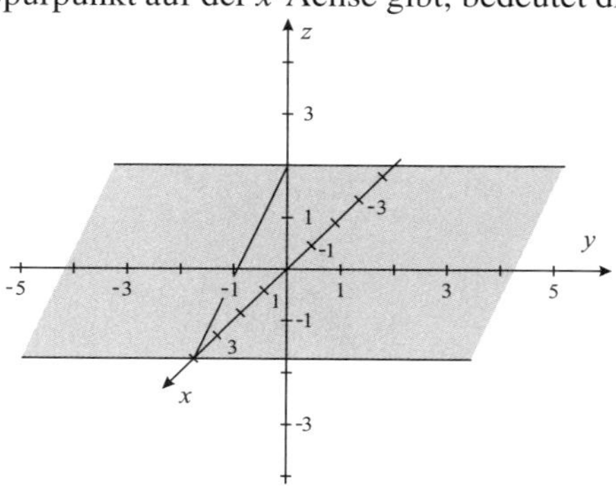

Aufgabe e)

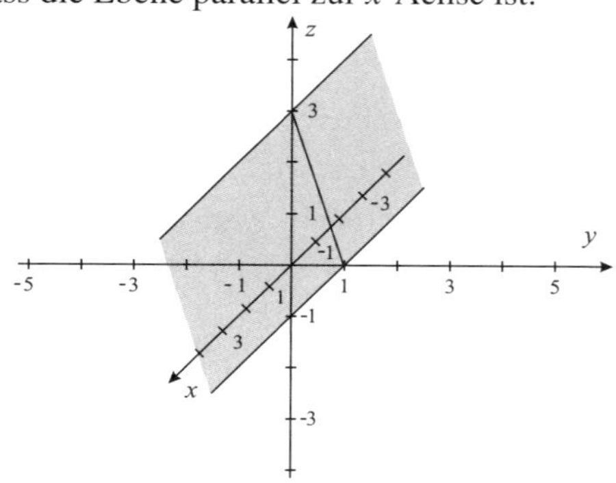

Aufgabe f)

g) E : $y=3$. Spurpunkt: $y=3\Rightarrow S_y(0\mid 3\mid 0)$. Da es keinen Spurpunkt auf der x- und der z-Achse gibt, bedeutet dies, dass die Ebene parallel zur x-z-Ebene ist.

h) E : $x-y=0$. Spurpunkte: $x=0\Rightarrow S_x(0\mid 0\mid 0)$ und $-y=0\Rightarrow S_y(0\mid 0\mid 0)$. Die z-Achse ist in E enthalten. Wählt man noch einen Punkt von E, z.B. $P(4\mid 4\mid 0)$, so kann man die Ebene darstellen.

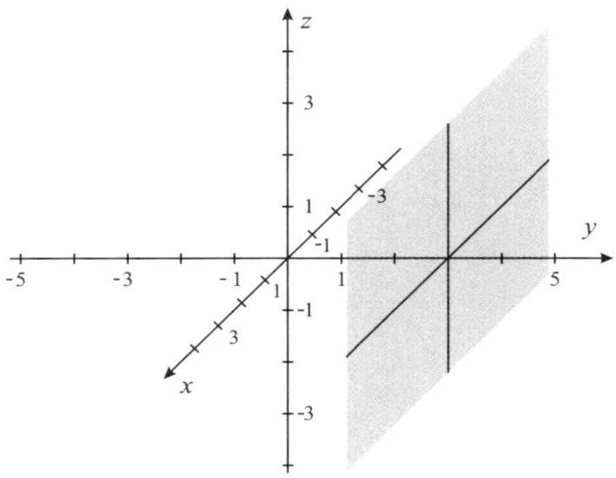

Aufgabe g)

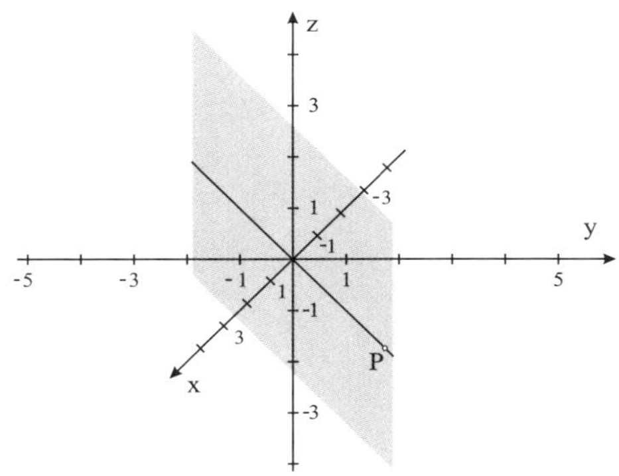

Aufgabe h)

5.4.4 Bestimmen von Geraden und Ebenen in einem Quader

a) $\overrightarrow{OB} = \overrightarrow{OA} + \overrightarrow{OC} \Rightarrow \overrightarrow{OB} = \begin{pmatrix} 4 \\ 6 \\ 0 \end{pmatrix} \Rightarrow B\,(4 \mid 6 \mid 0)$

$\overrightarrow{OD} = \overrightarrow{OA} + \overrightarrow{OG} \Rightarrow D\,(4 \mid 0 \mid 5)$ $\quad \overrightarrow{OE} = \overrightarrow{OB} + \overrightarrow{OG} \Rightarrow E\,(4 \mid 6 \mid 5)$

$\overrightarrow{OF} = \overrightarrow{OC} + \overrightarrow{OG} \Rightarrow F\,(0 \mid 6 \mid 5)$ $\quad \overrightarrow{OM} = \overrightarrow{OB} + \frac{1}{2} \cdot \overrightarrow{OG} \Rightarrow M\,(4 \mid 6 \mid 2{,}5)$

$\overrightarrow{ON} = \overrightarrow{OC} + \frac{1}{2} \cdot \overrightarrow{OG} \Rightarrow N\,(0 \mid 6 \mid 2{,}5)$

b) Wenn man ein kartesisches Koordinatensystem zugrundelegt, ergibt sich aus der Zeichnung für den Normalenvektor $\vec{n} = \begin{pmatrix} 0 \\ 1 \\ 0 \end{pmatrix}$.

Setzt man die Koordinaten des Punktes B $(4 \mid 6 \mid 0)$ in den Ansatz $y = d$ ein, ergibt sich:

$$6 = d$$

Damit erhält man die Koordinatengleichung: $y = 6$.

c) Der Ortsvektor von A wird als Stützvektor genommen, der Verbindungsvektor von A zu N ist der Richtungsvektor. Die Gerade ist damit

$$g:\ \vec{x} = \begin{pmatrix} 4 \\ 0 \\ 0 \end{pmatrix} + r \cdot \begin{pmatrix} -4 \\ 6 \\ 2{,}5 \end{pmatrix}$$

Für die zweite Gerade verfährt man analog:

$$h:\ \vec{x} = \begin{pmatrix} 0 \\ 0 \\ 5 \end{pmatrix} + r \cdot \begin{pmatrix} 4 \\ 6 \\ -2{,}5 \end{pmatrix}$$

d) Einen Normalenvektor $\vec{n}$ der gesuchten Ebene erhält man mit Hilfe des Vektorprodukts (siehe Seite 41) der Spannvektoren $\overrightarrow{OE}$ und $\overrightarrow{OF}$:

$$\begin{pmatrix} 4 \\ 6 \\ 5 \end{pmatrix} \times \begin{pmatrix} 0 \\ 6 \\ 5 \end{pmatrix} = \begin{pmatrix} 0 \\ -20 \\ 24 \end{pmatrix} = 4 \cdot \begin{pmatrix} 0 \\ -5 \\ 6 \end{pmatrix} \Rightarrow \vec{n} = \begin{pmatrix} 0 \\ -5 \\ 6 \end{pmatrix}$$

Setzt man die Koordinaten des Punktes $O(0 \mid 0 \mid 0)$ in den Ansatz $-5y+6z=d$ ein, ergibt sich:

$$-5 \cdot 0 + 6 \cdot 0 = d \Rightarrow d = 0$$

Damit erhält man die Koordinatengleichung: $-5y+6z=0$.

5.5 Gegenseitige Lage von Geraden und Ebenen

5.5.1 Gegenseitige Lage

a) Für die Gerade gilt:

$$\begin{aligned} x &= 4 + t \\ y &= 6 + 2t \\ z &= 2 + 3t \end{aligned}$$

Die Gerade wird als «allgemeiner Punkt» $P_t\,(4+t \mid 6+2t \mid 2+3t)$ in die Ebenengleichung eingesetzt:
$2 \cdot (4+t) + 4 \cdot (6+2t) + 6 \cdot (2+3t) + 12 = 0$. Auflösen der Klammern führt zu: $28t+56=0$ bzw. zu $t=-2$. Setzt man $t=-2$ in P_t ein, erhält man den Schnittpunkt $S\,(2 \mid 2 \mid -4)$.

b) Die Gerade wird als «allgemeiner Punkt» $P_s\,(3+2s \mid 2+5s \mid 2+7s)$ in die Ebenengleichung eingesetzt: $2 \cdot (3+2s) + 1 \cdot (2+5s) - 3 \cdot (2+7s) = 4 \Rightarrow s = -\frac{1}{6}$. Damit ergibt sich der Schnittpunkt $S\left(\frac{8}{3} \mid \frac{7}{6} \mid \frac{5}{6}\right)$.

c) Die Gerade wird als «allgemeiner Punkt» $P_s\,(1+2s \mid -2+s \mid 3+2s)$ in die Ebenengleichung eingesetzt: $1 \cdot (1+2s) - 1 \cdot (3+2s) = 0 \Rightarrow -2 = 0$. Dies ist ein Widerspruch, die Gleichung hat keine Lösung, also ist die Gerade parallel zur Ebene.

d) Die Gerade wird als «allgemeiner Punkt» $P_t\,(1+t \mid 2+3t \mid 3+4t)$ in die Ebenengleichung eingesetzt: $13 \cdot (1+t) + 5 \cdot (2+3t) - 7 \cdot (3+4t) - 2 = 0 \Rightarrow 0 = 0$. Aufgrund der wahren Aussage liegt die Gerade in der Ebene.

e) Die Gerade und die Ebene werden gleichgesetzt:

$$\begin{pmatrix} 1 \\ -2 \\ -2 \end{pmatrix} + r \cdot \begin{pmatrix} 3 \\ 6 \\ -3 \end{pmatrix} + s \cdot \begin{pmatrix} 8 \\ -4 \\ 4 \end{pmatrix} = \begin{pmatrix} 4 \\ 1 \\ 3 \end{pmatrix} + t \cdot \begin{pmatrix} 2 \\ -1 \\ 1 \end{pmatrix}$$

daraus ergibt sich folgendes Gleichungssystem:

$$\begin{array}{rcrcrcr} 3r & + & 8s & - & 2t & = & 3 \\ 6r & - & 4s & + & t & = & 3 \\ -3r & + & 4s & - & t & = & 5 \end{array}$$

Löst man dieses Gleichungssystem mit dem Gaußschen Lösungsverfahren, ergibt sich ein Widerspruch, d.h. es gibt keine Lösung. Das bedeutet, dass sich Gerade und Ebene nicht schneiden, die Gerade liegt also parallel zur Ebene.

f) Die Gerade und die Ebene werden gleichgesetzt:

$$\begin{pmatrix} 4 \\ 6 \\ 8 \end{pmatrix} + r \cdot \begin{pmatrix} 3 \\ 8 \\ 9 \end{pmatrix} + s \cdot \begin{pmatrix} 10 \\ 5 \\ 4 \end{pmatrix} = \begin{pmatrix} 3 \\ 4 \\ 7 \end{pmatrix} + t \cdot \begin{pmatrix} 1 \\ 0 \\ 1 \end{pmatrix}$$

daraus ergibt sich folgendes Gleichungssystem:

$$\begin{array}{rcrcrcr} 3r & + & 10s & - & t & = & -1 \\ 8r & + & 5s & & & = & -2 \\ 9r & + & 4s & - & t & = & -1 \end{array}$$

Löst man dieses Gleichungssystem mit dem Gaußschen Lösungsverfahren ergibt sich: $r = -\frac{2}{13}$, $s = -\frac{2}{13}$ und $t = -1$. Einsetzen von $t = -1$ in die Geradengleichung führt zum Schnittpunkt $S\,(2 \mid 4 \mid 6)$.

5.5.2 Vermischte Aufgaben

a) Als Stützvektor der Geraden wählt man $\vec{p} = \begin{pmatrix} 4 \\ 9 \\ 7 \end{pmatrix}$, der Normalenvektor der Ebene ist $\vec{n} = \begin{pmatrix} 2 \\ 1 \\ -2 \end{pmatrix}$. Nun ist ein Richtungsvektor $\vec{u}$ so zu wählen, dass $\vec{u} \cdot \vec{n} = 0$. Beispiel:

$\vec{u} = \begin{pmatrix} 1 \\ -2 \\ 0 \end{pmatrix}$ oder $\vec{u} = \begin{pmatrix} 1 \\ 0 \\ 1 \end{pmatrix}$. Eine mögliche Geradengleichung ist

$$g: \; \vec{x} = \begin{pmatrix} 4 \\ 9 \\ 7 \end{pmatrix} + t \cdot \begin{pmatrix} 1 \\ -2 \\ 0 \end{pmatrix}; \; t \in \mathbb{R}$$

b) Als Stützvektor der Geraden wählt man $\vec{q} = \begin{pmatrix} 4 \\ -1 \\ 3 \end{pmatrix}$, der Normalenvektor der Ebene ist $\vec{n} = \begin{pmatrix} 4 \\ -3 \\ 5 \end{pmatrix}$. Da $g \perp$ E ist, kann man $\vec{u} = 1 \cdot \vec{n}$ wählen (oder ein anderes Vielfaches).

Eine mögliche Geradengleichung ist

$$g:\ \vec{x} = \begin{pmatrix} 4 \\ -1 \\ 3 \end{pmatrix} + t \cdot \begin{pmatrix} 4 \\ -3 \\ 5 \end{pmatrix};\ t \in \mathbb{R}$$

c) Die Gerade wird als «allgemeiner Punkt» $\mathrm{P}_t\,(4+t \mid 6+2t \mid 8+2t)$ in die Ebenengleichung eingesetzt: $4 \cdot (4+t) - 3 \cdot (6+2t) + 8 + 2t = 7 \Rightarrow 6 = 7$. Aufgrund des Widerspruchs haben g und E keine gemeinsamen Punkte.

d) Die Gerade wird als «allgemeiner Punkt» $\mathrm{P}_t\,(4+t \mid 6+2t \mid 8+3t)$ in die Ebenengleichung eingesetzt: $4 \cdot (4+t) - 2 \cdot (6+2t) = 4 \Rightarrow 4 = 4$. Aufgrund der wahren Aussage liegt die Gerade in der Ebene.

6 Abstände, Winkel und Spiegelungen

6.1 Abstandsberechnungen

6.1.1 Abstand Punkt – Ebene

a) Den Abstand von $P(2 \mid 4 \mid -1)$ zu $E: 2x - y + 2z = 1$ erhält man mithilfe des Lotfußpunktverfahrens: Dazu stellt man eine Lotgerade l auf, die orthogonal zu E ist und durch P geht. Als Richtungsvektor von l verwendet man den Normalenvektor von E. Damit ergibt sich:

$$l: \vec{x} = \begin{pmatrix} 2 \\ 4 \\ -1 \end{pmatrix} + t \cdot \begin{pmatrix} 2 \\ -1 \\ 2 \end{pmatrix}$$

Den Schnittpunkt S von l und E erhält man, indem man den allgemeinen Punkt $P_t(2+2t \mid 4-t \mid -1+2t)$ von l in E einsetzt:

$$\begin{aligned} 2\cdot(2+2t)-(4-t)+2\cdot(-1+2t) &= 1 \\ 4+4t-4+t-2+4t &= 1 \\ 9t &= 3 \\ t &= \frac{1}{3} \end{aligned}$$

Setzt man $t = \frac{1}{3}$ in $P_t(2+2t \mid 4-t \mid -1+2t)$ ein, erhält man die Koordinaten des Schnittpunkts $S\left(\frac{8}{3} \mid \frac{11}{3} \mid -\frac{1}{3}\right)$.
Der Abstand von P zu E ist der Abstand von P zu S:

$$\begin{aligned} d(P;E) = \overline{PS} = \left|\overrightarrow{PS}\right| &= \left|\begin{pmatrix} \frac{2}{3} \\ -\frac{1}{3} \\ \frac{2}{3} \end{pmatrix}\right| = \sqrt{\left(\frac{2}{3}\right)^2 + \left(-\frac{1}{3}\right)^2 + \left(\frac{2}{3}\right)^2} \\ &= \sqrt{\frac{4}{9}+\frac{1}{9}+\frac{4}{9}} = \sqrt{\frac{9}{9}} = \sqrt{1} = 1\,\text{LE} \end{aligned}$$

b) Den Abstand von $Q(7 \mid 4 \mid 3)$ zu $E: x + 2y + 2z = 3$ erhält man mithilfe des Lotfußpunktverfahrens: Dazu stellt man eine Lotgerade l auf, die orthogonal zu E ist und durch Q geht. Als Richtungsvektor von l verwendet man den Normalenvektor von E. Damit ergibt sich:

$$l: \vec{x} = \begin{pmatrix} 7 \\ 4 \\ 3 \end{pmatrix} + t \cdot \begin{pmatrix} 1 \\ 2 \\ 2 \end{pmatrix}$$

Den Schnittpunkt S von l und E erhält man, indem man die Koeffizienten des allgemeinen

Punktes $P_t(7+t \mid 4+2t \mid 3+2t)$ von l in E einsetzt:

$$\begin{aligned} 7+t+2\cdot(4+2t)+2\cdot(3+2t) &= 3 \\ 7+t+8+4t+6+4t &= 3 \\ 9t &= -18 \\ t &= -2 \end{aligned}$$

Setzt man $t=-2$ in $P_t(7+t \mid 4+2t \mid 3+2t)$ ein, erhält man die Koordinaten des Schnittpunkts $S(5 \mid 0 \mid -1)$.

Der Abstand von Q zu E ist der Abstand von Q zu S:

$$\begin{aligned} d(Q;E) = \overline{QS} = \left|\overrightarrow{QS}\right| = \left|\begin{pmatrix} -2 \\ -4 \\ -4 \end{pmatrix}\right| &= \sqrt{(-2)^2+(-4)^2+(-4)^2} \\ &= \sqrt{4+16+16} = \sqrt{36} = 6\,\text{LE} \end{aligned}$$

c) Die gegebene Ebenengleichung wird zuerst in die Koordinatenform umgewandelt, man erhält: $E: 4x+3y=10$.

Den Abstand von $R(5 \mid 5 \mid 2)$ zu $E: 4x+3y=10$ erhält man mithilfe des Lotfußpunktverfahrens: Dazu stellt man eine Lotgerade l auf, die orthogonal zu E ist und durch R geht. Als Richtungsvektor von l verwendet man den Normalenvektor von E. Damit ergibt sich:

$$l: \vec{x} = \begin{pmatrix} 5 \\ 5 \\ 2 \end{pmatrix} + t\cdot\begin{pmatrix} 4 \\ 3 \\ 0 \end{pmatrix}$$

Den Schnittpunkt S von l und E erhält man, indem man den allgemeinen Punkt $P_t(5+4t \mid 5+3t \mid 2)$ von l in E einsetzt:

$$\begin{aligned} 4\cdot(5+4t)+3\cdot(5+3t) &= 10 \\ 20+16t+15+9t &= 10 \\ 25t &= -25 \\ t &= -1 \end{aligned}$$

Setzt man $t=-1$ in $P_t(5+4t \mid 5+3t \mid 2)$ ein, erhält man die Koordinaten des Schnittpunkts $S(1 \mid 2 \mid 2)$.

Der Abstand von R zu E ist der Abstand von R zu S:

$$d(R;E) = \overline{RS} = \left|\overrightarrow{RS}\right| = \left|\begin{pmatrix} -4 \\ -3 \\ 0 \end{pmatrix}\right| = \sqrt{(-4)^2+(-3)^2+0^2} = \sqrt{16+9+0} = \sqrt{25} = 5\,\text{LE}$$

6.1.2 Abstand Punkt – Punkt

a) Da der gesuchte Punkt A auf der Geraden von P und Q gleich weit entfernt ist, gilt: $|\overrightarrow{PA}| = |\overrightarrow{QA}|$. Die Gerade wird als «allgemeiner Punkt» geschrieben: $A_t\,(2+2t \mid 1+t \mid 3+2t)$.

Eingesetzt ergibt sich:

$$|\overrightarrow{PA_t}| = \left|\begin{pmatrix} -3+2t \\ t \\ 3+2t \end{pmatrix}\right| = \sqrt{(-3+2t)^2+t^2+(3+2t)^2}$$

Für $|\overrightarrow{QA_t}|$ ergibt sich entsprechend:

$$|\overrightarrow{QA_t}| = \left|\begin{pmatrix} -4+2t \\ -2+t \\ -4+2t \end{pmatrix}\right| = \sqrt{(-4+2t)^2+(-2+t)^2+(-4+2t)^2}$$

Die beiden Wurzeln werden gleichgesetzt:

$$\begin{aligned} \sqrt{(2t-3)^2+t^2+(2t+3)^2} &= \sqrt{(2t-4)^2+(t-2)^2+(2t-4)^2} \\ 4t^2-12t+9+t^2+4t^2+12t+9 &= 4t^2-16t+16+t^2-4t+4+4t^2-16t+16 \\ 18 &= 36t \\ \frac{1}{2} &= t \end{aligned}$$

Setzt man $t = \frac{1}{2}$ in A_t ein, erhält man den gesuchten Punkt $A\,(3 \mid 1{,}5 \mid 4)$.

b) Da die beiden gesuchten Punkte P_1 und P_2 auf g die Entfernung 3 LE vom Punkt A haben, gilt $|\overrightarrow{AP}| = 3$. Die Gerade wird als «allgemeiner Punkt» umgeschrieben und eingesetzt: $P_t\,(1+2t \mid t \mid 2+2t)$. Damit ist

$$|\overrightarrow{AP_t}| = \left|\begin{pmatrix} 2t-2 \\ t-1 \\ 2t-2 \end{pmatrix}\right| = \sqrt{(2t-2)^2+(t-1)^2+(2t-2)^2} = 3$$

Die Gleichung wird zuerst quadriert, dann werden die Klammern aufgelöst. Es ergibt sich $9t^2-18t=0$. Ausklammern von t oder Auflösen mit Hilfe der pq- oder abc-Formel führt zu $t_1 = 2$ und $t_2 = 0$. Damit sind die gesuchten Punkte $P_1\,(5 \mid 2 \mid 6)$ und $P_2\,(1 \mid 0 \mid 2)$.

6.2 Winkelberechnungen

a) Zuerst stellt man die Verbindungsvektoren zwischen je zwei Eckpunkten auf. Anschließend verwendet man die Formel zur Winkelberechnung. Dabei lässt sich ohne Taschenrechner teilweise nur der Kosinuswert des Winkels bestimmen.

$$\cos(\beta) = \frac{\overrightarrow{BA} \cdot \overrightarrow{BC}}{|\overrightarrow{BA}| \cdot |\overrightarrow{BC}|} = \frac{\begin{pmatrix} 2 \\ -4 \\ 4 \end{pmatrix} \cdot \begin{pmatrix} -4 \\ 2 \\ 4 \end{pmatrix}}{\sqrt{2^2 + (-4)^2 + 4^2} \cdot \sqrt{(-4)^2 + 2^2 + 4^2}} = 0 \Rightarrow \beta = 90^\circ$$

$$\cos(\gamma) = \frac{\overrightarrow{CA} \cdot \overrightarrow{CB}}{|\overrightarrow{CA}| \cdot |\overrightarrow{CB}|} = \frac{\begin{pmatrix} 6 \\ -6 \\ 0 \end{pmatrix} \cdot \begin{pmatrix} 4 \\ -2 \\ -4 \end{pmatrix}}{\sqrt{72} \cdot 6} = \frac{36}{\sqrt{72} \cdot 6} = \frac{6}{\sqrt{72}} = \frac{6}{\sqrt{36} \cdot \sqrt{2}} = \frac{6}{6 \cdot \sqrt{2}} = \frac{1}{\sqrt{2}}$$

$$\cos(\alpha) = \frac{\overrightarrow{AB} \cdot \overrightarrow{AC}}{|\overrightarrow{AB}| \cdot |\overrightarrow{AC}|} = \frac{\begin{pmatrix} -2 \\ 4 \\ -4 \end{pmatrix} \cdot \begin{pmatrix} -6 \\ 6 \\ 0 \end{pmatrix}}{6 \cdot \sqrt{72}} = \frac{36}{6 \cdot \sqrt{72}} = \frac{6}{\sqrt{72}} = \frac{1}{\sqrt{2}}$$

Da $\cos(\alpha) = \cos(\gamma)$ ist, bedeutet dies im Dreieck, dass auch die Winkel gleich sein müssen. Da $\beta = 90^\circ$ ist, sind $\alpha = 45^\circ$ und $\gamma = 45^\circ$.

b) I) Durch die Aufgabenstellung ist vorausgesetzt, dass sich die beiden Geraden tatsächlich schneiden, dies hätte sonst geprüft werden müssen. Der Winkel zwischen den beiden Geraden wird berechnet, indem man den Winkel zwischen den Richtungsvektoren berechnet:

$$\cos(\varphi) = \frac{\left| \begin{pmatrix} -1 \\ 3 \\ 5 \end{pmatrix} \cdot \begin{pmatrix} 7 \\ -1 \\ 2 \end{pmatrix} \right|}{\sqrt{35} \cdot \sqrt{54}} = \frac{|-7-3+10|}{\sqrt{35} \cdot \sqrt{54}} = \frac{|0|}{\sqrt{35} \cdot \sqrt{54}} = 0 \Rightarrow \varphi = 90^\circ$$

II) Auch hier wird der Winkel φ zwischen den Richtungsvektoren bestimmt; man erhält folgenden Rechenausdruck:

$$\cos(\varphi) = \frac{\left| \begin{pmatrix} 2 \\ -6 \\ 10 \end{pmatrix} \cdot \begin{pmatrix} 2 \\ 3 \\ 5 \end{pmatrix} \right|}{\sqrt{140} \cdot \sqrt{38}} = \frac{|4-18+50|}{\sqrt{140} \cdot \sqrt{38}} = \frac{36}{\sqrt{140} \cdot \sqrt{38}}$$

Ohne Taschenrechner läßt sich der Winkelwert nicht bestimmen.

6.3 Spiegelungen

Alle Spiegelpunkte sind im Folgenden mit einem Sternchen * versehen.

6.3.1 Punkt an Punkt

Um den Punkt P an Q zu spiegeln, wird der Vektor $\overrightarrow{PQ}$ an den Ortsvektor von Q einmal angehängt. (Alternativ kann man auch an den Ortsvektor von P den Vektor $\overrightarrow{PQ}$ zweimal anhängen). Damit ist:

a) $\overrightarrow{OP^*} = \overrightarrow{OQ} + \overrightarrow{PQ} = \begin{pmatrix} 2 \\ 1 \\ 2 \end{pmatrix} + \begin{pmatrix} -1 \\ -3 \\ -3 \end{pmatrix} = \begin{pmatrix} 1 \\ -2 \\ -1 \end{pmatrix}$, also ist $P^*(1 \mid -2 \mid -1)$.

b) $\overrightarrow{OP^*} = \overrightarrow{OR} + \overrightarrow{PR} = \begin{pmatrix} 0 \\ 3 \\ -2 \end{pmatrix} + \begin{pmatrix} -3 \\ -1 \\ -7 \end{pmatrix} = \begin{pmatrix} -3 \\ 2 \\ -9 \end{pmatrix}$, also ist $P^*(-3 \mid 2 \mid -9)$.

c) $\overrightarrow{OP^*} = \overrightarrow{OS} + \overrightarrow{PS} = \begin{pmatrix} -3 \\ 1 \\ 4 \end{pmatrix} + \begin{pmatrix} -6 \\ -3 \\ -1 \end{pmatrix} = \begin{pmatrix} -9 \\ -2 \\ 3 \end{pmatrix}$, also ist $P^*(-9 \mid -2 \mid 3)$.

6.3.2 Punkt an Ebene

Um einen Punkt P an einer Ebene zu spiegeln, braucht man zuerst den sog. Lotfußpunkt L, das ist der Punkt der Ebene, der den kürzesten Abstand zu P besitzt (es wird «das Lot von P auf die Ebene gefällt»). An diesem Punkt wird P gespiegelt. L bestimmt man, indem man eine Lotgerade durch den Punkt P aufstellt und als Richtungsvektor den Normalenvektor $\vec{n}$ der Ebene benutzt.

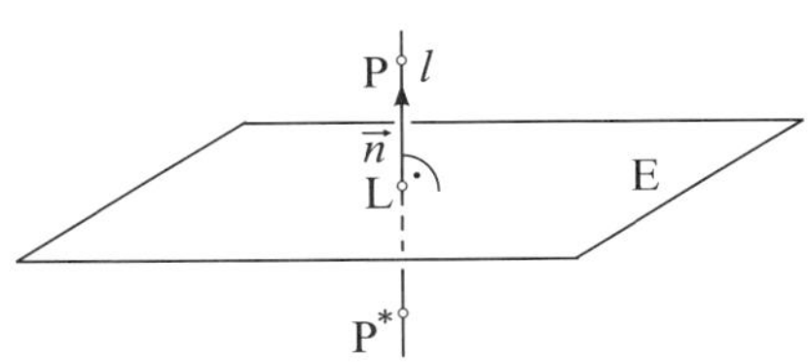

a) Die Lotgerade l hat die Gleichung $l:\ \vec{x} = \begin{pmatrix} 1 \\ 4 \\ 7 \end{pmatrix} + s \cdot \begin{pmatrix} 1 \\ -1 \\ -2 \end{pmatrix}$. Schneidet man l mit $E:\ x - y - 2z + 11 = 0$, ergibt sich: $\Rightarrow\ 1 + s - (4 - s) - 2(7 - 2s) + 11 = 0 \Rightarrow 6s = 6 \Rightarrow s = 1$. Setzt man $s = 1$ in l ein, ergibt sich der Lotfußpunkt $L(2 \mid 3 \mid 5)$. Nun wird A an L gespiegelt: $\overrightarrow{OA^*} = \overrightarrow{OL} + \overrightarrow{AL}$, damit ist $A^*(3 \mid 2 \mid 3)$.

b) Die Lotgerade l hat die Gleichung $l:\ \vec{x} = \begin{pmatrix} -1 \\ -4 \\ -9 \end{pmatrix} + t \cdot \begin{pmatrix} 2 \\ -2 \\ 1 \end{pmatrix}$. Schneidet man l mit $E:\ 2x - 2y + z = 6$, ergibt sich: $\Rightarrow\ 2 \cdot (-1 + 2t) - 2 \cdot (-4 - 2t) + (-9 + t) = 6 \Rightarrow t = 1$. Setzt man $t = 1$ in l ein, ergibt sich der Lotfußpunkt $L(1 \mid -6 \mid -8)$. Nun wird S an L gespiegelt: $\overrightarrow{OS^*} = \overrightarrow{OL} + \overrightarrow{SL}$, damit ist $S^*(3 \mid -8 \mid -7)$.

c) Die Lotgerade l hat die Gleichung $l: \vec{x} = \begin{pmatrix} 2 \\ 3 \\ 4 \end{pmatrix} + r \cdot \begin{pmatrix} 4 \\ 1 \\ -1 \end{pmatrix}$. Schneidet man l mit E: $4x + y - z = 3$, ergibt sich: $\Rightarrow 4 \cdot (2 + 4r) + 3 + r - (4 - r) = 3 \Rightarrow r = -\frac{2}{9}$. Setzt man $r = -\frac{2}{9}$ in l ein, ergibt sich der Lotfußpunkt $\mathrm{L}\left(\frac{10}{9} \mid \frac{25}{9} \mid \frac{38}{9}\right)$. Nun wird P an L gespiegelt: $\overrightarrow{\mathrm{OP}^*} = \overrightarrow{\mathrm{OL}} + \overrightarrow{\mathrm{PL}}$, damit ist $\mathrm{P}^*\left(\frac{2}{9} \mid \frac{23}{9} \mid \frac{40}{9}\right)$.

Stochastik

7 Wahrscheinlichkeitsrechnung

7.1 Baumdiagramme und Pfadregeln

7.1.1 Ziehen mit Zurücklegen

a) I)

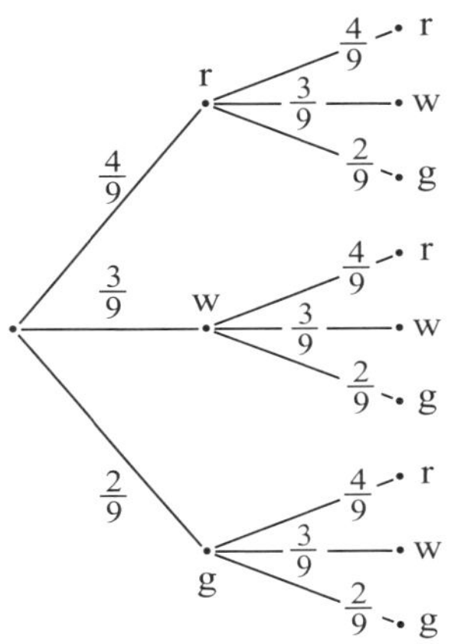

Da 4 rote, 3 weiße und 2 gelbe, also insgesamt 9 Kugeln in der Urne sind, betragen die Wahrscheinlichkeiten bei jedem Ziehen für rot (r), weiß (w) bzw. gelb (g): $\frac{4}{9}, \frac{3}{9}$ bzw. $\frac{2}{9}$.

Die Wahrscheinlichkeit, eine weiße und eine gelbe Kugel zu ziehen, erhält man mit Hilfe der 1. und 2. Pfadregel (Produkt- und Summenregel):

$$\text{P}(\text{«eine weiße und eine gelbe Kugel»}) = \text{P}(\text{wg}) + \text{P}(\text{gw}) = \frac{3}{9} \cdot \frac{2}{9} + \frac{2}{9} \cdot \frac{3}{9} = \frac{4}{27}$$

II)

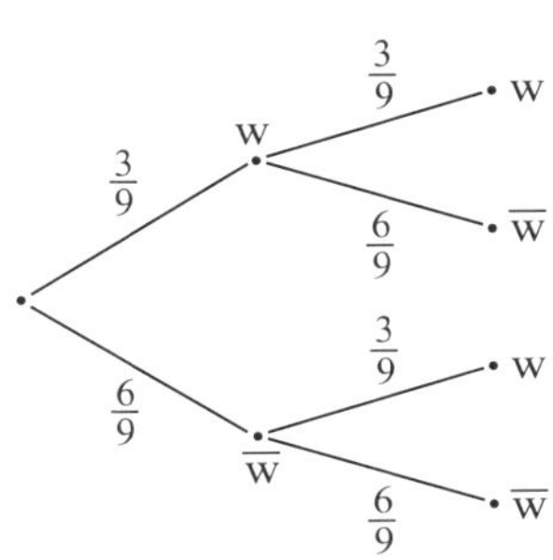

Da 3 weiße und 6 nicht weiße, also insgesamt 9 Kugeln in der Urne sind, beträgt die Wahrscheinlichkeit bei jedem Ziehen für weiß (w): $\frac{3}{9}$ und für nicht weiß ($\bar{w}$): $\frac{6}{9}$.

Die Wahrscheinlichkeit, keine weiße Kugel zu ziehen, erhält man mit Hilfe der 1. Pfadregel (Produktregel):

$$\text{P}(\text{«keine weiße Kugel»}) = \text{P}(\bar{w}\bar{w}) = \frac{6}{9} \cdot \frac{6}{9} = \frac{4}{9}$$

b) I)

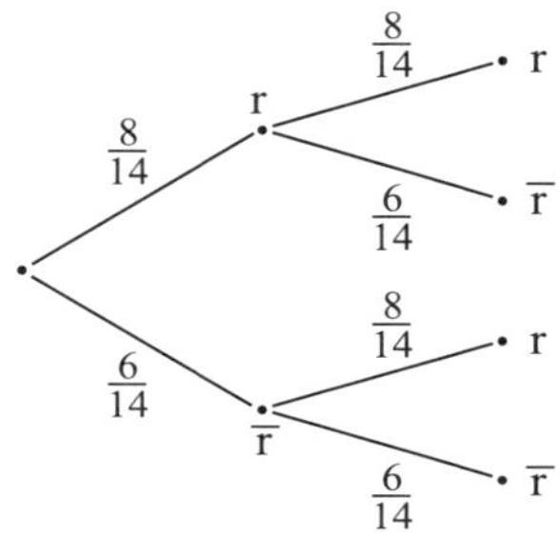

Da 8 rote und 6 nicht rote, also insgesamt 14 Kugeln in der Urne sind, beträgt die Wahrscheinlichkeit bei jedem Ziehen für rot (r): $\frac{8}{14}$ und für nicht rot ($\bar{r}$): $\frac{6}{14}$.
Die Wahrscheinlichkeit, keine rote Kugel zu ziehen, erhält man mit Hilfe der 1. Pfadregel (Produktregel):

$$P(\text{«keine rote Kugel»}) = P(\bar{r}\bar{r}) = \frac{6}{14}\cdot\frac{6}{14} = \frac{3}{7}\cdot\frac{3}{7} = \frac{9}{49}$$

II) Die Wahrscheinlichkeit, höchstens eine rote Kugel zu ziehen, erhält man mit Hilfe der 1. und 2. Pfadregel (Produkt- und Summenregel):

$$\begin{aligned} P(\text{«höchstens eine rote Kugel»}) &= P(\bar{r}\bar{r}) + P(\bar{r}r) + P(r\bar{r}) \\ &= \frac{6}{14}\cdot\frac{6}{14} + \frac{6}{14}\cdot\frac{8}{14} + \frac{8}{14}\cdot\frac{6}{14} \\ &= \frac{3}{7}\cdot\frac{3}{7} + \frac{3}{7}\cdot\frac{4}{7} + \frac{4}{7}\cdot\frac{3}{7} \\ &= \frac{9}{49} + \frac{12}{49} + \frac{12}{49} \\ &= \frac{33}{49} \end{aligned}$$

Alternativ kann man auch mit dem Gegenereignis rechnen:

$$\begin{aligned} P(\text{«höchstens eine rote Kugel»}) &= 1 - P(\text{«zwei rote Kugeln»}) \\ &= 1 - P(rr) \\ &= 1 - \frac{8}{14}\cdot\frac{8}{14} \\ &= 1 - \frac{4}{7}\cdot\frac{4}{7} \\ &= \frac{49}{49} - \frac{16}{49} \\ &= \frac{33}{49} \end{aligned}$$

c) I)

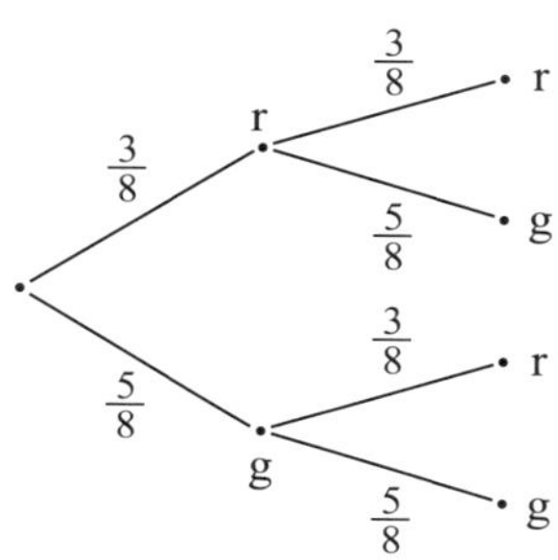

Da 3 rote und 5 gelbe, also insgesamt 8 Kugeln im Behälter sind, beträgt die Wahrscheinlichkeit bei jedem Ziehen für gelb (g): $\frac{5}{8}$ und für rot (r): $\frac{3}{8}$.
Die Wahrscheinlichkeit, mindestens eine gelbe Kugel zu ziehen, erhält man mit Hilfe der 1. und 2. Pfadregel (Produkt- und Summenregel):

$$\begin{aligned}P(\text{«mindestens eine gelbe Kugel»}) &= P(rg) + P(gr) + P(gg)\\ &= \frac{3}{8}\cdot\frac{5}{8} + \frac{5}{8}\cdot\frac{3}{8} + \frac{5}{8}\cdot\frac{5}{8}\\ &= \frac{15}{64} + \frac{15}{64} + \frac{25}{64} = \frac{55}{64}\end{aligned}$$

Alternativ kann man auch mit dem Gegenereignis rechnen:

$$\begin{aligned}P(\text{«mindestens eine gelbe Kugel»}) &= 1 - P(\text{«keine gelbe Kugel»})\\ &= 1 - P(rr)\\ &= 1 - \frac{3}{8}\cdot\frac{3}{8}\\ &= \frac{64}{64} - \frac{9}{64} = \frac{55}{64}\end{aligned}$$

II)

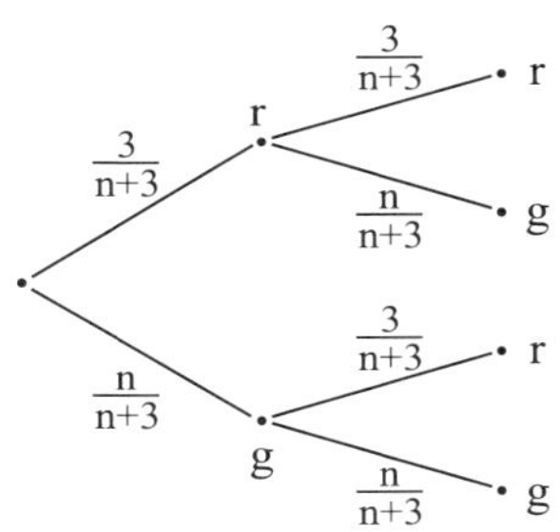

Wenn im Behälter 3 rote und n gelbe Kugeln sind, gibt es insgesamt $n + 3$ Kugeln. Damit beträgt die Wahrscheinlichkeit bei jedem Ziehen für gelb (g): $\frac{n}{n+3}$ und für rot (r): $\frac{3}{n+3}$. Da die Wahrscheinlichkeit, mindestens eine gelbe Kugel zu ziehen, 0,91 betragen soll, erhält man (am geschicktesten) mit Hilfe des Gegenereignisses folgende Gleichung:

$$\begin{aligned}P(\text{«mindestens eine gelbe Kugel»}) &= 1 - P(\text{«keine gelbe Kugel»})\\ 0{,}91 &= 1 - P(rr)\\ 0{,}91 &= 1 - \frac{3}{n+3}\cdot\frac{3}{n+3}\\ \frac{3}{n+3}\cdot\frac{3}{n+3} &= 1 - 0{,}91\\ \frac{9}{(n+3)^2} &= 0{,}09\\ \frac{9}{0{,}09} &= (n+3)^2\\ \frac{9}{\frac{9}{100}} &= (n+3)^2\\ 100 &= (n+3)^2 \mid \pm\sqrt{}\\ \pm 10 &= n+3\end{aligned}$$

Durch Fallunterscheidung ergibt sich:

I) $n + 3 = 10 \Rightarrow n_1 = 7$ bzw. II) $n + 3 = -10 \Rightarrow n_2 = -13$

Wegen $n > 0$ kommt nur $n_1 = 7$ als Lösung in Frage.

Also hätten sich im Behälter 7 gelbe Kugeln befinden müssen.

d) I)

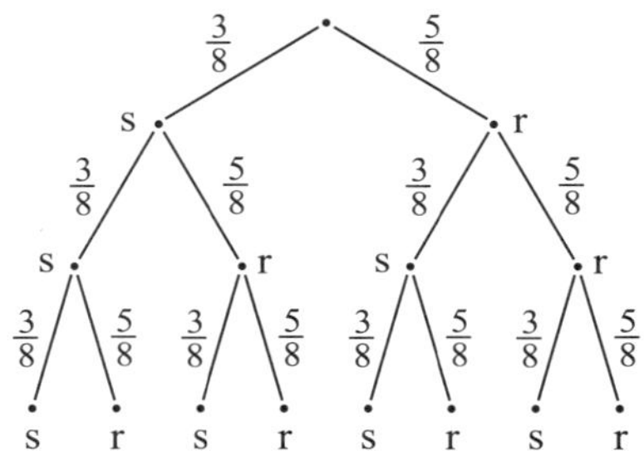

Zum Baumdiagramm passt z.B. folgende Situation:
In einer Urne befinden sich 5 rote und 3 schwarze Kugeln. Es werden drei Kugeln mit Zurücklegen gezogen, da die Wahrscheinlichkeiten beim 2. und beim 3. Zug gleich groß sind wie beim 1. Zug.

II) Die Wahrscheinlichkeit beträgt bei jedem Ziehen für rot (r) $\frac{5}{8}$ und für schwarz (s) $\frac{3}{8}$. Die Wahrscheinlichkeit, dass mindestens eine Kugel rot ist, erhält man am geschicktesten mit Hilfe des Gegenereignisses:

$$\begin{aligned} P(\text{«mindestens eine rote Kugel»}) &= 1 - P(\text{«keine rote Kugel»}) \\ &= 1 - P(sss) \\ &= 1 - \frac{3}{8} \cdot \frac{3}{8} \cdot \frac{3}{8} \\ &= \frac{512}{512} - \frac{27}{512} = \frac{485}{512} \end{aligned}$$

7.1.2 Ziehen ohne Zurücklegen

a) I)

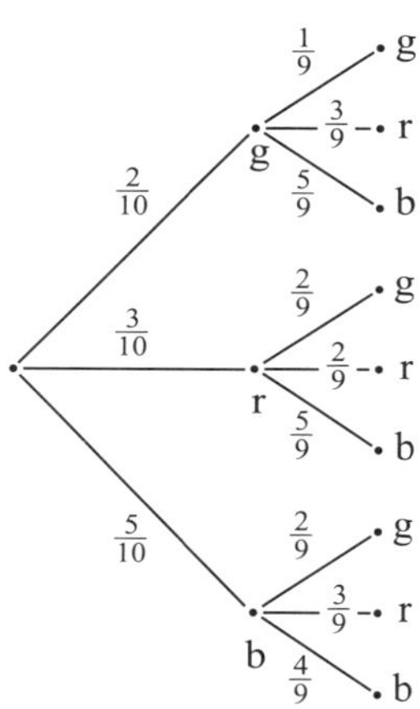

Da 2 grüne, 3 rote und 5 blaue, also insgesamt 10 Kugeln in der Urne sind, betragen die Wahrscheinlichkeiten beim 1. Ziehen für grün (g): $\frac{2}{10}$, für rot (r): $\frac{3}{10}$ und für blau (b): $\frac{5}{10}$.
Danach sind nur noch 9 Kugeln in der Urne und die Wahrscheinlichkeiten bei der 2. Ziehung hängen jeweils davon ab, welche Farbe beim 1. Mal gezogen wurde.

Die Wahrscheinlichkeit, dass eine grüne und eine rote Kugel gezogen wird, erhält man mit Hilfe der 1. und 2. Pfadregel (Produkt- und Summenregel):

$$\begin{aligned} P(\text{«rote und grüne Kugel»}) &= P(gr) + P(rg) \\ &= \frac{2}{10} \cdot \frac{3}{9} + \frac{3}{10} \cdot \frac{2}{9} \\ &= \frac{12}{90} = \frac{2}{15} \end{aligned}$$

II)

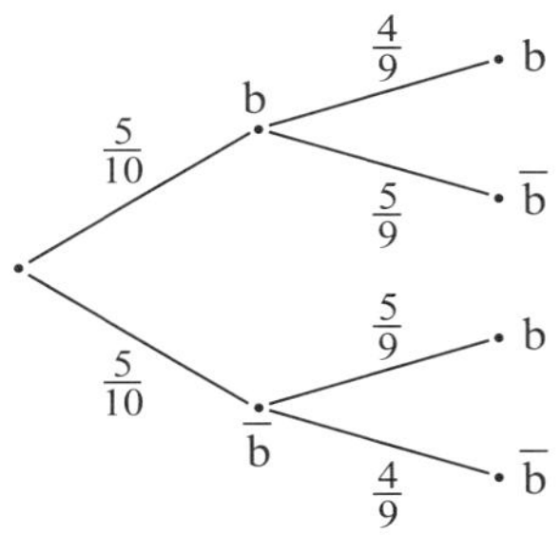

Da 5 blaue und 5 nicht blaue, also insgesamt 10 Kugeln in der Urne sind, betragen die Wahrscheinlichkeiten beim 1. Ziehen für blau (b): $\frac{5}{10}$ und für nicht blau ($\bar{b}$): $\frac{5}{10}$.

Danach sind nur noch 9 Kugeln in der Urne und die Wahrscheinlichkeiten bei der 2. Ziehung hängen jeweils davon ab, welche Farbe beim 1. Mal gezogen wurde.

Die Wahrscheinlichkeit, dass keine blaue Kugel gezogen wird, erhält man mit Hilfe der 1. Pfadregel (Produktregel):

$$P(\text{«keine blaue Kugel»}) = P(\bar{b}\bar{b}) = \frac{5}{10} \cdot \frac{4}{9} = \frac{20}{90} = \frac{2}{9}$$

b) I)

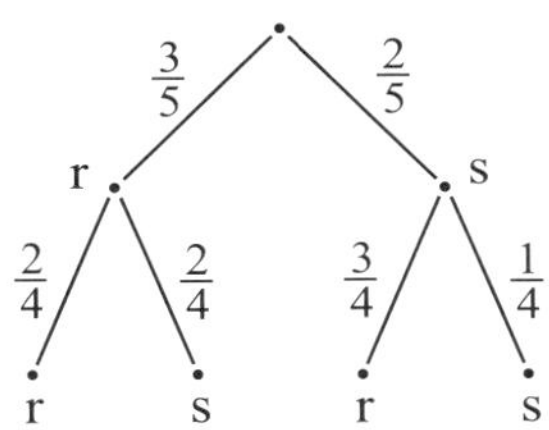

Zum Baumdiagramm passt z.B. folgende Situation:

In einer Urne befinden sich 3 rote und 2 schwarze Kugeln. Es werden zwei Kugeln ohne Zurücklegen gezogen, da die Wahrscheinlichkeiten beim 2. Zug anders sind als beim 1. Zug.

II) Die Wahrscheinlichkeit beträgt beim 1. Ziehen für rot (r): $\frac{3}{5}$ und für schwarz (s): $\frac{2}{5}$. Danach sind nur noch 4 Kugeln in der Urne und die Wahrscheinlichkeiten bei der 2. Ziehung hängen jeweils davon ab, welche Farbe beim 1. Mal gezogen wurde.

Die Wahrscheinlichkeit, dass beide Kugeln gleichfarbig sind, erhält man mit Hilfe der 1. und 2. Pfadregel (Produkt- und Summenregel):

$$\begin{aligned} P(\text{«beide Kugeln gleichfarbig»}) &= P(rr) + P(ss) \\ &= \frac{3}{5} \cdot \frac{2}{4} + \frac{2}{5} \cdot \frac{1}{4} \\ &= \frac{6}{20} + \frac{2}{20} = \frac{8}{20} = \frac{2}{5} \end{aligned}$$

c) I) Das gleichzeitige Ziehen von Kugeln entspricht einem Ziehen ohne Zurücklegen. Da 7 weiße, 5 schwarze und 3 rote, also insgesamt 15 Kugeln in der Urne sind, betragen die Wahrscheinlichkeiten beim 1. Ziehen für weiß (w): $\frac{7}{15}$, für schwarz (s): $\frac{5}{15}$ und für rot (r): $\frac{3}{15}$.

Danach sind nur noch 14 Kugeln in der Urne und die Wahrscheinlichkeiten bei der 2. Ziehung hängen jeweils davon ab, welche Farbe beim 1. Mal gezogen wurde. Schließlich sind nur noch 13 Kugeln in der Urne.

Die Wahrscheinlichkeit, dass eine weiße und zwei schwarze Kugeln gezogen werden, erhält man mit Hilfe der 1. und 2. Pfadregel (Produkt- und Summenregel):

$$\begin{aligned} P(\text{«1 weiße und 2 schwarze Kugeln»}) &= P(wss) + P(sws) + P(ssw) \\ &= \frac{7}{15}\cdot\frac{5}{14}\cdot\frac{4}{13} + \frac{5}{15}\cdot\frac{7}{14}\cdot\frac{4}{13} + \frac{5}{15}\cdot\frac{4}{14}\cdot\frac{7}{13} \\ &= 3\cdot\frac{7}{15}\cdot\frac{5}{14}\cdot\frac{4}{13} \\ &= \frac{2}{13} \end{aligned}$$

II)

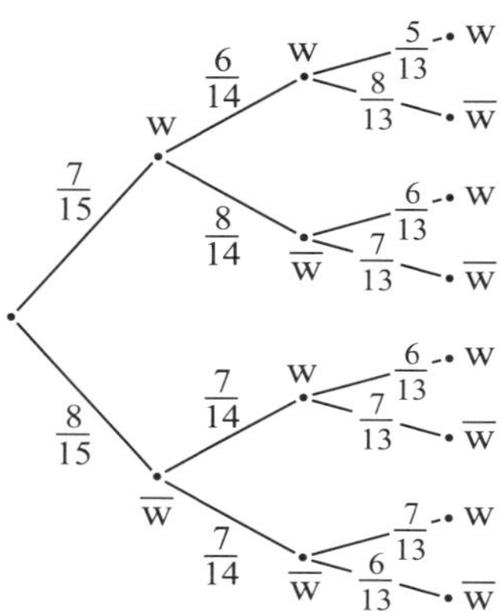

Da 7 weiße und 8 nicht weiße, also insgesamt 15 Kugeln in der Urne sind, betragen die Wahrscheinlichkeiten beim 1. Ziehen für weiß (w): $\frac{7}{15}$ und für nicht weiß $\bar{w}$: $\frac{8}{15}$.

Danach sind nur noch 14 Kugeln in der Urne und die Wahrscheinlichkeiten bei der 2. Ziehung hängen jeweils davon ab, welche Farbe beim 1. Mal gezogen wurde. Schließlich sind nur noch 13 Kugeln in der Urne.

Die Wahrscheinlichkeit, dass mindestens eine weiße Kugel gezogen wird, erhält man am geschicktesten mit Hilfe des Gegenereignisses:

$$\begin{aligned} P(\text{«mindestens eine weiße Kugel»}) &= 1 - P(\text{«keine weiße Kugel»}) \\ &= 1 - P(\bar{w}\bar{w}\bar{w}) \\ &= 1 - \frac{8}{15}\cdot\frac{7}{14}\cdot\frac{6}{13} \\ &= 1 - \frac{8}{65} \\ &= \frac{57}{65} \end{aligned}$$

d) I)

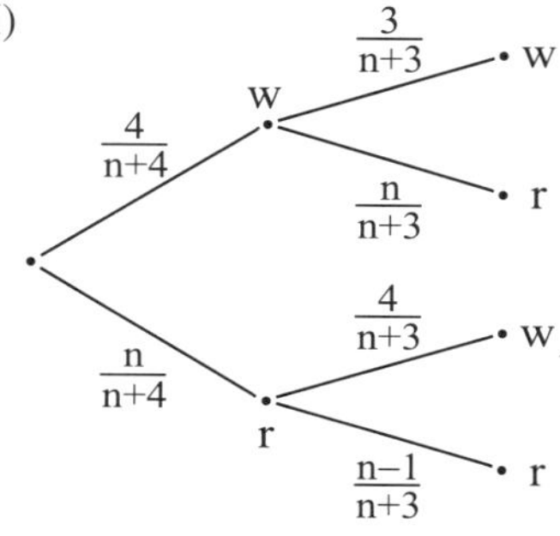

Wenn in der Urne 4 weiße und n rote Kugeln sind, gibt es insgesamt $n+4$ Kugeln. Damit beträgt die Wahrscheinlichkeit beim 1. Ziehen für weiß (w): $\frac{4}{n+4}$ und für rot (r): $\frac{n}{n+4}$.

Beim 2. Ziehen sind nur noch $n+3$ Kugeln vorhanden und die Wahrscheinlichkeiten hängen davon ab, welche Farbe schon gezogen wurde. Da die Wahrscheinlichkeit, dass beide Kugeln weiß sind, $\frac{1}{6}$ betragen soll, erhält man mit Hilfe der 1. Pfadregel folgende Gleichung:

$$
\begin{aligned}
P(\text{«beide Kugeln weiß»}) &= P(ww) \\
\frac{1}{6} &= \frac{4}{n+4} \cdot \frac{3}{n+3} \\
(n+4)\cdot(n+3) &= 72 \\
n^2 + 7n - 60 &= 0 \\
&\Rightarrow\ n_1 = 5 \text{ bzw. } n_2 = -12
\end{aligned}
$$

Wegen $n > 0$ kommt nur $n_1 = 5$ als Lösung in Frage.
Also waren in der Urne 5 rote Kugeln vorhanden.

II) Da die Wahrscheinlichkeit, mindestens eine weiße Kugel zu ziehen, $\frac{2}{3}$ betragen soll, erhält man (am geschicktesten) mit Hilfe des Gegenereignisses folgende Gleichung:

$$
\begin{aligned}
P(\text{«mindestens eine weiße Kugel»}) &= 1 - P(\text{«keine weiße Kugel»}) \\
\frac{2}{3} &= 1 - P(rr) \\
\frac{2}{3} &= 1 - \frac{n}{n+4} \cdot \frac{n-1}{n+3} \\
\frac{n}{n+4} \cdot \frac{n-1}{n+3} &= \frac{1}{3} \\
3\cdot n\cdot(n-1) &= (n+4)\cdot(n+3) \\
3n^2 - 3n &= n^2 + 7n + 12 \\
2n^2 - 10n - 12 &= 0 \\
n^2 - 5n - 6 &= 0 \\
&\Rightarrow\ n_1 = 6 \text{ bzw. } n_2 = -1
\end{aligned}
$$

Wegen $n > 0$ kommt nur $n_1 = 6$ als Lösung in Frage.
Also waren in der Urne 6 rote Kugeln vorhanden.

7.1.3 Mehrstufige Experimente

a) I)

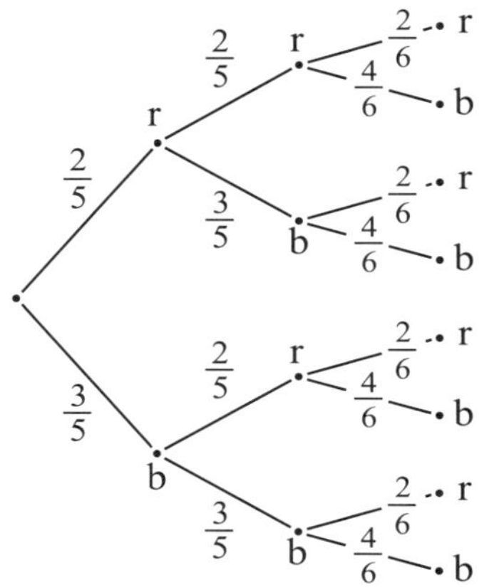

Es handelt sich um ein dreistufiges Experiment. Da 2 rote und 3 blaue Kugeln, also insgesamt 5 Kugeln, in Gefäß G_1 sind, betragen die Wahrscheinlichkeiten bei jedem Ziehen für rot (r): $\frac{2}{5}$ und für blau (b): $\frac{3}{5}$.

Da in Gefäß G_2 2 rote und 4 blaue, also insgesamt 6 Kugeln sind, beträgt die Wahrscheinlichkeit für rot (r): $\frac{2}{6}$ und für blau (b): $\frac{4}{6}$.

Die Wahrscheinlichkeit, dass mindestens 2 rote Kugeln gezogen wurden, erhält man mit Hilfe der 1. und 2. Pfadregel (Produkt- und Summenregel):

$$
\begin{aligned}
P(\text{«mind. zwei rote Kugeln»}) &= P(brr) + P(rbr) + P(rrb) + P(rrr) \\
&= \frac{3}{5} \cdot \frac{2}{5} \cdot \frac{2}{6} + \frac{2}{5} \cdot \frac{3}{5} \cdot \frac{2}{6} + \frac{2}{5} \cdot \frac{2}{5} \cdot \frac{4}{6} + \frac{2}{5} \cdot \frac{2}{5} \cdot \frac{2}{6} \\
&= \frac{12}{150} + \frac{12}{150} + \frac{16}{150} + \frac{8}{150} \\
&= \frac{24}{75}
\end{aligned}
$$

II)

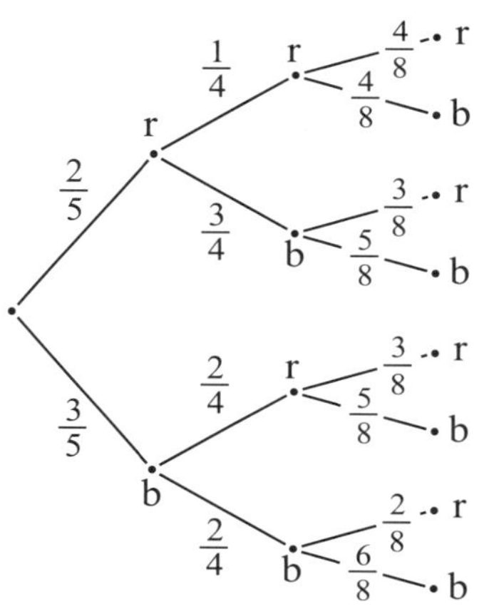

Es handelt sich um ein dreistufiges Experiment. Da 2 rote und 3 blaue, also insgesamt 5 Kugeln in Gefäß G_1 sind, betragen die Wahrscheinlichkeiten beim 1. Ziehen für rot (r): $\frac{2}{5}$ und für blau (b): $\frac{3}{5}$.

Danach sind nur noch 4 Kugeln in Gefäß G_1 und die Wahrscheinlichkeiten bei der 2. Ziehung aus G_1 hängen jeweils davon ab, welche Farbe beim 1. Mal gezogen wurde. Da die beiden Kugeln in Gefäß G_2 gelegt werden, gibt es insgesamt 8 Kugeln in G_2. Die Wahrscheinlichkeit der einzelnen Farbe hängt davon ab, was vorher gezogen wurde. Die Wahrscheinlichkeit, genau eine rote Kugel zu ziehen, erhält man mit Hilfe der 1. und 2. Pfadregel (Produkt- und Summenregel):

$$\begin{aligned}P(\text{«genau eine rote Kugel»}) &= P(bbr) + P(brb) + P(rbb)\\ &= \frac{3}{5}\cdot\frac{2}{4}\cdot\frac{2}{8} + \frac{3}{5}\cdot\frac{2}{4}\cdot\frac{5}{8} + \frac{2}{5}\cdot\frac{3}{4}\cdot\frac{5}{8}\\ &= \frac{12}{160} + \frac{30}{160} + \frac{30}{160}\\ &= \frac{9}{20}\end{aligned}$$

b) I)

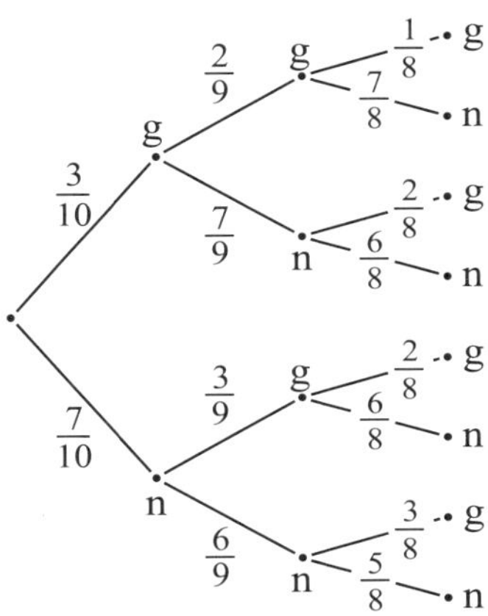

Da 3 Gewinne und 7 Nieten, also insgesamt 10 Lose in der Lostrommel sind, betragen die Wahrscheinlichkeiten beim 1. Ziehen für Gewinn (g): $\frac{3}{10}$ und für Niete (n): $\frac{7}{10}$.
Danach sind nur noch 9 Lose in der Trommel und die Wahrscheinlichkeiten bei der 2. und 3. Ziehung hängen jeweils davon ab, was beim 1. bzw. 2. Mal gezogen wurde.

Die Wahrscheinlichkeit, dass genau zwei Gewinne gezogen werden, erhält man mit Hilfe der 1. und 2. Pfadregel (Produkt- und Summenregel):

$$\begin{aligned}P(\text{«genau zwei Gewinne»}) &= P(ggn) + P(gng) + P(ngg)\\ &= \frac{3}{10}\cdot\frac{2}{9}\cdot\frac{7}{8} + \frac{3}{10}\cdot\frac{7}{9}\cdot\frac{2}{8} + \frac{7}{10}\cdot\frac{3}{9}\cdot\frac{2}{8}\\ &= 3\cdot\frac{3}{10}\cdot\frac{2}{9}\cdot\frac{7}{8}\\ &= \frac{7}{40}\end{aligned}$$

II) Die Wahrscheinlichkeit, dass der Gewinn erst beim dritten Zug gezogen wird, erhält man mit Hilfe der 1. Pfadregel (Produktregel):

$$P(\text{«Gewinn beim dritten Zug»}) = P(nng) = \frac{7}{10}\cdot\frac{6}{9}\cdot\frac{3}{8} = \frac{7}{40}$$

c) I)

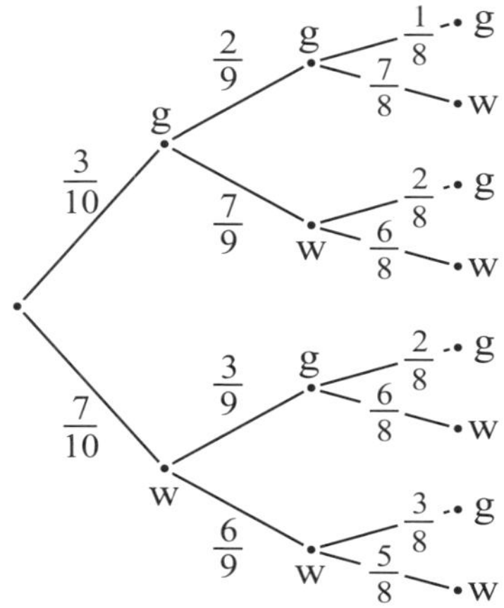

Da in der dritten Packung 3 gelbe und 7 weiße, also insgesamt 10 Tabletten sind, betragen die Wahrscheinlichkeiten beim 1. Ziehen für gelb (g): $\frac{3}{10}$ und für weiß (w): $\frac{7}{10}$.
Danach sind nur noch 9 Tabletten in der Schachtel. Die Wahrscheinlichkeiten bei der 2. und 3. Ziehung hängen also jeweils davon ab, welche Farbe beim 1. bzw. 2. Mal gezogen wurde.

Die Wahrscheinlichkeit, dass aus der dritten Packung mindestens 2 gelbe Tabletten gezogen werden, erhält man mit Hilfe der 1. und 2. Pfadregel (Produkt- und Summenregel):

$$\begin{aligned}
P(\text{«mind. 2 gelbe Tabletten»}) &= P(ggw) + P(gwg) + P(wgg) + P(ggg) \\
&= \frac{3}{10} \cdot \frac{2}{9} \cdot \frac{7}{8} + \frac{3}{10} \cdot \frac{7}{9} \cdot \frac{2}{8} + \frac{7}{10} \cdot \frac{3}{9} \cdot \frac{2}{8} + \frac{3}{10} \cdot \frac{2}{9} \cdot \frac{1}{8} \\
&= \frac{42}{720} + \frac{42}{720} + \frac{42}{720} + \frac{6}{720} \\
&= \frac{11}{60}
\end{aligned}$$

II)

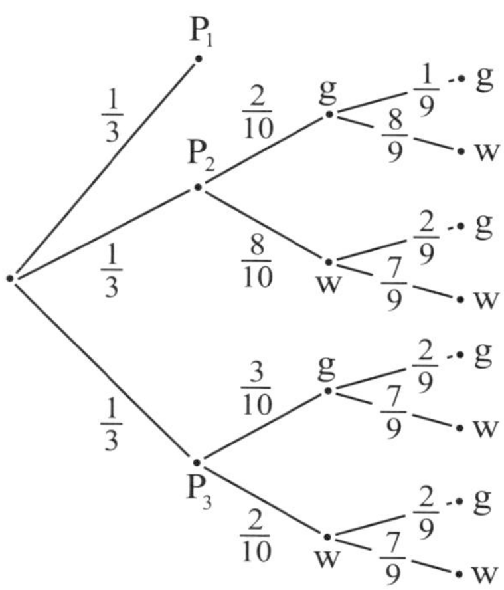

Da bei der 1. Ziehung 3 Packungen zur Verfügung stehen, beträgt die Wahrscheinlichkeit für jede Packung $\frac{1}{3}$. Da in der ersten Packung nur eine gelbe Tablette ist, können aus dieser keine 2 gelben Tabletten gezogen werden.
Aus der zweiten und dritten Packung können jeweils 2 gelbe Tabletten ohne Zurücklegen gezogen werden. Die Wahrscheinlichkeiten ändern sich dabei bei jedem Zug.

Die Wahrscheinlichkeit, dass beide Tabletten gelb sind, erhält man mit Hilfe der 1.

und 2. Pfadregel (Produkt- und Summenregel):

$$\begin{aligned} P(\text{«beide Tabletten gelb»}) &= P(P_2gg) + P(P_3gg) \\ &= \frac{1}{3} \cdot \frac{2}{10} \cdot \frac{1}{9} + \frac{1}{3} \cdot \frac{3}{10} \cdot \frac{2}{9} \\ &= \frac{8}{270} = \frac{4}{135} \end{aligned}$$

d) I) Es handelt sich um ein vierstufiges Experiment, bei welchem die Wahrscheinlichkeiten miteinander multipliziert werden. Die Wahrscheinlichkeit einer jeden Stufe erhält man mit Hilfe der 1. Pfadregel für das Ziehen ohne Zurücklegen:

$$\begin{aligned} P(\text{alle Karten sind rot}) &= P_{(\text{Stapel1})}(rr) \cdot P_{(\text{Stapel2})}(rr) \\ &= \left(\frac{2}{5} \cdot \frac{1}{4}\right) \cdot \left(\frac{2}{6} \cdot \frac{1}{5}\right) \\ &= \frac{1}{150} \end{aligned}$$

II) 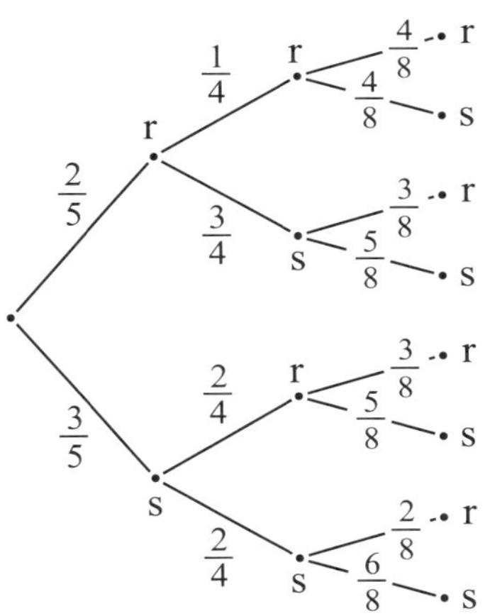

Da 2 rote und 3 schwarze, also insgesamt 5 Karten im 1. Stapel sind, betragen die Wahrscheinlichkeiten beim 1. Ziehen für rot (r): $\frac{2}{5}$ und für schwarz (s): $\frac{3}{5}$.
Danach sind nur noch 4 Karten auf dem 1. Stapel und die Wahrscheinlichkeiten bei der 2. Ziehung hängen jeweils davon ab, welche Farbe beim 1. Mal gezogen wurde. Da die beiden Karten mit dem 2. Stapel vermischt werden, gibt es insgesamt 8 Karten im 2. Stapel. Die Wahrscheinlichkeit der einzelnen Farbe hängt davon ab, was vorher gezogen wurde.

Die Wahrscheinlichkeit, dass die zuletzt gezogene Karte schwarz ist, erhält man mit Hilfe der 1. und 2. Pfadregel (Produkt- und Summenregel):

$$\begin{aligned} P(\text{«letzte Karte schwarz»}) &= P(rrs) + P(rss) + P(srs) + P(sss) \\ &= \frac{2}{5} \cdot \frac{1}{4} \cdot \frac{4}{8} + \frac{2}{5} \cdot \frac{3}{4} \cdot \frac{5}{8} + \frac{3}{5} \cdot \frac{2}{4} \cdot \frac{5}{8} + \frac{3}{5} \cdot \frac{2}{4} \cdot \frac{6}{8} \\ &= \frac{8}{160} + \frac{30}{160} + \frac{30}{160} + \frac{36}{160} \\ &= \frac{13}{20} \end{aligned}$$

7.2 Unabhängigkeit und Vierfeldertafeln

a) I)

	A	$\overline{A}$	
B	0,32	0,08	0,4
$\overline{B}$	0,48	0,12	0,6
	0,8	0,2	1

II)

	A	$\overline{A}$	
B	$\frac{3}{5}$	$\frac{1}{15}$	$\frac{2}{3}$
$\overline{B}$	$\frac{3}{10}$	$\frac{1}{30}$	$\frac{1}{3}$
	$\frac{9}{10}$	$\frac{1}{10}$	1

III)

	A	$\overline{A}$	
B	$\frac{1}{20}$	$\frac{1}{5}$	$\frac{1}{4}$
$\overline{B}$	$\frac{3}{20}$	$\frac{3}{5}$	$\frac{3}{4}$
	$\frac{1}{5}$	$\frac{4}{5}$	1

b) Es ist: $P(m) = \frac{90}{200} = 0,45$; $P(R) = \frac{80}{200} = 0{,}4$; $P(m \cap R) = \frac{36}{200} = 0,18$.
Wegen $P(m) \cdot P(R) = 0,45 \cdot 0,4 = 0,18 = P(m \cap R)$ gilt der spezielle Multiplikationssatz und die Ereignisse sind unabhängig.
Alternativer Lösungsweg:
Man prüft nach, ob der Anteil an Rauchern unter allen Befragten genau so groß ist wie der Anteil an Rauchern unter den Männern.
Anteil der Raucher unter allen Befragten: $\frac{80}{200} = \frac{2}{5} = 0,4$.
Anteil der Raucher unter den Männern: $\frac{36}{90} = \frac{2}{5} = 0,4$.
Die Werte stimmen überein, also sind Geschlecht und Rauchverhalten unabhängig voneinander.

c) Es ergeben sich folgende ergänzte Tafeln:

I)

	A	$\overline{A}$	
B	0,3	0,1	0,4
$\overline{B}$	0,5	0,1	0,6
	0,8	0,2	1

II)

	A	$\overline{A}$	
B	$\frac{1}{8}$	$\frac{1}{2}$	$\frac{5}{8}$
$\overline{B}$	$\frac{1}{4}$	$\frac{1}{8}$	$\frac{3}{8}$
	$\frac{3}{8}$	$\frac{5}{8}$	1

I) Wegen $P(A) \cdot P(B) = 0,8 \cdot 0,4 = 0,32 \neq 0,3 = P(A \cap B)$ sind A und B nicht unabhängig.

II) Wegen $P(A) \cdot P(B) = \frac{3}{8} \cdot \frac{5}{8} = \frac{15}{64} \neq \frac{1}{8} = P(A \cap B)$ sind A und B nicht unabhängig.

d)

	F	$\overline{F}$	
S	0,4	0,2	0,6
$\overline{S}$	0,3	0,1	0,4
	0,7	0,3	1

Es sind:
F: mag Fußball
S: mag Schwimmen
$\overline{F}$: mag Fußball nicht
$\overline{S}$: mag Schwimmen nicht

Gegeben sind $P(F) = 0{,}7$ und $P(S) = 0{,}6$ sowie $P(\overline{F} \cap \overline{S}) = 0,1$, da sich $10\,\%$ der Schüler für keine der beiden Sportarten begeistern.
Aus der Vierfeldertafel ergibt sich: $P(F \cap S) = 0,4$.
Somit begeistern sich $40\,\%$ der Schüler für beide Sportarten.

7.3 Bedingte Wahrscheinlichkeit

a) Es ist a: über 40 Jahre, j: bis 40 Jahre und L: Leserin.

Aus den Angaben lassen sich folgende Wahrscheinlichkeiten bestimmen:

$P(a) = \frac{60}{100} = 0,6.$

$P(L) = \frac{40}{100} = 0,4.$

$P(a \cap L) = \frac{25}{100} = 0,25.$

$P_L(a) = \frac{25}{40}$ (für die Vierfeldertafel nicht nötig).

Die ersten drei Wahrscheinlichkeiten werden in eine Vierfeldertafel eingesetzt und diese wird vervollständigt.

	L	$\overline{L}$	
a	0,25	0,35	0,6
j	0,15	0,25	0,4
	0,4	0,6	1

I) Den Anteil der Leserinnen unter den über 40-jährigen erhält man mit Hilfe der bedingten Wahrscheinlichkeit:

$$P_a(L) = \frac{P(L \cap a)}{P(a)} = \frac{0,25}{0,6} = \frac{25}{60} = \frac{5}{12}$$

II) Den Anteil der Nicht-Leserinnen unter den jüngeren Befragten (bis 40 Jahre) erhält man mit Hilfe der bedingten Wahrscheinlichkeit:

$$P_j\left(\overline{L}\right) = \frac{P\left(\overline{L} \cap j\right)}{P(j)} = \frac{0,25}{0,4} = \frac{25}{40} = \frac{5}{8}$$

b) Es ist k: krank, g: gesund, «+»: positiv getestet, «−»: negativ getestet.

Aus den Angaben lassen sich folgende Wahrscheinlichkeiten bestimmen:

$P(k) = 0,2$; $P_k(+) = 0,95$; $P_g(-) = 0,9.$

Damit ist:

$P(g) = 1 - P(k) = 0,8.$

$P(k \cap +) = P(k) \cdot P_k(+) = 0,2 \cdot 0,95 = 0,19$

$P(g \cap -) = P(g) \cdot P_g(-) = 0,8 \cdot 0,9 = 0,72$

Somit erhält man nebenstehende Vierfeldertafel:

	k	g	
+	0,19	0,08	0,27
−	0,01	0,72	0,73
	0,2	0,8	1

I) Die Wahrscheinlichkeit, dass man bei einem positiven Testergebnis tatsächlich krank ist, erhält man, indem man mit Hilfe der bedingten Wahrscheinlichkeit folgendes berechnet:

$$P_+(k) = \frac{P(k \cap +)}{P(+)} = \frac{0,19}{0,27} = \frac{19}{27} \approx 0,70 = 70\,\%$$

II) Die Wahrscheinlichkeit, dass man bei einem negativen Testergebnis tatsächlich gesund ist, erhält man mit Hilfe der bedingten Wahrscheinlichkeit folgendermaßen:

$$P_-(g) = \frac{P(g \cap -)}{P(-)} = \frac{0,72}{0,73} = \frac{72}{73} \approx 0,99 = 99\,\%$$

c) Es ist a: älter als 70 Jahre, j $(= \overline{a})$: höchstens 70 Jahre, m: männlich, w$(= \overline{m})$: weiblich. Gegeben sind $P(a) = 0,3$; $P_a(m) = 0,4$ und $P_j(m) = 0,5$.
Wegen $P_a(m) = \frac{P(m \cap a)}{P(a)}$ gilt:

$$P(m \cap a) = P(a) \cdot P_a(m) = 0,3 \cdot 0,4 = 0,12$$

Es ist $P(j) = 1 - P(a) = 0,7$.
Wegen $P_j(m) = \frac{P(m \cap j)}{P(j)}$ gilt:

$$P(m \cap j) = P(j) \cdot P_j(m) = 0,7 \cdot 0,5 = 0,35$$

$P(a)$, $P(j)$, $P(m \cap a)$ und $P(m \cap j)$ werden in die Vierfeldertafel eingetragen und diese wird vervollständigt:

	a	j	
m	0,12	0,35	0,47
w	0,18	0,35	0,53
	0,3	0,7	1

I) Den Anteil der Männer, die höchstens 70 Jahre alt sind, erhält man mit Hilfe der bedingten Wahrscheinlichkeit:

$$P_m(j) = \frac{P(m \cap j)}{P(m)} = \frac{0,35}{0,47} = \frac{35}{47}$$

II) Den Anteil der Frauen, die über 70 Jahre alt sind, erhält man mit Hilfe der bedingten Wahrscheinlichkeit:

$$P_w(a) = \frac{P(a \cap w)}{P(w)} = \frac{0,18}{0,53} = \frac{18}{53}$$

7.4 Binomialverteilung

Bei einem Bernoulli-Experiment wird die Wahrscheinlichkeit P eines Ereignisses mit k Treffern mit der Trefferwahrscheinlichkeit p und der Kettenlänge n (Anzahl der Durchführungen des Experiments) mit folgender Formel berechnet:

$$P(X=k)=\binom{n}{k}\cdot p^k\cdot(1-p)^{n-k}$$

a) I) Da die Zufallsvariable X binomialverteilt ist mit $p=0,4$ und $n=10$, gilt:

$$P(X=1)=\binom{10}{1}\cdot 0,4^1\cdot(1-0,4)^9=\binom{10}{1}\cdot 0,4^1\cdot 0,6^9$$

II) Anhand der gegebenen Abbildung kann man folgende Wahrscheinlichkeiten näherungsweise ablesen:

$$\begin{aligned} P(X=4)&\approx 0,25 & P(X=8)&\approx 0,01\\ P(X=5)&\approx 0,20 & P(X=9)&\approx 0,00\\ P(X=6)&\approx 0,11 & P(X=10)&\approx 0,00\\ P(X=7)&\approx 0,04 \end{aligned}$$

Damit gilt:

$$P(3<X<6)=P(X=4)+P(X=5)\approx 0,25+0,20=0,45$$

und

$$\begin{aligned} P(X>6)&=P(X=7)+P(X=8)+P(X=9)+P(X=10)\\ &\approx 0,04+0,01+0,00+0,00\\ &=0,05 \end{aligned}$$

b) I) Da es bei der Stichprobe nur die beiden Ausgänge verdorben oder nicht verdorben gibt, handelt es sich um ein Bernoulliexperiment.
Die Wahrscheinlichkeit, dass eine Apfelsine verdorben ist, beträgt $p=0,2=\frac{1}{5}$, die Kettenlänge ist $n=5$.
Damit gilt für die Wahrscheinlichkeit, dass in der Stichprobe genau eine verdorbene Apfelsine ist:

$$P(X=1)=\binom{5}{1}\cdot\left(\frac{1}{5}\right)^1\cdot\left(\frac{4}{5}\right)^4$$

II) Um ein Ereignis A anzugeben, formt man die gegebene Wahrscheinlichkeit um:

$$P(A)=\binom{5}{3}\cdot 0,2^3\cdot 0,8^2=P(X=3)$$

Damit lautet das Ereignis A: In der Stichprobe sind genau drei verdorbene Apfelsinen enthalten.

Um ein Ereignis B anzugeben, formt man ebenfalls die gegebene Wahrscheinlichkeit um:

$$\begin{aligned} P(B) &= 1 - 0,2^5 \\ &= 1 - \binom{5}{5} \cdot 0,2^5 \cdot 0,8^0 \\ &= 1 - P(X = 5) \end{aligned}$$

Dies ist die Wahrscheinlichkeit für das Gegenereignis zu: Es sind alle 5 Apfelsinen verdorben.
Damit lautet das Ereignis B: Es ist mindestens eine Apfelsine nicht verdorben.

c) I) Da die Zufallsvariable X binomialverteilt ist mit $p = 0,2$ und $n = 20$, gilt:

$$P(X = 2) = \binom{20}{2} \cdot 0,2^2 \cdot (1 - 0,2)^{18} = \binom{20}{2} \cdot 0,2^2 \cdot 0,8^{18}$$

II) Aufgrund der Binomialverteilung mit $p = 0,2$ und $n = 20$ gilt ebenfalls:

$$\begin{aligned} P(X < 2) &= P(X = 0) + P(X = 1) \\ &= \binom{20}{0} \cdot 0,2^0 \cdot 0,8^{20} + \binom{20}{1} \cdot 0,2^1 \cdot 0,8^{19} \end{aligned}$$

und

$$\begin{aligned} P(X \neq 1) &= 1 - P(X = 1) \\ &= 1 - \binom{20}{1} \cdot 0,2^1 \cdot 0,8^{19} \end{aligned}$$

d) I) Da es bei einer Zwiebel nur die beiden Ausgänge keimen oder nicht keimen gibt, handelt es sich um ein Bernoulliexperiment.
Die Wahrscheinlichkeit, dass eine Zwiebel keimt, beträgt $p = 90\% = 0,9$. Die Kettenlänge ist $n = 20$. Damit gilt für die Wahrscheinlichkeit, dass von 20 Zwiebeln alle keimen:

$$P(X = 20) = \binom{20}{20} \cdot 0,9^{20} \cdot 0,1^0 = 1 \cdot 0,9^{20} \cdot 1 = 0,9^{20}$$

II) Um ein Ereignis A anzugeben, formt man die gegebene Wahrscheinlichkeit um:

$$\begin{aligned} P(A) &= \binom{20}{18} \cdot 0,9^{18} \cdot 0,1^2 + \binom{20}{19} \cdot 0,9^{19} \cdot 0,1^1 + 0,9^{20} \\ &= P(X = 18) + P(X = 19) + P(X = 20) \\ &= P(X \geqslant 18) \end{aligned}$$

Damit lautet das Ereignis A: Mindestens 18 Zwiebeln keimen.

Um ein Ereignis B anzugeben, formt man ebenfalls die gegebene Wahrscheinlichkeit um:

$$\begin{aligned}P(B) &= 1 - 0,1^{20}\\ &= 1 - \binom{20}{0} \cdot 0,9^{0} \cdot 0,1^{20}\\ &= 1 - P(X=0)\end{aligned}$$

Dies ist die Wahrscheinlichkeit für das Gegenereignis zu: Es keimt keine der 20 Zwiebeln.
Damit lautet das Ereignis B: Es keimt mindestens eine der Zwiebeln.

e) Die Zufallsvariable X ist binomialverteilt mit $n = 10$ und $p = 0,6$ und hat folgende Verteilung:

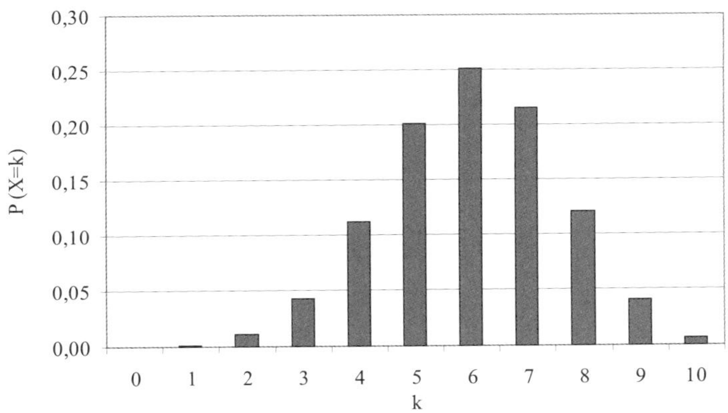

I) Da die Zufallsvariable X binomialverteilt ist mit $p = 0,6$ und $n = 10$, gilt:

$$P(X = 10) = \binom{10}{10} \cdot 0,6^{10} \cdot (1 - 0,6)^{0} = 0,6^{10}$$

II) Anhand der gegebenen Abbildung kann man folgende Wahrscheinlichkeiten näherungsweise ablesen:

$$\begin{aligned}P(X = 4) &\approx 0,11\\ P(X = 6) &\approx 0,25\\ P(X = 7) &\approx 0,22\\ P(X = 8) &\approx 0,12\\ P(X = 9) &\approx 0,04\\ P(X = 10) &\approx 0,01\end{aligned}$$

Damit gilt:

$$\begin{aligned}P(X>5) &= P(X=6)+P(X=7)+P(X=8)+P(X=9)+P(X=10)\\ &\approx 0,25+0,22+0,12+0,04+0,01\\ &= 0,64\end{aligned}$$

und

$$P(X \neq 4) = 1 - P(X=4) \approx 1 - 0,11 = 0,89$$

f) Laut Verpackungsangabe kommt es bei sachgerechter Pflanzung einer Tulpenzwiebel im nächsten Frühjahr mit einer Wahrscheinlichkeit von $p = 0,98$ zu einer Blüte. $0,98^n$ ist also die Wahrscheinlichkeit, dass von n ($n \in \mathbb{N}$) sachgerecht gepflanzten Tulpenzwiebeln alle n Zwiebeln im nächsten Frühjahr zu einer Blüte kommen. Ungleichung (I) beschreibt die Bedingung für die Wahrscheinlichkeit, dass alle n gepflanzten Tulpenzwiebeln im nächsten Frühjahr blühen, größer als 75 % ist:

$$0,98^n > 0,75$$

Ungleichung (II) beschreibt die Lösung von Ungleichung (I): $n < 14,24$.
Also dürfen höchstens 14 Tulpenzwiebeln gepflanzt werden, wenn gewährleistet werden soll, dass mit einer Wahrscheinlichkeit von mehr als 75 % alle gepflanzten Tulpenzwiebeln blühen.

g) Legt man X als Zufallsvariable für die Anzahl der erfolgreich entwöhnten nicht starken Raucher fest, so ist X binomialverteilt mit den Parametern $n = 8$ und $p = 0,7$. Die Wahrscheinlichkeit, dass bei genau fünf der acht nicht starken Raucher die Entwöhnung erfolgreich ist, erhält man mit der Bernoulliformel $P(X=5) = \binom{8}{5} \cdot 0,7^5 \cdot 0,3^3$. Also beschreibt Term (v) diesen Sachverhalt.
Wenn bei genau fünf der acht nicht starken Raucher die Entwöhnung erfolgreich ist, so ist bei genau drei der acht nicht starken Raucher die Entwöhnung nicht erfolgreich Legt man Y als Zufallsvariable für die Anzahl der nicht erfolgreich entwöhnten nicht starken Raucher fest, so ist Y binomialverteilt mit den Parametern $n = 8$ und $q = 1 - p = 0,3$. Die Wahrscheinlichkeit, dass bei genau drei der acht nicht starken Raucher die Entwöhnung nicht erfolgreich ist, erhält man mit der Bernoulliformel $P(Y=3) = \binom{8}{3} \cdot 0,3^3 \cdot 0,7^5$. Also beschreibt Term (i) diesen Sachverhalt.
Somit beschreiben (i) und (v) die gesuchte Wahrscheinlichkeit.

h) Die Wahrscheinlichkeit, dass eine Tasse fehlerfrei glasiert ist, beträgt $p = 0,8$.

I) Die Wahrscheinlichkeit des Ereignisses A: «Von den entnommenen Tassen ist nur die 8. nicht fehlerfrei glasiert» erhält man durch Multiplikation der Wahrscheinlichkeiten jeder Stufe:

$$P(A) = 0,8^7 \cdot 0,2^1 \cdot 0,8^2 = 0,2 \cdot 0,8^9 \approx 0,03$$

II) Die Wahrscheinlichkeit, dass eine Tasse nicht fehlerfrei glasiert ist, beträgt $q = 0,2$. Das Ereignis B mit der Wahrscheinlichkeit

$$P(B) = \binom{10}{0} \cdot 0,8^{10} + \binom{10}{1} \cdot 0,8^9 \cdot 0,2^1 + \binom{10}{2} \cdot 0,8^8 \cdot 0,2^2$$

kann damit folgendermaßen beschrieben werden: «Von den 10 entnommenen Tassen sind höchstens 2 nicht fehlerfrei glasiert».

7.5 Erwartungswert und Standardabweichung

a) Da in der Urne 1 weiße, 1 rote und 8 schwarze Kugeln sind, beträgt die Wahrscheinlichkeit für weiß: $\frac{1}{10}$, für rot: $\frac{1}{10}$ und für schwarz: $\frac{8}{10}$. Damit erhält man für die Auszahlungsbeträge folgende Verteilung:

Ereignis	Auszahlungsbetrag x_i	$P(x_i)$	$x_i \cdot P(x_i)$
weiß	4	$\frac{1}{10}$	0,4
rot	8	$\frac{1}{10}$	0,8
schwarz	0	$\frac{8}{10}$	0
Summe		1	1,2

Sei X Zufallsvariable für die Höhe des Gewinns. Den Erwartungswert E von X erhält man, indem man die möglichen Auszahlungsbeträge mit den zugehörigen Wahrscheinlichkeiten multipliziert und den Einsatz subtrahiert:

$$E(X) = 4 \cdot 0,1 + 8 \cdot 0,1 + 0 \cdot 0,8 - 0,5 = 1,2 - 0,5 = 0,7$$

Der Erwartungswert für den Gewinn beträgt 0,70€.

b) I) Mit $n = 80$ und $p = 0,3$ ergibt sich für den Erwartungswert:

$$E(X) = n \cdot p = 80 \cdot 0,3 = 24$$

Für die Standardabweichung σ gilt:

$$\sigma = \sqrt{n \cdot p \cdot (1-p)} = \sqrt{80 \cdot 0,3 \cdot 0,7} = \sqrt{16,8} \approx 4,1$$

II) Mit $E(X) = 20$ und $n = 50$ ergibt sich für die Trefferwahrscheinlichkeit:

$$20 = 50 \cdot p \Rightarrow p = \frac{2}{5} = 0,4$$

Für die Standardabweichung σ gilt:

$$\sigma = \sqrt{n \cdot p \cdot (1-p)} = \sqrt{50 \cdot 0,4 \cdot 0,6} = \sqrt{12} \approx 3,5$$

III) Mit $E(X) = 12$ und $p = 0,6$ ergibt sich für die Kettenlänge:

$$12 = n \cdot 0,6 \Rightarrow n = \frac{12}{0,6} = 20$$

Für die Standardabweichung σ gilt:

$$\sigma = \sqrt{n \cdot p \cdot (1-p)} = \sqrt{20 \cdot 0,6 \cdot 0,4} = \sqrt{4,8} \approx 2,2$$

c) Die Wahrscheinlichkeit beträgt für 1 €: $\frac{180}{360}$, für 3 €: $\frac{120}{360}$ und für 4 €: $\frac{60}{360}$. Damit ergibt sich für die Auszahlungsbeträge folgende Verteilung:

Auszahlungsbetrag x_i in €	$P(x_i)$	$x_i \cdot P(x_i)$
1	$\frac{180}{360}$	$\frac{1}{2}$
3	$\frac{120}{360}$	1
4	$\frac{60}{360}$	$\frac{2}{3}$

Sei X Zufallsvariable für die Höhe des Gewinns. Den Erwartungswert von X erhält man, indem man die möglichen Auszahlungsbeträge mit den zugehörigen Wahrscheinlichkeiten multipliziert und den Einsatz von 2 Euro subtrahiert:

$$E(X) = 1 \cdot \frac{180}{360} + 3 \cdot \frac{120}{360} + 4 \cdot \frac{60}{360} - 2 = \frac{1}{2} + 1 + \frac{2}{3} - 2 = \frac{1}{6} \approx 0,17$$

Der Erwartungswert beträgt also etwa 17 Cent.

d) Da in der Urne 4 weiße, 4 rote und 2 schwarze Kugeln sind, beträgt die Wahrscheinlichkeit für weiß (w): $\frac{4}{10} = 0,4$, für rot (r): $\frac{4}{10} = 0,4$ und für schwarz (s): $\frac{2}{10} = 0,2$. Damit ergibt sich für die Auszahlungsbeträge folgende Verteilung:

Ereignis	Auszahlungsbetrag x_i in €	$P(x_i)$	$x_i \cdot P(x_i)$
weiß	1	0,4	0,4
rot	2	0,4	0,8
schwarz	0	0,2	0
Summe		1	1,2

Sei X Zufallsvariable für die Höhe des Gewinns. Den Erwartungswert von X erhält man, indem man die möglichen Auszahlungsbeträge mit den zugehörigen Wahrscheinlichkeiten multipliziert und den Einsatz von 1 Euro subtrahiert:

$$E(X) = 1 \cdot 0,4 + 2 \cdot 0,4 + 0 \cdot 0,2 - 1 = 1,2 - 1 = 0,2$$

Der Erwartungswert beträgt $0,20$ €.
Da der Erwartungswert nicht Null ist, ist das Spiel auch nicht fair. Es wird in diesem Fall der Spieler begünstigt, da der Erwartungswert des Spielers positiv ist.

e)

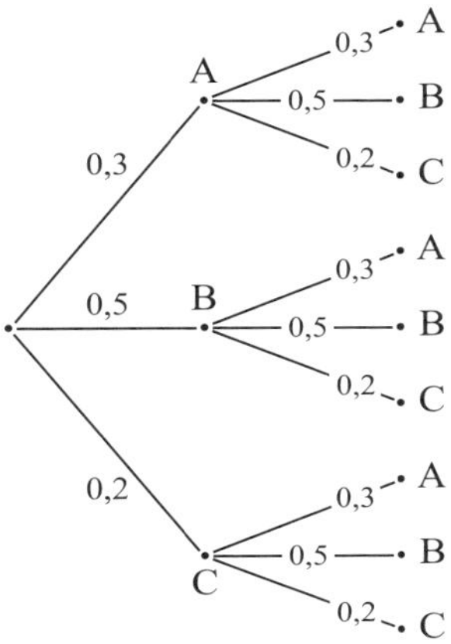

Die Wahrscheinlichkeiten für die Buchstaben A, B und C betragen bei jedem Drehen:
$P(A) = 0,3$
$P(B) = 0,5$
$P(C) = 0,2$

Die Wahrscheinlichkeit, dass zwei gleiche Buchstaben erscheinen, erhält man mit Hilfe der 1. und 2. Pfadregel (Produkt- und Summenregel):

$$\begin{aligned} P(\text{«zwei gleiche Buchstaben»}) &= P(AA) + P(BB) + P(CC) \\ &= 0,3 \cdot 0,3 + 0,5 \cdot 0,5 + 0,2 \cdot 0,2 \\ &= 0,09 + 0,25 + 0,04 \\ &= 0,38 \end{aligned}$$

Sei X Zufallsvariable für die Höhe des Gewinns. Den Erwartungswert von X erhält man, indem man den möglichen Auszahlungsbetrag mit der zugehörigen Wahrscheinlichkeit multipliziert und den Einsatz subtrahiert:

$$E(X) = 10 \cdot 0,38 - 4 = 3,8 - 4 = -0,2$$

Der Erwartungswert beträgt $-0,20$ €.
Da der Erwartungswert nicht Null ist, ist das Spiel auch nicht fair. Es wird der Spieler benachteiligt.

f) Den Erwartungswert E(X) der Zufallsvariablen X erhält man, indem man die möglichen Werte von x_i mit den zugehörigen Wahrscheinlichkeiten multipliziert und die Ergebnisse addiert:

$$E(X) = -5 \cdot 0,1 + (-1) \cdot a + 0 \cdot b + 3 \cdot 0,3 = -0,5 - a + 0,9 = 0,4 - a$$

Wegen $E(X) = 0,3$ erhält man folgende Gleichung:

$$0,3 = 0,4 - a \Rightarrow a = 0,1$$

Da die Summe aller Wahrscheinlichkeiten 1 ergeben muss, gilt mit $a = 0,1$:

$$0,1 + 0,1 + b + 0,3 = 1 \Rightarrow b = 0,5$$

g) Um zu zeigen, dass der Erwartungswert von X nicht größer als 2,2 sein kann, bestimmt man den Erwartungswert von X:

$$E(X) = 0 \cdot p_1 + 1 \cdot \frac{3}{10} + 2 \cdot \frac{1}{5} + 3 \cdot p_2 = \frac{7}{10} + 3 \cdot p_2$$

Da die Summe der Wahrscheinlichkeiten nicht größer als 1 sein darf, gilt:
$p_2 \leqslant 1 - \frac{3}{10} - \frac{1}{5} - p_1 = \frac{1}{2} - p_1$. Der Erwartungswert ist am größten, wenn gilt $p_1 = 0$. Damit ergibt:

$$E(X) \leqslant \frac{7}{10} + 3 \cdot \frac{1}{2} = 2,2$$

Somit kann der Erwartungswert von X nicht größer als 2,2 sein.

h) Sei X Zufallsvariable für die Anzahl der defekten Glühbirnen.
Mit $n = 200$ und $p = 0,05$ (5 %) erhält man:
Erwartungswert: $E(X) = \mu = n \cdot p = 200 \cdot 0,05 = 10$.
Zugehörige Standardabweichung: $\sigma = \sqrt{n \cdot p \cdot (1-p)} = \sqrt{200 \cdot 0,05 \cdot 0,95} = \sqrt{9,5} \approx 3$.
Bei einer Entnahme von 200 Glühbirnen hat man durchschnittlich mit 10 defekten Glühbirnen zu rechnen. Die zugehörige Standardabweichung beträgt etwa 3 Glühbirnen.

i) I) Erwartungswert: $E(X) = \mu = n \cdot p = 80 \cdot 0,3 = 24$.
Zugehörige Standardabweichung: $\sigma = \sqrt{n \cdot p \cdot (1-p)} = \sqrt{80 \cdot 0,3 \cdot 0,7} = \sqrt{16,8}$.
II) Erwartungswert: $E(X) = \mu = n \cdot p = 50 \cdot 0,4 = 20$.
Zugehörige Standardabweichung: $\sigma = \sqrt{n \cdot p \cdot (1-p)} = \sqrt{50 \cdot 0,4 \cdot 0,6} = \sqrt{12}$.
III) Erwartungswert: $E(X) = \mu = n \cdot p = 20 \cdot 0,6 = 12$.
Zugehörige Standardabweichung: $\sigma = \sqrt{n \cdot p \cdot (1-p)} = \sqrt{20 \cdot 0,6 \cdot 0,4} = \sqrt{4,8}$

j) Sei X Zufallsvariable für die Menge verdorbener Tomaten (in kg).
Mit $n = 100$ und $p = 0,2$ (20 %) erhält man:
Erwartungswert: $E(X) = \mu = n \cdot p = 100 \cdot 0,2 = 20$.
Zugehörige Standardabweichung: $\sigma = \sqrt{n \cdot p \cdot (1-p)} = \sqrt{100 \cdot 0,2 \cdot 0,8} = \sqrt{16} = 4$.
Bei einer Entnahme von 100 kg sind durchschnittlich 20 kg verdorbene Tomaten zu erwarten. Die zugehörige Standardabweichung beträgt 4 kg.

Musteraufgabensatz 1

☐

Tipps ab Seite 181, Lösungen ab Seite 183

Analysis Niveau 1

1 Die Abbildung zeigt den Graphen der auf $\mathbb{R}$ definierten Funktion f.

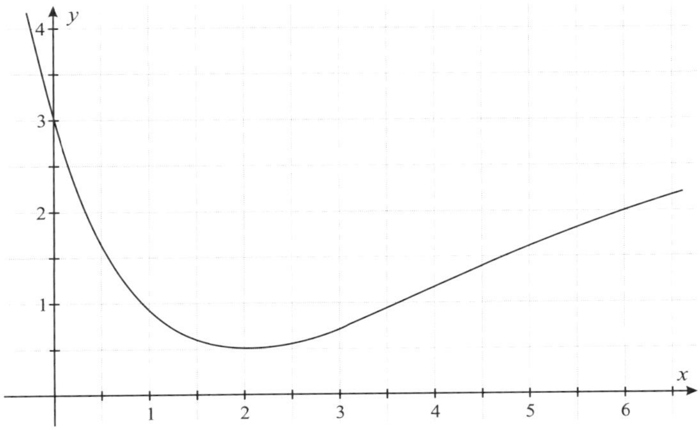

1.1 Bestimmen Sie mit Hilfe der Abbildung einen Näherungswert für $\int_3^5 f(x)\mathrm{d}x$. (2 BE)

Die Funktion F ist die auf $\mathbb{R}$ definierte Stammfunktion von f mit $\mathrm{F}(3) = 0$.

1.2 Geben Sie mit Hilfe der Abbildung einen Näherungswert für die Ableitung von F an der Stelle 2 an. (1 BE)

1.3 Zeigen Sie, dass $\mathrm{F}(b) = \int_3^b f(x)\mathrm{d}x$ mit $b \in \mathbb{R}$ gilt. (2 BE)

Lineare Algebra / Analytische Geometrie Niveau 1

2 Gegeben sind die Geraden

$$g_1\colon \vec{x} = \begin{pmatrix} 1 \\ 7 \\ -2 \end{pmatrix} + r \cdot \begin{pmatrix} 4 \\ 2 \\ 0 \end{pmatrix};\ r \in \mathbb{R}$$

und

$$g_2\colon \vec{x} = \begin{pmatrix} 2 \\ 1 \\ 5 \end{pmatrix} + s \cdot \begin{pmatrix} -1 \\ -1 \\ 4 \end{pmatrix};\ s \in \mathbb{R}.$$

2.1 Untersuchen Sie die beiden Geraden auf ihre gegenseitige Lage.

(2 BE)

2.2 Bestimmen Sie die Gleichung einer Geraden g_3, die sowohl g_1 als auch g_2 schneidet.

(1 BE)

2.3 Bestimmen Sie die Gleichung einer Geraden g_4, die g_1 rechtwinklig schneidet.
Geben Sie den Abstand von g_1 zur x_1x_2-Ebene an.

(2 BE)

Stochastik Niveau 1

3 Auf einem Schiff kann man Süßigkeiten am Kiosk kaufen. Von den an einer Schiffsrundfahrt teilnehmenden Personen sind 60% Frauen.
80% der reisenden Frauen und 40% der reisenden Männer kaufen Süßigkeiten am Kiosk.

3.1 Stellen Sie den Sachzusammenhang durch eine vollständig ausgefüllte Vierfeldertafel dar. (3 BE)

3.2 Ein Passagier hat Süßigkeiten am Kiosk gekauft.
Berechnen Sie die Wahrscheinlichkeit dafür, dass es sich dabei um eine Frau handelt.

(2 BE)

Analysis Niveau 2

4 Für jeden Wert von a ($a \in \mathbb{R}$; $a \neq 0$) ist eine Funktion f_a durch
$f_a(x) = a \cdot x^6 - x^4$; $x \in \mathbb{R}$ gegeben.

4.1 Bestimmen Sie diejenigen Werte von a, für die f_a mehr als eine Nullstelle hat. (3 BE)

4.2 Für genau einen Wert von a hat f_a an der Stelle $x = 1$ ein Minimum.
Bestimmen Sie diesen Wert von a.

(2 BE)

Summe: 20 BE

Tipps Musteraufgabensatz 1

Analysis 1

1.1 Beachten Sie, dass dem gegebenen Integral in der Abbildung der Flächeninhalt A zwischen dem Graphen der Funktion f und der x-Achse im Intervall $[3;5]$ entspricht. Bestimmen Sie einen Näherungswert für die Fläche durch Abzählen der Kästchen (4 Kästchen = 1FE) oder indem Sie den Flächeninhalt eines Trapezes bestimmen. Verwenden Sie für den Flächeninhalt des Trapezes die Formel $\mathrm{A} = \frac{a+c}{2} \cdot h$, wobei a und c die parallelen Seiten des Trapezes sind. Bestimmen Sie mithilfe der Abbildung die Funktionswerte an den entsprechenden Stellen.

1.2 Beachten Sie, dass f die 1. Ableitung von F ist. Bestimmen Sie daher den Funktionswert von f an der Stelle 2 durch Ablesen.

1.3 Bestimmen Sie das Integral $\int_3^b f(x)\mathrm{d}x$ mithilfe des Hauptsatzes der Differential- und Integralrechnung und verwenden Sie $\mathrm{F}(3) = 0$.

Lineare Algebra / Analytische Geometrie

2.1 Prüfen Sie, ob der Richtungsvektor $\vec{u}_1$ von g_1 und der Richtungsvektor $\vec{u}_2$ von g_2 Vielfache voneinander sind. Falls sie Vielfache voneinander sind, sind g_1 und g_2 parallel oder identisch, sonst können sich g_1 und g_2 schneiden oder sie sind windschief. Setzen Sie die beiden Geradengleichungen gleich und lösen Sie das zugehörige lineare Gleichungssystem. Falls es eine eindeutige Lösung für die beiden Parameter gibt, gibt es einen Schnittpunkt, falls ein Widerspruch entsteht, sind die Geraden windschief.

2.2 Die Gleichung einer Geraden g_3, die sowohl g_1 als auch g_2 schneidet, erhalten Sie, indem Sie mit Hilfe der Stützpunkte von g_1 und von g_2 eine Gerade aufstellen.

2.3 Verwenden Sie den Stützvektor von g_1 und wählen Sie einen Richtungsvektor $\vec{u}_4$ von g_4 so, dass das Skalarprodukt von $\vec{u}_1$ und $\vec{u}_4$ Null ergibt. Beachten Sie, dass die Gerade g_1 parallel zur xy-Ebene ist. Den Abstand d von g_1 zur xy-Ebene ($z = 0$) erhalten Sie, indem Sie den Abstand des Stützpunktes P von g_1 zur xy-Ebene mithilfe der z-Koordinate von P bestimmen.

Stochastik

3.1 Bezeichnen Sie mit F: Frau, $\overline{\mathrm{F}}$: Mann, S: kauft Süßigkeiten und $\overline{\mathrm{S}}$: kauft keine Süßigkeiten. Da von den teilnehmenden Personen 60% Frauen sind, erhalten Sie P(F) und mit Hilfe der Wahrscheinlichkeit des Gegenereignisses $\mathrm{P}(\overline{\mathrm{F}}) = 1 - \mathrm{P}(\mathrm{F})$. Da 80% der reisenden Frauen Süßigkeiten am Kiosk kaufen, erhalten Sie $\mathrm{P_F(S)}$ und wegen $\mathrm{P_F(S)} = \frac{\mathrm{P(F \cap S)}}{\mathrm{P(F)}}$ berechnen Sie $\mathrm{P(F \cap S)}$. Da 40% der reisenden Männer Süßigkeiten am Kiosk kaufen, erhalten Sie $\mathrm{P}_{\overline{\mathrm{F}}}(\mathrm{S})$ und wegen $\mathrm{P}_{\overline{\mathrm{F}}}(\mathrm{S}) = \frac{\mathrm{P}(\overline{\mathrm{F}} \cap \mathrm{S})}{\mathrm{P}(\overline{\mathrm{F}})}$ berechnen Sie $\mathrm{P}(\overline{\mathrm{F}} \cap \mathrm{S})$. Tragen Sie diese Werte in die Vierfeldertafel ein, die Sie durch Differenzen- und Summenbildung ergänzen.

3.2 Die Wahrscheinlichkeit, dass eine Person, die am Kiosk Süßigkeiten gekauft hat, eine Frau ist, erhalten Sie mit Hilfe der bedingten Wahrscheinlichkeit: $\mathrm{P_S(F)} = \frac{\mathrm{P(S \cap F)}}{\mathrm{P(S)}}$.

Analysis 2

4.1 Die Nullstellen von f_a erhalten Sie, indem Sie die Gleichung $f_a(x) = 0$ nach x auflösen. Klammern Sie dazu x^4 aus und verwenden Sie den Satz vom Nullprodukt. Die Lösung der quadratischen Gleichung erhalten Sie durch Wurzelziehen. Überlegen Sie, für welche Werte von a der Radikand (Ausdruck unter der Wurzel) positiv ist.

4.2 Die Extremstellen von f_a erhalten Sie mithilfe der 1. und 2. Ableitung von f_a, die Sie mit der Potenzregel bestimmen. Setzen Sie $x = 1$ in die notwendige Bedingung $f_a'(x) = 0$ ein und lösen Sie die Gleichung nach a auf. Setzen Sie den erhaltenen a-Wert und $x = 1$ in $f_a''(x)$ ein; falls das Ergebnis größer als Null ist, liegt ein Minimum vor.

Lösungen Musteraufgabensatz 1

Analysis 1

1.1 Dem Integral $\int_3^5 f(x)\mathrm{d}x$ entspricht in der Abbildung der Flächeninhalt A zwischen dem Graphen der Funktion f und der x-Achse im Intervall $[3\,;5]$.

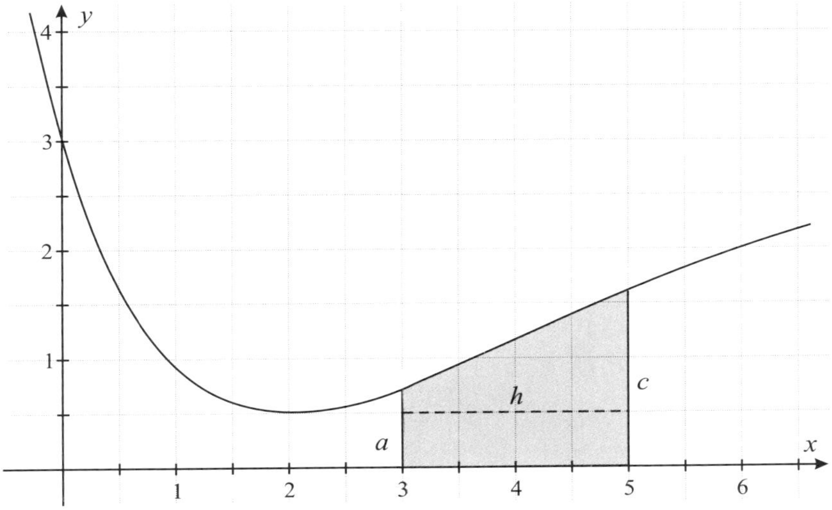

Durch Abzählen der Kästchen (4 Kästchen = 1FE) erhält man einen Näherungswert für die Fläche:

$$\mathrm{A} = \int_3^5 f(x)\mathrm{d}x \approx 2{,}3$$

Alternativ kann man den Flächeninhalt A auch durch den Flächeninhalt eines Trapezes abschätzen:
Den Flächeninhalt eines Trapezes erhält man mit der Formel $\mathrm{A} = \frac{a+c}{2} \cdot h$. Die beiden parallelen Seiten des Trapezes sind $a = f(3) \approx 0{,}7$ und $c = f(5) \approx 1{,}6$. Für die Höhe h gilt: $h = 5 - 3 = 2$. Damit erhält man:

$$\mathrm{A} = \frac{f(3)+f(5)}{2} \cdot 2 \approx \frac{0{,}7+1{,}6}{2} \cdot 2 = 2{,}3$$

Somit hat das gegebene Integral einen Näherungswert von etwa 2,3.

1.2 Da die Funktion F eine Stammfunktion von f ist, ist f die 1. Ableitung von F. Damit erhält man einen Näherungswert für die Ableitung von F an der Stelle 2 mithilfe der Abbildung, indem man den Funktionswert von f an der Stelle 2 abliest:

$$\mathrm{F}'(2) = f(2) \approx 0{,}5$$

1.3 Da die Funktion F die Stammfunktion von f mit $\mathrm{F}(3) = 0$ ist, gilt mithilfe des Hauptsatzes der Differential- und Integralrechnung:

$$\int_3^b f(x)\mathrm{d}x = \Big[\mathrm{F}(x)\Big]_3^b = \mathrm{F}(b) - \mathrm{F}(3) = \mathrm{F}(b) - 0 = \mathrm{F}(b)$$

Somit gilt: $\mathrm{F}(b) = \int_3^b f(x)\mathrm{d}x$ mit $b \in \mathbb{R}$.

Lineare Algebra / Analytische Geometrie

2.1 Da der Richtungsvektor $\vec{u}_1 = \begin{pmatrix} 4 \\ 2 \\ 0 \end{pmatrix}$ von $g_1: \vec{x} = \begin{pmatrix} 1 \\ 7 \\ -2 \end{pmatrix} + r \cdot \begin{pmatrix} 4 \\ 2 \\ 0 \end{pmatrix}$ und der Richtungsvektor $\vec{u}_2 = \begin{pmatrix} -1 \\ -1 \\ 4 \end{pmatrix}$ von $g_2: \vec{x} = \begin{pmatrix} 2 \\ 1 \\ 5 \end{pmatrix} + s \cdot \begin{pmatrix} -1 \\ -1 \\ 4 \end{pmatrix}$ keine Vielfachen voneinander sind, sind g_1 und g_2 weder parallel noch identisch, also können sich g_1 und g_2 schneiden oder sie sind windschief.

Durch Gleichsetzen der beiden Geradengleichungen ergibt sich:

$$\begin{pmatrix} 1 \\ 7 \\ -2 \end{pmatrix} + r \cdot \begin{pmatrix} 4 \\ 2 \\ 0 \end{pmatrix} = \begin{pmatrix} 2 \\ 1 \\ 5 \end{pmatrix} + s \cdot \begin{pmatrix} -1 \\ -1 \\ 4 \end{pmatrix}$$

Dies führt zu folgendem linearen Gleichungssystem:

$$\begin{array}{llcllcl} \mathrm{I} & 1 & + & 4r & = & 2 & - & s \\ \mathrm{II} & 7 & + & 2r & = & 1 & - & s \\ \mathrm{III} & -2 & & & = & 5 & + & 4s \end{array}$$

Aus Gleichung III erhält man: $-2 = 5 + 4s \Rightarrow s = -\frac{7}{4}$.
Setzt man $s = -\frac{7}{4}$ in Gleichung I ein, ergibt sich: $1 + 4r = 2 - \left(-\frac{7}{4}\right) \Rightarrow r = \frac{11}{16}$.
Setzt man $s = -\frac{7}{4}$ in Gleichung II ein, ergibt sich: $7 + 2r = 1 - \left(-\frac{7}{4}\right) \Rightarrow r = -\frac{17}{8}$.
Aufgrund des Widerspruchs haben die beiden Geraden keinen gemeinsamen Punkt und sind damit windschief zueinander.

2.2 Die Gleichung einer Geraden g_3, die sowohl g_1 als auch g_2 schneidet, erhält man, indem man mit Hilfe der Stützpunkte $P(1 \mid 7 \mid -2)$ von g_1 und $Q(2 \mid 1 \mid 5)$ von g_2 eine Gerade aufstellt:

$$g_3\colon\ \vec{x} = \vec{p} + t \cdot \overrightarrow{PQ}$$

$$g_3\colon\ \vec{x} = \begin{pmatrix} 1 \\ 7 \\ -2 \end{pmatrix} + t \cdot \begin{pmatrix} 1 \\ -6 \\ 7 \end{pmatrix}$$

2.3 Wenn eine Gerade g_4 die Gerade g_1 rechtwinklig schneiden soll, so kann man den Stützvektor $\begin{pmatrix} 1 \\ 7 \\ -2 \end{pmatrix}$ von g_1 verwenden und der Richtungsvektor $\vec{u}_4$ von g_4 muss so gewählt werden, dass das Skalarprodukt von $\vec{u}_1$ und $\vec{u}_4$ Null ergibt. Dies ist beispielsweise für $\vec{u}_4 = \begin{pmatrix} 0 \\ 0 \\ 1 \end{pmatrix}$ der Fall, da $\vec{u}_1 \cdot \vec{u}_4 = \begin{pmatrix} 4 \\ 2 \\ 0 \end{pmatrix} \cdot \begin{pmatrix} 0 \\ 0 \\ 1 \end{pmatrix} = 4 \cdot 0 + 2 \cdot 0 + 0 \cdot 1 = 0.$

Somit hat die Gerade g_4 beispielsweise die Gleichung:

$$g_4\colon\ \vec{x} = \begin{pmatrix} 1 \\ 7 \\ -2 \end{pmatrix} + t \cdot \begin{pmatrix} 0 \\ 0 \\ 1 \end{pmatrix} \quad ; t \in \mathbb{R}$$

Die Gerade g_1 ist parallel zur xy-Ebene, da der Stützpunkt $P(1 \mid 7 \mid -2)$ von g_1 nicht in der xy-Ebene liegt und das Skalarprodukt des Richtungsvektors $\vec{u}_1 = \begin{pmatrix} 4 \\ 2 \\ 0 \end{pmatrix}$ von g_1 und des Normalenvektors der xy-Ebene $\vec{n} = \begin{pmatrix} 0 \\ 0 \\ 1 \end{pmatrix}$ Null ergibt:

$$\begin{pmatrix} 4 \\ 2 \\ 0 \end{pmatrix} \cdot \begin{pmatrix} 0 \\ 0 \\ 1 \end{pmatrix} = 4 \cdot 0 + 2 \cdot 0 + 0 \cdot 1 = 0$$

Somit erhält man den Abstand d von g_1 zur xy-Ebene ($z=0$), indem man den Abstand von $P(1 \mid 7 \mid -2)$ zur xy-Ebene mithilfe der z-Koordinate von P bestimmt:

$$d = |-2| = 2$$

Der Abstand von g_1 zur xy-Ebene beträgt 2 LE.

Stochastik

3.1 Um den Sachzusammenhang durch eine vollständig ausgefüllte Vierfeldertafel darzustellen, bezeichnet man mit F: Frau, $\overline{F}$: Mann, S: kauft Süßigkeiten und $\overline{S}$: kauft keine Süßigkeiten.
Da von den teilnehmenden Personen 60% Frauen sind, gilt: $P(F) = 0,6$.
Damit ergibt sich mit Hilfe der Wahrscheinlichkeit des Gegenereignisses:

$$P\left(\overline{F}\right) = 1 - P(F) = 1 - 0,6 = 0,4$$

Da 80% der reisenden Frauen Süßigkeiten am Kiosk kaufen, gilt: $P_F(S) = 0,8$.
Wegen $P_F(S) = \frac{P(F \cap S)}{P(F)}$ ergibt sich:

$$P(F \cap S) = P_F(S) \cdot P(F) = 0,8 \cdot 0,6 = 0,48$$

Da 40% der reisenden Männer Süßigkeiten am Kiosk kaufen, gilt: $P_{\overline{F}}(S) = 0,4$.
Wegen $P_{\overline{F}}(S) = \frac{P\left(\overline{F} \cap S\right)}{P\left(\overline{F}\right)}$ ergibt sich:

$$P\left(\overline{F} \cap S\right) = P_{\overline{F}}(S) \cdot P\left(\overline{F}\right) = 0,4 \cdot 0,4 = 0,16$$

Damit erhält man folgende Vierfeldertafel, die man durch Differenzen- und Summenbildung ergänzen kann:

	S	$\overline{S}$	
F	0,48	0,12	0,6
$\overline{F}$	0,16	0,24	0,4
	0,64	0,36	1

3.2 Die Wahrscheinlichkeit, dass eine Person, die am Kiosk Süßigkeiten gekauft hat, eine Frau ist, erhält man mit Hilfe der bedingten Wahrscheinlichkeit:

$$P_S(F) = \frac{P(S \cap F)}{P(S)} = \frac{0,48}{0,64} = \frac{48}{64} = \frac{3}{4} = 75\%$$

Die gesuchte Wahrscheinlichkeit beträgt 75%.

Analysis 2

Es ist $f_a(x) = a \cdot x^6 - x^4$; $x \in \mathbb{R}$; $a \in \mathbb{R}$; $a \neq 0$.

4.1 Die Nullstellen von f_a erhält man durch Lösen der Gleichung $f_a(x) = 0$:

$$a \cdot x^6 - x^4 = 0$$
$$x^4 \cdot \left(a \cdot x^2 - 1\right) = 0$$

Mithilfe des Satzes vom Nullprodukt erhält man als erste Lösung $x_1 = 0$.
Die Gleichung $a \cdot x^2 - 1 = 0$ löst man durch Wurzelziehen: $x_{2,3} = \pm\sqrt{\frac{1}{a}}$.
Es gibt aber nur weitere Lösungen, wenn der Radikand (Ausdruck unter der Wurzel) positiv ist. Dies ist nur für $a > 0$ der Fall.
Somit hat f_a für $a > 0$ mehr als eine Nullstelle.

4.2 Die Extremstellen von f_a erhält man mithilfe der 1. und 2. Ableitung von f_a, die man mit der Potenzregel bestimmt:

$$f_a{}'(x) = 6 \cdot a \cdot x^5 - 4 \cdot x^3$$
$$f_a{}''(x) = 30 \cdot a \cdot x^4 - 12 \cdot x^2$$

Mit der notwendigen Bedingung $f_a{}'(x) = 0$ für ein Minimum gilt an der Stelle $x = 1$:

$$f_a{}'(1) = 0$$
$$6 \cdot a \cdot 1^5 - 4 \cdot 1^3 = 0$$
$$6 \cdot a - 4 = 0$$
$$a = \frac{2}{3}$$

Setzt man $x = 1$ und $a = \frac{2}{3}$ in $f_a{}''(x)$ ein, erhält man:

$$f_{\frac{2}{3}}{}''(1) = 30 \cdot \frac{2}{3} \cdot 1^4 - 12 \cdot 1^2 = 8 > 0 \Rightarrow \text{Minimum}$$

Somit hat f_a an der Stelle $x = 1$ für $a = \frac{2}{3}$ ein Minimum.

Musteraufgabensatz 2 □

Tipps ab Seite 190, Lösungen ab Seite 192

Analysis Niveau 1

1 Gegeben ist die Funktion f mit $f(x) = \cos(x)$; $x \in \mathbb{R}$.

1.1 Es gilt: $\int_0^{\frac{\pi}{2}} \cos(x)\mathrm{d}x = 1$.
Bestimmen Sie, ohne Verwendung einer Stammfunktion, zwei verschiedene Werte für a, sodass gilt:

$$\int_a^{\frac{\pi}{2}} \cos(x)\mathrm{d}x = 2$$

Erläutern Sie Ihre Vorgehensweise. (3 BE)

1.2 Beschreiben Sie, wie der Graph von g mit $g(x) = -\cos(x+2)$; $x \in \mathbb{R}$ aus dem Graph von g hervorgeht. (2 BE)

Lineare Algebra / Analytische Geometrie Niveau 1

2 Die Gerade g verläuft durch die Punkte A $(1 \mid -1 \mid 3)$ und B $(2 \mid -3 \mid 0)$.
Die Ebene E hat die Gleichung E: $x - 2y - 3z = 22$.

2.1 Bestimmen Sie den Schnittpunkt S von g und E. (3 BE)

2.2 Untersuchen Sie, ob S zwischen A und B liegt. (2 BE)

Stochastik

3 Neun Spielkarten (vier Asse, drei Könige und zwei Damen) liegen verdeckt auf dem Tisch.
Peter dreht zwei zufällig gewählte Karten um und lässt sie aufgedeckt liegen.

3.1 Bestimmen Sie das Gegenereignis zum Ereignis: «Beide Karten sind Damen». (1 BE)

3.2 Berechnen Sie die Wahrscheinlichkeit folgender Ereignisse:
A: Es liegt kein Ass aufgedeckt auf dem Tisch.
B: Eine Dame und ein Ass liegen aufgedeckt auf dem Tisch. (4 BE)

Lineare Algebra / Analytische Geometrie Niveau 2

4 Gegeben sind die Gerade $g\colon \vec{x} = \begin{pmatrix} -1 \\ 2 \\ -3 \end{pmatrix} + t \cdot \begin{pmatrix} 5 \\ 2 \\ -1 \end{pmatrix}$, $t \in \mathbb{R}$ und die Geraden

$$h_a\colon \vec{x} = \begin{pmatrix} -a \\ 8 \\ -6 \end{pmatrix} + s \cdot \begin{pmatrix} 2 \cdot a + 3 \\ 2 \\ 1 + a \end{pmatrix} \quad a,\, s \in \mathbb{R}.$$

4.1 Bestimmen Sie denjenigen Wert von a, für den die Richtungsvektoren von g und h_a zueinander senkrecht sind. (2 BE)

4.2 Weisen Sie nach, dass sich für $a = -2$ die Geraden g und h_a senkrecht schneiden. (3 BE)

Summe: 20 BE

Tipps Musteraufgabensatz 2

Analysis

1.1 Skizzieren Sie der Graph der Funktion f im Intervall $[-3\pi, \pi]$.
Beachten Sie, dass der Wert des gegebenen Integrals dem Flächeninhalt der Fläche zwischen dem Graph der Funktion f und der x-Achse im Intervall $\left[0; \frac{\pi}{2}\right]$ entspricht.
Beachten Sie, dass der Graph von f symmetrisch zur y-Achse ist.
Beachten Sie, dass die Flächeninhalte oberhalb der x-Achse und unterhalb der x-Achse in einer Periode gleich groß, aber gegensätzlich orientiert sind, so dass sie sich gegenseitig aufheben.

1.2 Beachten Sie, dass durch das Minuszeichen vor $\cos(x)$ eine Spiegelung und durch $x+2$ eine Verschiebung entsteht.

Lineare Algebra / Analytische Geometrie 1

2.1 Stellen Sie eine Gleichung der Geraden g durch die Punkte A und B auf. Die Koordinaten des Schnittpunkts S von g und E erhalten Sie, indem Sie die Koordinaten eines allgemeinen Punktes P_t von g in die Koordinatengleichung von E einsetzen. Den erhaltenen t-Wert setzen Sie in g ein, um S zu bestimmen.

2.2 Um zu untersuchen, ob S zwischen A und B liegt, betrachten Sie die Vektoren $\overrightarrow{AS}$ und $\overrightarrow{AB}$. Skizzieren Sie deren Anordnung. Alternativ können Sie sich auch überlegen, ob die x-, y- und z-Koordinaten von S jeweils zwischen den x-, y- und z-Koordinaten von A und B liegen.

Stochastik

3.1 Überlegen Sie, was das Gegenteil ist.

3.2 Beachten Sie, dass es sich beim Aufdecken zweier Karten um «Ziehen ohne Zurücklegen» handelt.
Ereignis A: Bezeichnen Sie mit a: Ass wird aufgedeckt und mit ā: Ass wird nicht aufgedeckt. Zeichnen Sie das zugehörige Baumdiagramm. Bestimmen Sie die Wahrscheinlichkeit für das Aufdecken eines Asses bzw. eines Nicht-Asses. Beachten Sie, dass sich die Wahrscheinlichkeiten beim Aufdecken der 2. Karte ändern. Die Wahrscheinlichkeit für das Ereignis A erhalten Sie mit der 1. Pfadregel (Produktregel).
Ereignis B: Bezeichnen Sie mit a: Ass wird gezogen, mit d: Dame wird gezogen und mit k: König wird gezogen, und zeichnen Sie das zugehörige Baumdiagramm mit den entsprechenden Wahrscheinlichkeiten. Beachten Sie, dass sich die Wahrscheinlichkeiten beim Aufdecken der 2. Karte ändern. Die Wahrscheinlichkeit für das Ereignis B erhalten Sie mit der 1. und 2. Pfadregel (Produkt- und Summenregel).

Lineare Algebra / Analytische Geometrie 2

4.1 Bestimmen Sie das Skalarprodukt der Richtungsvektoren von g und h_a. Falls das Ergebnis Null ergibt, sind die beiden Vektoren senkrecht zueinander.

4.2 Um nachzuweisen, dass sich für $a = -2$ die Geraden g und h_a senkrecht schneiden, setzen Sie $a = -2$ in h_a ein und setzen die Geradengleichungen gleich. Lösen Sie das entstandene Gleichungssystem.

Lösungen Musteraufgabensatz 2

Analysis

1.1 Es gilt: $\int_0^{\frac{\pi}{2}} \cos(x)\mathrm{d}x = 1.$

Zur Veranschaulichung erstellt man eine Skizze der Funktion f mit $f(x) = \cos(x)$; $x \in \mathbb{R}$:

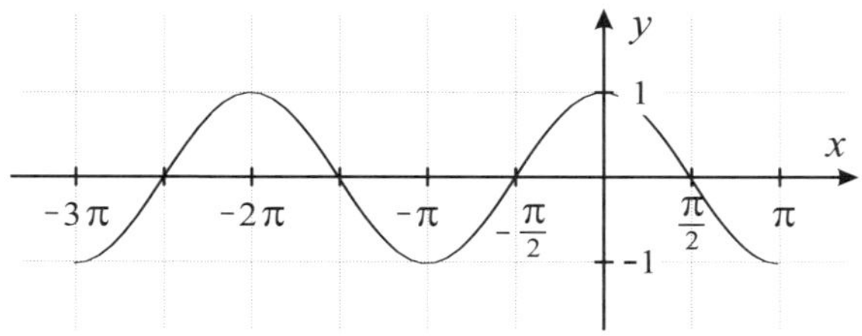

Um zwei verschiedene Werte von a zu bestimmen, sodass $\int_a^{\frac{\pi}{2}} \cos(x)\mathrm{d}x = 2$, kann man sich Folgendes überlegen:

Der Wert des Integrals $\int_0^{\frac{\pi}{2}} \cos(x)\mathrm{d}x = 1$ entspricht dem Flächeninhalt der Fläche zwischen dem Graph der Funktion f und der x-Achse im Intervall $\left[0;\, \frac{\pi}{2}\right]$.

Da der Graph von f symmetrisch zur y-Achse ist, hat auch der Inhalt der Fläche zwischen dem Graph der Funktion f und der x-Achse im Intervall $\left[-\frac{\pi}{2};\, 0\right]$ den Wert 1.

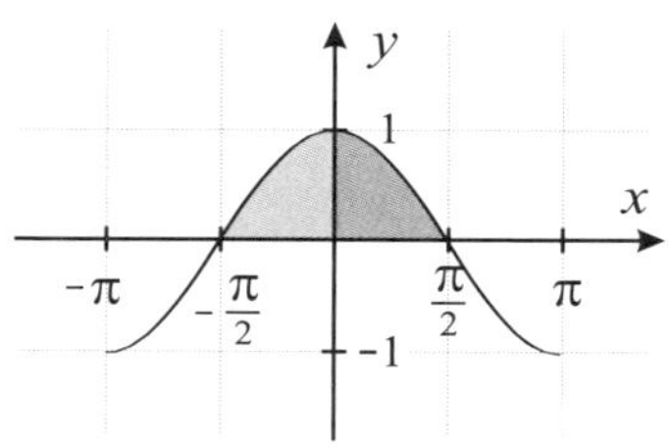

Damit gilt:

$$\int_{-\frac{\pi}{2}}^{\frac{\pi}{2}} \cos(x)\mathrm{d}x = 2$$

Da die Flächeninhalte oberhalb der x-Achse und unterhalb der x-Achse in einer Periode gleich groß, aber gegensätzlich orientiert sind, heben sie sich gegenseitig auf.

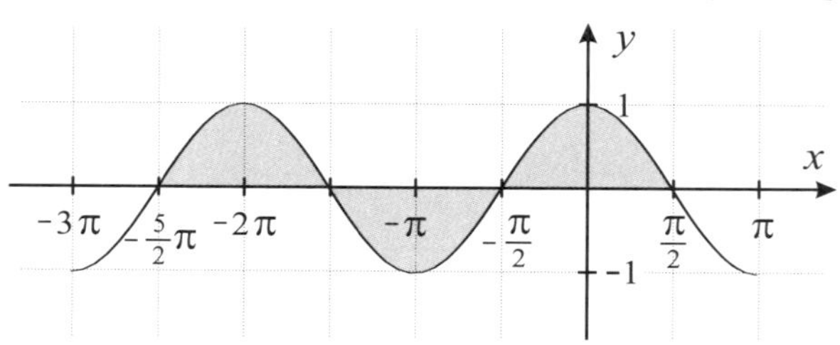

Damit gilt:

$$\int_{-\frac{5}{2}\pi}^{\frac{\pi}{2}} \cos(x)\mathrm{d}x = 2$$

Somit ergibt sich beispielsweise $a_1 = -\frac{\pi}{2}$ und $a_2 = -\frac{5}{2}\pi$.

1.2 Der Graph von g mit $g(x) = -\cos(x+2)$; $x \in \mathbb{R}$ geht aus dem Graph von f mit $f(x) = \cos(x)$; $x \in \mathbb{R}$ durch Spiegelung an der x-Achse (wegen des Minuszeichens) und durch Verschiebung um 2 LE nach links in x-Richtung (wegen $x+2$) hervor.

Lineare Algebra / Analytische Geometrie 1

2.1 Die Gerade g durch die Punkte A$(1 \mid -1 \mid 3)$ und B$(2 \mid -3 \mid 0)$ hat die Gleichung:

$$g: \vec{x} = \begin{pmatrix} 1 \\ -1 \\ 3 \end{pmatrix} + t \cdot \begin{pmatrix} 1 \\ -2 \\ -3 \end{pmatrix}$$

Die Koordinaten des Schnittpunkts S von g und E erhält man, indem man die Koordinaten eines allgemeinen Punktes $\mathrm{P}_t\,(1+t \mid -1-2t \mid 3-3t)$ von g in die Koordinatengleichung von E: $x - 2y - 3z = 22$ einsetzt:

$$1+t-2\cdot(-1-2t)-3\cdot(3-3t) = 22 \Leftrightarrow 14t-6 = 22 \Rightarrow t = 2$$

Setzt man $t = 2$ in g ein, ergibt sich:

$$\vec{s} = \begin{pmatrix} 1 \\ -1 \\ 3 \end{pmatrix} + 2 \cdot \begin{pmatrix} 1 \\ -2 \\ -3 \end{pmatrix} = \begin{pmatrix} 3 \\ -5 \\ -3 \end{pmatrix} \Rightarrow \mathrm{S}(3 \mid -5 \mid -3)$$

Der Schnittpunkt S von g und E hat die Koordinaten S$(3 \mid -5 \mid -3)$.

2.2 Um zu untersuchen, ob S zwischen A und B liegt, betrachtet man die Vektoren

$$\overrightarrow{\mathrm{AS}} = \begin{pmatrix} 2 \\ -4 \\ -6 \end{pmatrix} \text{ und } \overrightarrow{\mathrm{AB}} = \begin{pmatrix} 1 \\ -2 \\ -3 \end{pmatrix}.$$

Wegen $\overrightarrow{\mathrm{AS}} = 2 \cdot \overrightarrow{\mathrm{AB}}$ kann der Punkt S nicht zwischen A und B liegen.

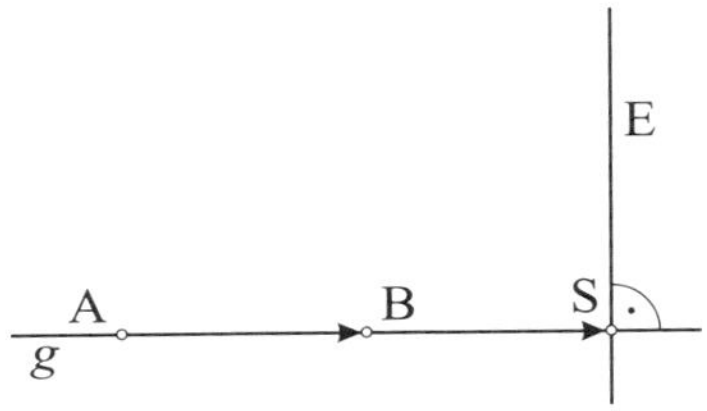

Alternativ kann man sich auch überlegen, dass die x-Koordinate von S nicht zwischen den x-Koordinaten von A und B liegt, die y-Koordinate von S nicht zwischen den y-Koordinaten und die z-Koordinate von S nicht zwischen den z-Koordinaten von A und B liegt.
Somit liegt S nicht zwischen A und B.

Stochastik

3.1 Das Gegenereignis zum Ereignis: «Beide Karten sind Damen» lautet: «Höchstens eine Karte ist eine Dame».

3.2 Wenn Peter zwei zufällig gewählte Karten von neun Spielkarten (vier Asse, drei Könige und zwei Damen) umdreht, handelt es sich um «Ziehen ohne Zurücklegen».
Für die Berechnung der Wahrscheinlichkeit für das Ereignis A: «Es liegt kein Ass aufgedeckt auf dem Tisch» kann man sich mit Hilfe eines Baumdiagrammes Folgendes überlegen:
Bezeichnet man mit a: Ass wird aufgedeckt und mit ā: Ass wird nicht aufgedeckt, so erhält man folgendes Baumdiagramm:

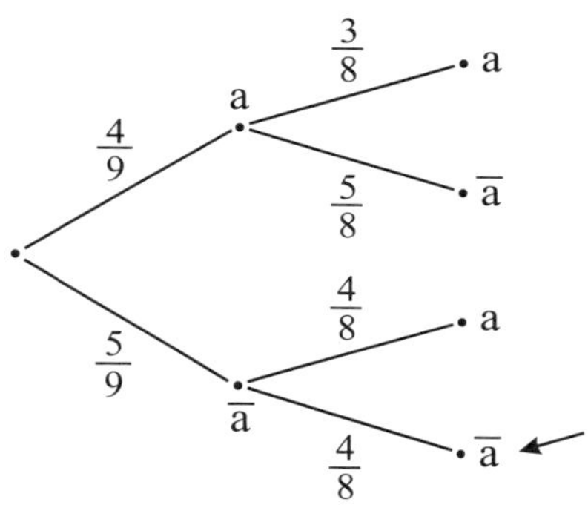

Da vier Asse und fünf Nicht-Asse vorhanden sind, beträgt die Wahrscheinlichkeit für ein Nicht-Ass beim Aufdecken der ersten Karte $\frac{5}{9}$. Da beim Aufdecken der zweiten Karte nur noch vier Nicht-Asse von insgesamt 8 Karten vorhanden sind, beträgt die Wahrscheinlichkeit für ein Nicht-Ass beim Aufdecken der zweiten Karte $\frac{4}{8}$.
Die Wahrscheinlichkeit für das Ereignis A: «Es liegt kein Ass aufgedeckt auf dem Tisch» erhält man mit Hilfe der 1. Pfadregel (Produktregel):

$$P(A) = P(\text{kein Ass}) = P(\bar{a}\bar{a}) = \frac{5}{9} \cdot \frac{4}{8} = \frac{5}{18}$$

Die Wahrscheinlichkeit, dass kein Ass aufgedeckt auf dem Tisch liegt, beträgt $\frac{5}{18}$.
Für die Berechnung der Wahrscheinlichkeit für das Ereignis B: «Eine Dame und ein Ass liegen aufgedeckt auf dem Tisch» kann man sich mit Hilfe eines Baumdiagrammes Folgendes überlegen:

Bezeichnet man mit a: Ass wird gezogen, mit d: Dame wird gezogen und mit k: König wird gezogen, so erhält man folgendes Baumdiagramm:

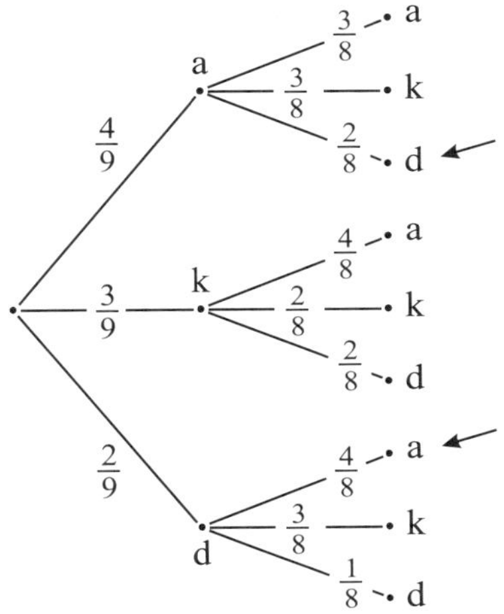

Da vier Asse , drei Könige und zwei Damen, also insgesamt neun Karten vorhanden sind, beträgt die Wahrscheinlichkeit beim Aufdecken der 1. Karte für Ass (a): $\frac{4}{9}$, für König (k): $\frac{3}{9}$ und für Dame (d): $\frac{2}{9}$. Danach sind nur noch 8 Karten vorhanden und die Wahrscheinlichkeiten beim Aufdecken der 2. Karte hängen jeweils davon ab, welche Karte beim ersten Mal aufgedeckt wurde. Die Wahrscheinlichkeit für das Ereignis B: «Eine Dame und ein Ass liegen aufgedeckt auf dem Tisch» erhält man mit der 1. und 2. Pfadregel (Produkt- und Summenregel):

$$\mathrm{P(B)} = \mathrm{P(ad)} + \mathrm{P(da)} = \frac{4}{9} \cdot \frac{2}{8} + \frac{2}{9} \cdot \frac{4}{8} = \frac{1}{9} + \frac{1}{9} = \frac{2}{9}$$

Die Wahrscheinlichkeit, dass eine Dame und ein Ass aufgedeckt auf dem Tisch liegen, beträgt $\frac{2}{9}$.

Lineare Algebra / Analytische Geometrie 2

Gegeben sind die Gerade $g\colon \vec{x} = \begin{pmatrix} -1 \\ 2 \\ -3 \end{pmatrix} + t \cdot \begin{pmatrix} 5 \\ 2 \\ -1 \end{pmatrix}$, $t \in \mathbb{R}$ und die Geraden

$$h_a\colon \vec{x} = \begin{pmatrix} -a \\ 8 \\ -6 \end{pmatrix} + s \cdot \begin{pmatrix} 2 \cdot a + 3 \\ 2 \\ 1 + a \end{pmatrix}, \; a,\, s \in \mathbb{R}$$

4.1 Die Richtungsvektoren von g und h_a sind zueinander senkrecht, wenn ihr Skalarprodukt Null ergibt:

$$\begin{pmatrix} 5 \\ 2 \\ -1 \end{pmatrix} \cdot \begin{pmatrix} 2 \cdot a + 3 \\ 2 \\ 1 + a \end{pmatrix} = 0$$

$$5 \cdot (2a + 3) + 2 \cdot 2 + (-1) \cdot (1 + a) = 0$$

$$10a + 15 + 4 - 1 - a = 0$$

$$a = -2$$

Für $a = -2$ sind die Richtungsvektoren von g und h_a zueinander senkrecht.

4.2 In Aufgabenteil a) wurde nachgewiesen, dass für $a = -2$ die Richtungsvektoren von g und h_a zueinander senkrecht sind. Um nachzuweisen, dass sich für $a = -2$ die Geraden g und h_a senkrecht schneiden, setzt man $a = -2$ in h_a ein und setzt die Geradengleichungen gleich:

$$\begin{pmatrix} -1 \\ 2 \\ -3 \end{pmatrix} + t \cdot \begin{pmatrix} 5 \\ 2 \\ -1 \end{pmatrix} = \begin{pmatrix} 2 \\ 8 \\ -6 \end{pmatrix} + s \cdot \begin{pmatrix} -1 \\ 2 \\ -1 \end{pmatrix}$$

Dies führt zu folgendem Gleichungssystem:

$$\begin{array}{lrcrcrcr} \text{I} & -1 & + & 5t & = & 2 & - & s \\ \text{II} & 2 & + & 2t & = & 8 & + & 2s \\ \text{III} & -3 & - & t & = & -6 & - & s \end{array}$$

Addiert man Gleichung II zum 2-fachen von Gleichung I, ergibt sich:

$$12t = 12 \Rightarrow t = 1$$

Setzt man $t = 1$ in Gleichung I ein, erhält man:

$$-1 + 5 \cdot 1 = 2 - s \Rightarrow s = -2$$

Setzt man $t = 1$ und $s = -2$ in Gleichung III ein, ergibt sich: $-3 - 1 = -6 - (-2) \Leftrightarrow -4 = -4$

Aufgrund der wahren Aussage schneiden sich die Geraden g und h_a für $a = -2$ senkrecht.

Musteraufgabensatz 3 ☐

Tipps ab Seite 199, Lösungen ab Seite 200

Analysis Niveau 1

1 Die Abbildung zeigt den Graphen der Funktion f mit $f(x) = x^4 - 3x^3$ und die Graphen ihrer ersten und zweiten Ableitung.

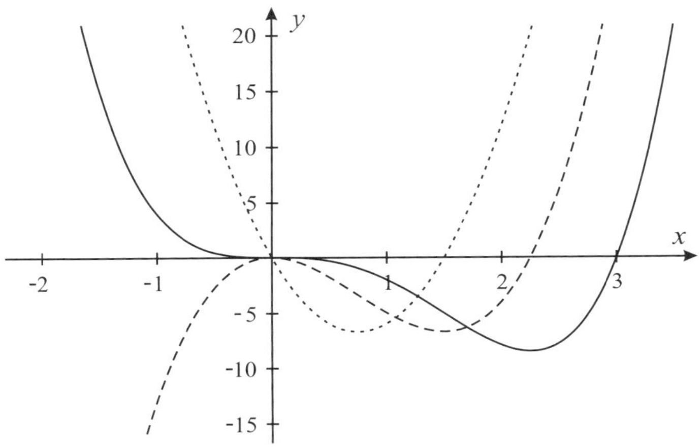

1.1 Bestimmen Sie die erste und die zweite Ableitung der Funktion f und ordnen Sie die Ableitungsfunktionen den abgebildeten Graphen zu. (2 BE)

1.2 Zeigen Sie rechnerisch, dass der Ursprung $(0 \mid 0)$ ein Sattelpunkt (also ein Wendepunkt mit waagerechter Tangente) des Graphen der Funktion f ist. (3 BE)

Lineare Algebra / Analytische Geometrie Niveau 1

2 Betrachtet wird der abgebildete Würfel ABCDEFGH. Die Eckpunkte D, E, F und H dieses Würfels besitzen in einem kartesischen Koordinatensystem die folgenden Koordinaten: $D(0 \mid 0 \mid -2)$, $E(2 \mid 0 \mid 0)$, $F(2 \mid 2 \mid 0)$ und $H(0 \mid 0 \mid 0)$.

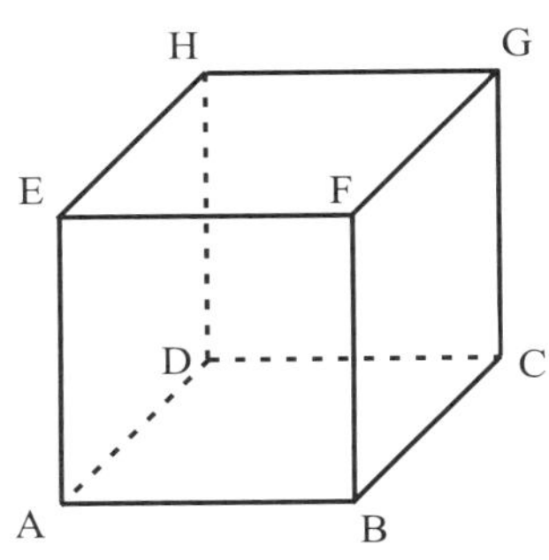

2.1 Zeichnen Sie in die Abbildung die Koordinatenachsen ein und bezeichnen Sie diese. Geben Sie die Koordinaten des Punktes A an. (2 BE)

2.2 Der Punkt P liegt auf der Kante $\overline{FB}$ des Würfels und hat vom Punkt H den Abstand 3. Berechnen Sie die Koordinaten des Punktes P. (3 BE)

Stochastik Niveau 1

3 An einem Spielautomaten verliert man durchschnittlich zwei Drittel aller Spiele.

3.1 Jemand spielt vier Spiele an dem Automaten.
Mit welcher Wahrscheinlichkeit verliert er dabei genau zwei Mal? (2 BE)

3.2 Formulieren Sie ein Ereignis A, für das gilt:

$$P(A) = \binom{10}{8} \cdot \left(\frac{2}{3}\right)^8 \cdot \left(\frac{1}{3}\right)^2 + 10 \cdot \left(\frac{2}{3}\right)^9 \cdot \frac{1}{3} + \left(\frac{2}{3}\right)^{10}$$

(3 BE)

Lineare Algebra / Analytische Geometrie Niveau 2

4 Gegeben sind die Punkte $A\,(-1 \mid 1 \mid 4)$, $B\,(-3 \mid 5 \mid 6)$ und $C_t\,(-2+t \mid 3 \mid 5+t)$ mit $t \in \mathbb{R}$, $t \neq 0$.

4.1 Zeigen Sie, dass jedes Dreieck ABC_t gleichschenklig ist. (2 BE)

4.2 Bestimmen Sie diejenigen Werte von t, für die das jeweils zugehörige Dreieck ABC_t gleichseitig ist. (3 BE)

Summe: 20 BE

Tipps Musteraufgabensatz 3

Analysis

1.1 Die erste und zweite Ableitung von f erhalten Sie mit der Potenzregel. Beachten Sie, dass der Graph einer ganzrationalen Funktion zweiten Grades eine Parabel ist.

1.2 Um zu zeigen, dass der Ursprung $(0 \mid 0)$ ein Sattelpunkt (also ein Wendepunkt mit waagerechter Tangente) des Graphen der Funktion f ist, setzen Sie $x = 0$ in $f(x)$, $f'(x)$, $f''(x)$ und $f'''(x)$ ein. Falls $f(0) = 0$, $f'(0) = 0$, $f''(0) = 0$ und $f'''(0) \neq 0$ liegt bei $x = 0$ eine Wendestelle mit waagerechter Steigung vor.

Lineare Algebra / Analytische Geometrie 1

2.1 Beachten Sie die gegebene Abbildung und die Koordinaten der gegebenen Punkte, um die Koordinatenachsen einzuzeichnen. Die Koordinaten des Punktes A erhalten Sie beispielsweise mithilfe einer Vektorkette: $\overrightarrow{\mathrm{OA}} = \overrightarrow{\mathrm{HA}} = \overrightarrow{\mathrm{HD}} + \overrightarrow{\mathrm{HE}}$.

2.2 Da der Punkt P auf der Kante $\overline{\mathrm{FB}}$ des Würfels liegt, verwenden Sie als Ansatz die Koordinaten $\mathrm{P}_z(2 \mid 2 \mid z)$ mit $-2 \leqslant z \leqslant 0$. Da der Punkt P vom Punkt H den Abstand 3 hat, gilt: $\overline{\mathrm{HP}} = 3$. Bestimmen Sie den Betrag des entsprechenden Verbindungsvektors, stellen Sie eine Gleichung auf und lösen Sie diese nach z auf. Beachten Sie, dass wegen $-2 \leqslant z \leqslant 0$ nur ein z-Wert als Lösung in Frage kommt. Setzen Sie den erhaltenen z-Wert in P_z ein.

Stochastik

3.1 Beachten Sie, dass es sich um ein Bernoulli-Experiment handelt, da es nur zwei verschiedene Ausgänge bei einem Spiel gibt. Geben Sie die Trefferwahrscheinlichkeit p für das Verlieren eines Spiels an und legen Sie X als Zufallsvariable für die Anzahl der verlorenen Spiele fest.
Bestimmen Sie n (Anzahl der Spiele) und k (Anzahl der verlorenen Spiele) und verwenden Sie die Bernoulli-Formel $\mathrm{P}(\mathrm{X} = \mathrm{k}) = \binom{\mathrm{n}}{\mathrm{k}} \cdot \mathrm{p}^{\mathrm{k}} \cdot (1 - \mathrm{p})^{\mathrm{n}-\mathrm{k}}$.

3.2 Um ein Ereignis A anzugeben, formen Sie die gegebene Wahrscheinlichkeit so um, dass bei jedem Summanden die Bernoulli-Formel $\mathrm{P}(\mathrm{X} = \mathrm{k}) = \binom{\mathrm{n}}{\mathrm{k}} \cdot \mathrm{p}^{\mathrm{k}} \cdot (1 - \mathrm{p})^{\mathrm{n}-\mathrm{k}}$ sichtbar wird. Bestimmen Sie anschließend die Anzahl der Spiele (n) und die Anzahl der verlorenen Spiele (k).

Lineare Algebra / Analytische Geometrie 2

4.1 Um zu zeigen, dass jedes Dreieck ABC_t gleichschenklig ist, berechnen Sie die Längen der Seiten des Dreiecks, indem Sie die Beträge der jeweiligen Verbindungsvektoren bestimmen. Wenn zwei Dreiecksseiten gleich lang sind, ist das Dreieck gleichschenklig.

4.2 Das Dreieck ABC_t ist gleichseitig, wenn gilt: $\overline{\mathrm{AB}} = \overline{\mathrm{AC}_t}$. Lösen Sie die Gleichung durch Quadrieren und mit Hilfe der binomischen Formeln nach t auf.

Lösungen Musteraufgabensatz 3

Analysis

1 Es ist $f(x) = x^4 - 3x^3$.

1.1 Die erste und zweite Ableitung von f erhält man mit der Potenzregel:

$$f'(x) = 4x^3 - 9x^2$$
$$f''(x) = 12x^2 - 18x$$

Da die erste Ableitung von f eine ganzrationale Funktion dritten Grades ist, gehört sie zum gestrichelten Graphen (kubische Parabel). Da die zweite Ableitung von f eine ganzrationale Funktion zweiten Grades ist, gehört sie zum gepunkteten Graphen (Parabel).

1.2 Um zu zeigen, dass der Ursprung $(0 \mid 0)$ ein Sattelpunkt (also ein Wendepunkt mit waagerechter Tangente) des Graphen der Funktion f ist, setzt man $x = 0$ in $f(x)$, $f'(x)$, $f''(x)$ und $f'''(x) = 24x - 18$ ein:

$$f(0) = 0^4 - 3 \cdot 0^3 = 0$$
$$f'(0) = 4 \cdot 0^3 - 9 \cdot 0^2 = 0$$
$$f''(0) = 12 \cdot 0^2 - 18 \cdot 0 = 0$$
$$f'''(0) = 24 \cdot 0 - 18 = -18$$

Wegen $f(0) = 0$ liegt der Ursprung $(0 \mid 0)$ auf dem Graphen von f.
Wegen $f'(0) = 0$ hat der Graph von f im Ursprung eine waagerechte Tangente.
Wegen $f''(0) = 0$ und $f'''(0) \neq 0$ liegt bei $x = 0$ eine Wendestelle vor.
Somit ist der Ursprung ein Sattelpunkt des Graphen von f.

Lineare Algebra / Analytische Geometrie 1

2.1 Aufgrund der gegebenen Abbildung und der Punkte $D(0 \mid 0 \mid -2)$, $E(2 \mid 0 \mid 0)$, $F(2 \mid 2 \mid 0)$ und $H(0 \mid 0 \mid 0)$ kann man die Koordinatenachsen einzeichnen:

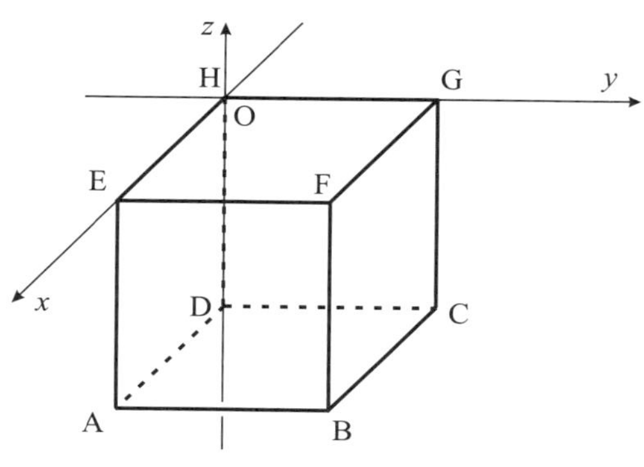

Die Koordinaten des Punktes A kann man z.B. mit einer Vektorkette bestimmen:

$$\overrightarrow{OA} = \overrightarrow{HA} = \overrightarrow{HD} + \overrightarrow{HE} = \begin{pmatrix} 0 \\ 0 \\ -2 \end{pmatrix} + \begin{pmatrix} 2 \\ 0 \\ 0 \end{pmatrix} = \begin{pmatrix} 2 \\ 0 \\ -2 \end{pmatrix} \Rightarrow A(2 \mid 0 \mid -2)$$

Der Punkt A hat die Koordinaten $A(2 \mid 0 \mid -2)$.

2.2 Da der Punkt P auf der Kante $\overline{FB}$ des Würfels liegt, kann man als Ansatz die Koordinaten $P_z(2 \mid 2 \mid z)$ mit $-2 \leqslant z \leqslant 0$ verwenden.
Da der Punkt P vom Punkt H den Abstand 3 hat, gilt: $\overline{HP} = 3$. Damit ergibt sich:

$$\begin{aligned} \overline{HP} &= 3 \\ \left|\overrightarrow{HP_z}\right| &= 3 \\ \left|\begin{pmatrix} 2 \\ 2 \\ z \end{pmatrix}\right| &= 3 \\ \sqrt{2^2 + 2^2 + z^2} &= 3 \\ 8 + z^2 &= 9 \\ z^2 &= 1 \\ z_{1,2} &= \pm 1 \end{aligned}$$

Wegen $-2 \leqslant z \leqslant 0$ kommt nur $z = -1$ als Lösung in Frage.
Setzt man $z = -1$ in P_z ein, erhält man somit die Koordinaten $P(2 \mid 2 \mid -1)$.

Stochastik

3.1 Beim Spiel an einem Spielautomaten gibt es nur die beiden Ausgänge «gewinnen» oder «verlieren», also handelt es sich um ein Bernoulli-Experiment. Da man durchschnittlich zwei Drittel aller Spiele verliert, gilt $p = \frac{2}{3}$ für das Verlieren eines Spiels.
Es sei X die Zufallsvariable für die Anzahl der verlorenen Spiele.
Wenn jemand vier Spiele an dem Automaten spielt, gilt: $n = 4$.

Die Wahrscheinlichkeit, dass er dabei genau zwei Mal verliert, erhält man mit Hilfe der Bernoulli-Formel:

$$\begin{aligned} P(X=2) &= \binom{4}{2} \cdot \left(\frac{2}{3}\right)^2 \cdot \left(1-\frac{2}{3}\right)^{4-2} \\ &= \binom{4}{2} \cdot \left(\frac{2}{3}\right)^2 \cdot \left(\frac{1}{3}\right)^2 \\ &= \frac{4 \cdot 3}{2} \cdot \frac{4}{9} \cdot \frac{1}{9} \\ &= \frac{8}{27} \end{aligned}$$

Die Wahrscheinlichkeit, dass bei vier Spielen genau zwei Spiele verloren werden, beträgt daher $\frac{8}{27}$.

3.2 Um ein Ereignis A anzugeben, formt man die gegebene Wahrscheinlichkeit um:

$$\begin{aligned} P(A) &= \binom{10}{8} \cdot \left(\frac{2}{3}\right)^8 \cdot \left(\frac{1}{3}\right)^2 + 10 \cdot \left(\frac{2}{3}\right)^9 \cdot \frac{1}{3} + \cdot \left(\frac{2}{3}\right)^{10} \\ &= \binom{10}{8} \cdot \left(\frac{2}{3}\right)^8 \cdot \left(\frac{1}{3}\right)^2 + \binom{10}{9} \cdot \left(\frac{2}{3}\right)^9 \cdot \left(\frac{1}{3}\right)^1 + \binom{10}{10} \cdot \left(\frac{2}{3}\right)^{10} \cdot \left(\frac{1}{3}\right)^0 \\ &= P(X=8) + P(X=9) + P(X=10) \\ &= P(X \geqslant 8) \end{aligned}$$

Damit lautet das Ereignis A: «Von 10 Spielen werden mindestens 8 Spiele verloren».

Lineare Algebra / Analytische Geometrie 2

Gegeben sind die Punkte $A(-1 \mid 1 \mid 4)$, $B(-3 \mid 5 \mid 6)$ und $C_t(-2+t \mid 3 \mid 5+t)$ mit $t \in \mathbb{R}$, $t \neq 0$.

4.1 Um zu zeigen, dass jedes Dreieck ABC_t gleichschenklig ist, berechnet man die Längen der Seiten des Dreiecks, indem man die Beträge der jeweiligen Verbindungsvektoren bestimmt:

$$\overline{AB} = \left|\overrightarrow{AB}\right| = \left|\begin{pmatrix} -2 \\ 4 \\ 2 \end{pmatrix}\right| = \sqrt{(-2)^2 + 4^2 + 2^2} = \sqrt{24}$$

$$\overline{AC_t} = \left|\overrightarrow{AC_t}\right| = \left|\begin{pmatrix} -1+t \\ 2 \\ 1+t \end{pmatrix}\right| = \sqrt{(-1+t)^2 + 2^2 + (1+t)^2}$$

$$\overline{\mathrm{BC}_t} = \left|\overrightarrow{\mathrm{BC}_t}\right| = \left|\begin{pmatrix} 1+t \\ -2 \\ -1+t \end{pmatrix}\right| = \sqrt{(1+t)^2+(-2)^2+(-1+t)^2}$$

Wegen $\overline{\mathrm{AC}_t} = \overline{\mathrm{BC}_t}$ ist jedes Dreieck ABC_t gleichschenklig.

4.2 Das Dreieck ABC_t ist gleichseitig, wenn gilt: $\overline{\mathrm{AB}} = \overline{\mathrm{AC}_t}$. Durch Quadrieren und mit Hilfe der binomischen Formeln ergibt sich:

$$\begin{aligned} \sqrt{24} &= \sqrt{(-1+t)^2+2^2+(1+t)^2} \\ 24 &= (-1+t)^2+2^2+(1+t)^2 \\ 24 &= 1-2t+t^2+4+1+2t+t^2 \\ 24 &= 6+2t^2 \\ 9 &= t^2 \\ \Rightarrow\ t_{1,2} &= \pm 3 \end{aligned}$$

Für $t_1 = 3$ und $t_2 = -3$ ist das Dreieck ABC_t gleichseitig.

Musteraufgabensatz 4 ☐

Tipps ab Seite 206, Lösungen ab Seite 207

Analysis Niveau 1

1 Gegeben ist die Funktion f durch $f(x) = x^2 \cdot e^{2-x}$.

1.1 Zeigen Sie, dass $f'(3) = -\frac{3}{e}$ gilt. (2 BE)

1.2 Bestimmen Sie die Gleichung einer Tangente t an den Graphen der Funktion f an der Stelle 3.

(3 BE)

Lineare Algebra / Analytische Geometrie Nievau 1

2 Gegeben sind die drei Punkte A$(4 \mid 0 \mid 4)$, B$(0 \mid 4 \mid 4)$ und C$(6 \mid 6 \mid 2)$.

2.1 Zeigen Sie, dass das Dreieck ABC gleichschenklig ist. (2 BE)

2.2 Bestimmen Sie die Koordinaten eines Punktes, der das Dreieck ABC zu einem Parallelogramm ergänzt.
Veranschaulichen Sie durch eine Skizze, wie viele solcher Punkte es gibt. (3 BE)

Stochastik Niveau 1

3 Ein Glücksrad hat drei farbige Sektoren, die beim einmaligen Drehen mit folgenden Wahrscheinlichkeiten angezeigt werden:

Rot : 20% Grün: 30% Blau : 50%

Das Glücksrad wird n-mal gedreht.
Die Zufallsvariable X gibt an, wie oft die Farbe rot angezeigt wird.

3.1 Begründen Sie, dass X binomialverteilt ist. (1 BE)

3.2 Geben Sie zum Ereignis «Es wird nie rot angezeigt» das Gegenereignis an. (1 BE)

3.3 Die Tabelle zeigt einen Ausschnitt der Wahrscheinlichkeitsverteilung von X:

k	0	1	2	3	4	5	6	7	...
P(X = k)	0,01	0,06	0,14	0,21	0,22	0,17	0,11	0,05	...

Bestimmen Sie die Wahrscheinlichkeit, dass mindestens dreimal Rot angezeigt wird. (3 BE)

Analysis Niveau 2

4 Gegeben ist für $a \in \mathbb{R} \setminus \{0\}$ die Schar der in $\mathbb{R}$ definierten Funktionen f_a mit

$$f_a(x) = ax^3 + \frac{3}{4}x^2 + 1.$$

4.1 Bestimmen Sie die Koordinaten des Wendepunkts des Graphen von f_a. (3 BE)

4.2 Für welche Werte von a liegt der Wendepunkt auf der Geraden $y = 3$? (2 BE)

Summe: 20 BE

Tipps Musteraufgabensatz 4

Analysis 1

1.1 Die 1. Ableitung von f erhalten Sie mithilfe der Produkt- und Kettenregel. Setzen Sie $x = 3$ in $f'(x)$ ein und beachten Sie, dass $e^{-1} = \frac{1}{e}$ ist.

1.2 Bestimmen Sie zuerst die Koordinaten des Berührpunkts B, indem Sie $x = 3$ in $f(x)$ einsetzen. Die Steigung m der Tangente t ist die 1. Ableitung an der Stelle 3, also $m = f'(3)$. Die Gleichung der Tangente t an den Graphen der Funktion f an der Stelle 3 erhalten Sie, indem Sie m und die Koordinaten von B in die Punkt-Steigungsform $y - y_1 = m \cdot (x - x_1)$ einsetzen.

Lineare Algebra / Analytische Geometrie

2.1 Bestimmen Sie die Länge der Dreiecksseiten, indem Sie die Beträge der entsprechenden Verbindunsvektoren berechnen. Sind zwei Längen gleich, ist das Dreieck ABC gleichschenklig.

2.2 Skizzieren Sie die Parallelogramme $ABCD_1$, ABD_2C und AD_3BC.
Verwenden Sie eine geeignete Vektorkette, um die Koordinaten des gesuchten Punktes zu bestimmen.

Stochastik

3.1 Beachten Sie, was die Zufallsvariable X angibt und prüfen Sie, ob es bei jedem Experiment nur zwei relevante Ausgänge gibt und ob die Wahrscheinlichkeit für «Rot» immer gleich ist.

3.2 Überlegen Sie das Gegenteil.

3.3 Verwenden Sie die Wahrscheinlichkeit des Gegenereignisses sowie die Werte der gegebenen Tabelle.

Analysis 2

4.1 Die Koordinaten des Wendepunkts W_a des Graphen von f_a erhalten Sie mithilfe der 2. und 3. Ableitung von f_a, die Sie mit der Potenzregel bestimmen. Als notwendige Bedingung lösen Sie die Gleichung $f_a''(x) = 0$ nach x auf. Setzen Sie den erhaltenen x-Wert in $f_a'''(x)$ ein; falls das Ergebnis ungleich Null ist, handelt es sich um einen Wendepunkt. Den zugehörigen y-Wert bestimmen Sie, indem Sie den erhaltenen x-Wert in $f_a(x)$ einsetzen.

4.2 Setzen Sie den y-Wert von W_a gleich 3 und lösen Sie die Gleichung nach a auf.

Lösungen Musteraufgabensatz 4

Analysis 1

1 Es ist $f(x) = x^2 \cdot e^{2-x}$.

1.1 Die 1. Ableitung von f bestimmt man mithilfe der Produkt- und Kettenregel:

$$f'(x) = 2x \cdot e^{2-x} + x^2 \cdot e^{2-x} \cdot (-1) = \left(2x - x^2\right) \cdot e^{2-x}$$

Setzt man $x = 3$ in $f'(x)$ ein, erhält man:

$$f'(3) = \left(2 \cdot 3 - 3^2\right) \cdot e^{2-3} = -3 \cdot e^{-1} = -\frac{3}{e}$$

Somit gilt: $f'(3) = -\frac{3}{e}$.

1.2 Die Gleichung der Tangente t an den Graphen der Funktion f an der Stelle 3 erhält man, indem man zuerst die Koordinaten des Berührpunkts B bestimmt. Setzt man $x = 3$ in $f(x)$ ein, ergibt sich:

$$y = f(3) = 3^2 \cdot e^{2-3} = 9 \cdot e^{-1} = \frac{9}{e} \Rightarrow \mathrm{B}\left(3 \mid \frac{9}{e}\right)$$

Die Steigung m der Tangente t ist die 1. Ableitung an der Stelle 3, also:

$$m = f'(3) = -\frac{3}{e}$$

Setzt man m und die Koordinaten von B in die Punkt-Steigungsform ein, erhält man:

$$\begin{aligned} y - y_1 &= m \cdot (x - x_1) \\ t\colon y - \frac{9}{e} &= -\frac{3}{e} \cdot (x - 3) \\ t\colon y - \frac{9}{e} &= -\frac{3}{e} \cdot x + \frac{9}{e} \\ t\colon y &= -\frac{3}{e} \cdot x + \frac{18}{e} \end{aligned}$$

Somit hat die Tangente t an den Graphen von f an der Stelle 3 die Gleichung

$$t\colon y = -\frac{3}{e} \cdot x + \frac{18}{e}$$

Lineare Algebra / Analytische Geometrie

Gegeben sind die drei Punkte A (4 | 0 | 4), B (0 | 4 | 4) und C (6 | 6 | 2).

2.1 Um zu zeigen, dass das Dreieck ABC gleichschenklig ist, bestimmt man die Länge der Dreiecksseiten, indem man die Beträge der entsprechenden Verbindungsvektoren berechnet:

$$\overline{AB} = \left|\overrightarrow{AB}\right| = \left|\begin{pmatrix}-4\\4\\0\end{pmatrix}\right| = \sqrt{(-4)^2+4^2+0^2} = \sqrt{32}$$

$$\overline{AC} = \left|\overrightarrow{AC}\right| = \left|\begin{pmatrix}2\\6\\-2\end{pmatrix}\right| = \sqrt{2^2+6^2+(-2)^2} = \sqrt{44}$$

$$\overline{BC} = \left|\overrightarrow{BC}\right| = \left|\begin{pmatrix}6\\2\\-2\end{pmatrix}\right| = \sqrt{6^2+2^2+(-2)^2} = \sqrt{44}$$

Wegen $\overline{AC} = \overline{BC}$ ist das Dreieck ABC gleichschenklig.

2.2 Zur Bestimmung der Koordinaten eines Punktes, der das Dreieck ABC zu einem Parallelogramm ergänzt, gibt es drei verschiedene Möglichkeiten:

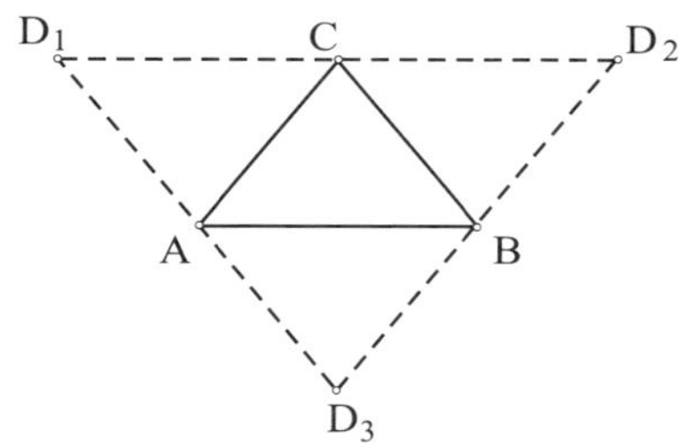

Mit Hilfe einer Vektorkette kann man die Koordinaten des gesuchten Punktes bestimmen:

$$\overrightarrow{OD_1} = \overrightarrow{OA} + \overrightarrow{BC} = \begin{pmatrix}4\\0\\4\end{pmatrix} + \begin{pmatrix}6\\2\\-2\end{pmatrix} = \begin{pmatrix}10\\2\\2\end{pmatrix} \Rightarrow D_1(10 \mid 2 \mid 2)$$

$$\overrightarrow{OD_2} = \overrightarrow{OC} + \overrightarrow{AB} = \begin{pmatrix}6\\6\\2\end{pmatrix} + \begin{pmatrix}-4\\4\\0\end{pmatrix} = \begin{pmatrix}2\\10\\2\end{pmatrix} \Rightarrow D_2(2 \mid 10 \mid 2)$$

$$\overrightarrow{OD_3} = \overrightarrow{OA} + \overrightarrow{CB} = \begin{pmatrix}4\\0\\4\end{pmatrix} + \begin{pmatrix}-6\\-2\\2\end{pmatrix} = \begin{pmatrix}-2\\-2\\6\end{pmatrix} \Rightarrow D_3(-2 \mid -2 \mid 6)$$

Stochastik

3.1 Um zu begründen, dass die Zufallsvariable X, die angibt, wie oft die Farbe Rot angezeigt wird, binomialverteilt ist, kann man sich Folgendes überlegen:
Beim einmaligen Drehen des Glücksrads gibt es nur die beiden Ausgänge «Rot» oder «nicht Rot», also handelt es sich um ein Bernoulli-Experiment. Bei jedem Drehen ist die Wahrscheinlichkeit für «Rot» gleich groß, also handelt es sich bei mehrmaligem Drehen um eine Bernoullikette und X ist damit binomialverteilt.

3.2 Das Gegenereignis zu «Es wird nie rot angezeigt» lautet: «Es wird mindestens einmal rot angezeigt».

3.3 Die Wahrscheinlichkeit des Ereignisses A, dass mindestens dreimal Rot angezeigt wird, erhält man mit Hilfe der Wahrscheinlichkeit des Gegenereignisses und der gegebenen Tabelle:

$$\begin{aligned} P(A) &= P(X \geqslant 3) \\ &= 1 - P(X \leqslant 2) \\ &= 1 - (P(X = 0) + P(X = 1) + P(X = 2)) \\ &= 1 - (0{,}01 + 0{,}06 + 0{,}14) \\ &= 0{,}79 \\ &= 79\% \end{aligned}$$

Die Wahrscheinlichkeit, dass mindestens dreimal Rot angezeigt wird, beträgt 79%.

Analysis 2

Es ist $f_a(x) = ax^3 + \frac{3}{4}x^2 + 1$ für $a \in \mathbb{R} \setminus \{0\}$.

4.1 Die Koordinaten des Wendepunkts W_a des Graphen von f_a erhält man mithilfe der 2. und 3. Ableitung von f_a, die man mit der Potenzregel bestimmt:

$$\begin{aligned} f_a{}'(x) &= 3ax^2 + \frac{3}{2}x \\ f_a{}''(x) &= 6ax + \frac{3}{2} \\ f_a{}'''(x) &= 6a \end{aligned}$$

Die notwendige Bedingung $f_a{}''(x) = 0$ führt zu:

$$\begin{aligned} 6ax + \frac{3}{2} &= 0 \\ 6ax &= -\frac{3}{2} \\ x &= -\frac{1}{4a} \end{aligned}$$

Wegen $f_a{'''}\left(-\frac{1}{4a}\right) = 6a \neq 0$ handelt es sich um einen Wendepunkt.
Den zugehörigen y-Wert erhält man, indem man $x = -\frac{1}{4a}$ in $f_a(x)$ einsetzt:

$$
\begin{aligned}
y &= f_a\left(-\frac{1}{4a}\right) \\
&= a \cdot \left(-\frac{1}{4a}\right)^3 + \frac{3}{4} \cdot \left(-\frac{1}{4a}\right)^2 + 1 \\
&= -\frac{a}{64a^3} + \frac{3}{64a^2} + 1 \\
&= \frac{1}{32a^2} + 1
\end{aligned}
$$

y

Somit hat der Wendepunkt von f_a die Koordinaten $\mathrm{W_a}\left(-\frac{1}{4a} \mid \frac{1}{32a^2} + 1\right)$.

4.2 Der Wendepunkt W_a liegt auf der Geraden $y = 3$, wenn der y-Wert von W_a den Wert 3 hat:

$$
\begin{aligned}
\frac{1}{32a^2} + 1 &= 3 \\
\frac{1}{64} &= a^2 \\
\pm\frac{1}{8} &= a_{1,2}
\end{aligned}
$$

Musteraufgabensatz 5 □

Tipps ab Seite 213, Lösungen ab Seite 214

Analysis Niveau 1

1 Die Abbildung zeigt den Graphen der Funktion f mit
$f(x) = -0,5 \cdot x^3 + 4,5 \cdot x^2 - 12 \cdot x + 8$; $x \in \mathbb{R}$.

1.1 Zeigen Sie, dass der Graph von f die x-Achse berührt.

(3 BE)

1.2 Begründen Sie ohne Rechnung, dass die Gleichung

$$0 = -0,5 \cdot x^3 + 4,5 \cdot x^2 - 12 \cdot x + 8$$

genau zwei Lösungen hat. (2 BE)

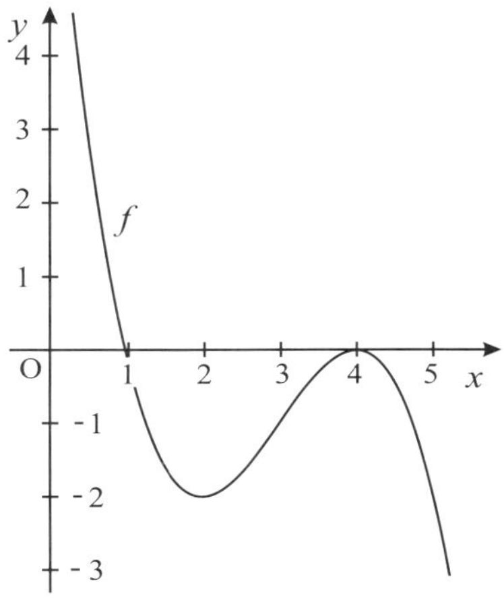

Lineare Algebra / Analytische Geometrie Niveau 1

2 Gegeben ist die Gerade $g\colon \vec{x} = \begin{pmatrix} 3 \\ 0 \\ 1 \end{pmatrix} + r \cdot \begin{pmatrix} 1 \\ 4 \\ 3 \end{pmatrix}$.

2.1 Untersuchen Sie, ob es einen Punkt auf g gibt, dessen drei Koordinaten identisch sind.

(2 BE)

2.2 Zeigen Sie, dass die Gerade h mit der Gleichung

$$h\colon \vec{x} = \begin{pmatrix} 8 \\ 5 \\ 10 \end{pmatrix} + t \cdot \begin{pmatrix} -1 \\ 1 \\ -1 \end{pmatrix} ;\ t \in \mathbb{R}$$

die Gerade g orthogonal schneidet. (3 BE)

Stochastik Niveau 1

3 Jedes Überraschungsei eines Herstellers enthält entweder eine Figur oder keine Figur, wobei der Anteil der Überraschungseier mit einer Figur 25% beträgt.

3.1 Zehn Überraschungseier werden nacheinander zufällig ausgewählt.
Geben Sie einen Term zur Berechnung der Wahrscheinlichkeit dafür an, dass nur in den letzten beiden Überraschungseiern jeweils eine Figur enthalten ist. (2 BE)

3.2 Sechs Überraschungseier werden zufällig ausgewählt. Die Zufallsgröße X gibt an, wie viele dieser Überraschungseier eine Figur enthalten. Eine der folgenden Abbildungen stellt die Wahrscheinlichkeitsverteilung dieser Zufallsgröße X dar:

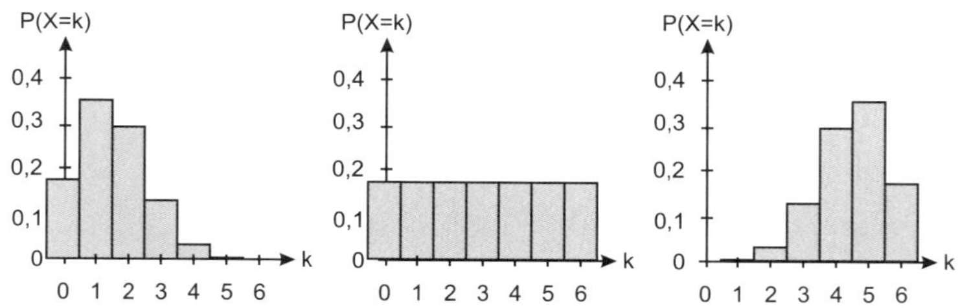

Abb. 1 Abb. 2 Abb. 3

Geben Sie an, welche Abbildung dies ist.
Begründen Sie, dass die beiden anderen Abbildungen dies nicht sind. (3 BE)

Analysis Niveau 2

4 Gegeben ist die Funktion f mit $f(x) = x^3 - 6 \cdot x^2 + 11 \cdot x - 6$, $x \in \mathbb{R}$.

4.1 Weisen Sie nach, dass der Wendepunkt des Graphen von f auf der Geraden mit der Gleichung $y = x - 2$ liegt. (3 BE)

4.2 Der Graph von f wird verschoben. Der Punkt $(2 \mid 0)$ des Graphen der Funktion f besitzt nach der Verschiebung die Koordinaten $(3 \mid 2)$. Der verschobene Graph gehört zu einer Funktion h. Geben Sie eine Gleichung von h an. (2 BE)

Summe: 20 BE

Tipps Musteraufgabensatz 5

Analysis 1

1.1 Setzen Sie $x = 4$ in $f(x)$, $f'(x)$ und $f''(x)$ ein und zeigen Sie damit, dass der Graph von f bei $x = 4$ einen Hochpunkt hat.

1.2 Überlegen Sie, wie viele Extrempunkte der Graph von f haben kann und wo diese liegen.

Lineare Algebra / Analytische Geometrie

2.1 Um zu untersuchen, ob es einen Punkt P auf g gibt, dessen drei Koordinaten identisch sind, verwenden Sie als Ansatz $P(a \mid a \mid a)$, den Sie in die Geradengleichung einsetzen. Lösen Sie das Gleichungssystem nach r auf, indem Sie Gleichung I von Gleichung II subtrahieren. Anschließend setzen Sie den erhaltenen r-Wert in die Gleichung von g ein.

2.2 Um zu zeigen, dass die Gerade h die Gerade g orthogonal schneidet, berechnen Sie zuerst den Schnittpunkt der beiden Geraden. Durch Gleichsetzen der beiden Geradengleichungen erhalten Sie ein lineares Gleichungssystem. Lösen Sie dieses und setzen Sie die erhaltenen Werte in g bzw. h ein.
Um zu zeigen, dass g und h orthogonal zueinander sind, berechnen Sie das Skalarprodukt der beiden Richtungsvektoren. Falls das Skalarprodukt der beiden Richtungsvektoren Null ergibt, sind die beiden Geraden orthogonal zueinander.

Stochastik

3.1 Bestimmen Sie den Anteil der Überraschungseier mit einer Figur und ohne Figur. Bezeichnen Sie mit F: Figur enthalten und mit $\overline{F}$: keine Figur enthalten. Die Wahrscheinlichkeit, dass nur in den letzten beiden Überraschungseiern jeweils eine Figur enthalten ist, erhalten Sie mit Hilfe der Pfadregeln.

3.2 Bestimmen Sie die Parameter n und p der binomialverteilten Zufallsvariblen X und berechnen Sie den Erwartungswert von X mit Hilfe der Formel $E(X) = \mu = n \cdot p$. Beachten Sie, dass sich bei einer binomialverteilten Wahrscheinlichkeitsverteilung das Maximum bei $k \approx \mu$ befindet und eine Binomialverteilung verschiedene Werte hat.

Analysis

4.1 Den Wendepunkt des Graphen von f erhalten Sie mithilfe der 2. und 3. Ableitung von f, die Sie mit der Potenzregel bestimmen. Als notwendige Bedingung lösen Sie die Gleichung $f''(x) = 0$ nach x auf. Setzen Sie den erhaltenen x-Wert in $f'''(x)$ ein; falls das Ergebnis ungleich Null ist, handelt es sich um eine Wendestelle. Den zugehörigen y-Wert erhalten Sie, indem Sie den erhaltenen x-Wert in $f(x)$ einsetzen. Setzen Sie anschließend die Koordinaten von W in die gegebene Geradengleichung ein; bei einer wahren Aussage liegt der Wendepunkt von f auf der Geraden.

4.2 Überlegen Sie anhand der gegebenen Punkte, wie der Graph der Funktion f verschoben wurde. Beachten Sie, dass für die Funktionsgleichung der Funktion h, deren Graph um b nach rechts und c nach oben verschoben wurde, gilt : $h(x) = f(x - b) + c$.

Lösungen Musteraufgabensatz 5

Analysis 1

1 Es ist $f(x) = -0,5 \cdot x^3 + 4,5 \cdot x^2 - 12 \cdot x + 8 \,;\, x \in \mathbb{R}$.

1.1 Um zu zeigen, dass der Graph von f die x-Achse bei $x = 4$ berührt, setzt man $x = 4$ in $f(x)$, $f'(x)$ und $f''(x)$ ein. Mit $f'(x) = -1,5x^2 + 9x - 12$ und $f''(x) = -3x + 9$ ergibt sich:

$$f(4) = -0,5 \cdot 4^3 + 4,5 \cdot 4^2 - 12 \cdot 4 + 8 = 0$$
$$f'(4) = -1,5 \cdot 4^2 + 9 \cdot 4 - 12 = 0$$
$$f''(4) = -3 \cdot 4 + 9 = -3 < 0$$

Wegen $f(4) = 0$ hat der Graph von f bei $x = 4$ eine Nullstelle.
Wegen $f'(4) = 0$ und $f''(4) = -3 < 0$ hat der Graph von f bei $x = 4$ einen Hochpunkt.
Somit berührt der Graph von f bei $x = 4$ die x-Achse.

1.2 Durch die Gleichung $0 = -0,5 \cdot x^3 + 4,5 \cdot x^2 - 12 \cdot x + 8$ werden die Nullstellen der Funktion f berechnet. Alle Lösungen der Gleichung sind Nullstellen von f und umgekehrt. Anhand der gegebenen Abbildung erkennt man, dass es eine Nullstelle x_0 im Intervall $[0; 1]$ gibt. Da der Graph von f genau einen Hochpunkt $\mathrm{H}(x_\mathrm{H} \mid y_\mathrm{H})$ und einen Tiefpunkt $\mathrm{T}(x_\mathrm{T} \mid y_\mathrm{T})$ hat, kann es keine weiteren Extrempunkte geben, da f' eine quadratische Funktion ist. Da der Hochpunkt auf der x-Achse bei $x = 4$ liegt, verläuft der Graph von f für $x_0 < x < 4$ und für $x > 4$ unterhalb der x-Achse.
Damit hat f genau zwei Nullstellen und die angegebene Gleichung genau zwei Lösungen.
Alternativ kann man auch argumentieren, dass der Grad von f drei ist und damit der Graph von f maximal drei Nullstellen haben kann. Da der Graph von f bei $x = 1$ einen Nullstelle und bei $x = 4$ einen Extrempunkt und damit eine doppelte Nullstelle hat, kann es keine weiteren Nullstellen geben. Somit hat f genau zwei Nullstellen und die angegebene Gleichung genau zwei Lösungen.

Lineare Algebra / Analytische Geometrie

Gegeben ist die Gerade $g\colon \vec{x} = \begin{pmatrix} 3 \\ 0 \\ 1 \end{pmatrix} + r \cdot \begin{pmatrix} 1 \\ 4 \\ 3 \end{pmatrix}$.

2.1 Um zu untersuchen, ob es einen Punkt P auf g gibt, dessen drei Koordinaten identisch sind, verwendet man als Ansatz $\mathrm{P}(a \mid a \mid a)$.

Setzt man die Koordinaten von P in die Geradengleichung ein, ergibt sich:

$$\begin{array}{llcll} \text{I} & a & = & 3 & + \; r \\ \text{II} & a & = & 0 & + \; 4r \\ \text{III} & a & = & 1 & + \; 3r \end{array}$$

Subtrahiert man Gleichung I von II, ergibt sich:

$$0 = -3 + 3r \Rightarrow r = 1$$

Setzt man $r = 1$ in g ein, erhält man:

$$\vec{p} = \begin{pmatrix} 3 \\ 0 \\ 1 \end{pmatrix} + 1 \cdot \begin{pmatrix} 1 \\ 4 \\ 3 \end{pmatrix} = \begin{pmatrix} 4 \\ 4 \\ 4 \end{pmatrix} \Rightarrow \text{P}(4 \mid 4 \mid 4)$$

Somit gibt es auf der Geraden g einen Punkt, dessen drei Koordinaten identisch sind, nämlich P(4 | 4 | 4).

2.2 Um zu zeigen, dass die Gerade h mit der Gleichung

$$h \colon \vec{x} = \begin{pmatrix} 8 \\ 5 \\ 10 \end{pmatrix} + t \cdot \begin{pmatrix} -1 \\ 1 \\ -1 \end{pmatrix}$$

die Gerade g orthogonal schneidet, berechnet man zuerst den Schnittpunkt der beiden Geraden. Durch Gleichsetzen der beiden Geradengleichungen ergibt sich:

$$\begin{pmatrix} 3 \\ 0 \\ 1 \end{pmatrix} + r \cdot \begin{pmatrix} 1 \\ 4 \\ 3 \end{pmatrix} = \begin{pmatrix} 8 \\ 5 \\ 10 \end{pmatrix} + t \cdot \begin{pmatrix} -1 \\ 1 \\ -1 \end{pmatrix}$$

Dies führt zu folgendem linearen Gleichungssystem:

$$\begin{array}{lcccccl} \text{I} & 3 & + & r & = & 8 & - \; t \\ \text{II} & & & 4r & = & 5 & + \; t \\ \text{III} & 1 & + & 3r & = & 10 & - \; t \end{array}$$

Addiert man Gleichung I und II, erhält man: $3 + 5r = 13 \Rightarrow r = 2$.
Setzt man $r = 2$ in Gleichung II ein, ergibt sich: $4 \cdot 2 = 5 + t \Rightarrow t = 3$.

Setzt man $r = 2$ und $t = 3$ in g und h ein, erhält man:

$$\vec{s} = \begin{pmatrix} 3 \\ 0 \\ 1 \end{pmatrix} + 2 \cdot \begin{pmatrix} 1 \\ 4 \\ 3 \end{pmatrix} = \begin{pmatrix} 5 \\ 8 \\ 7 \end{pmatrix}$$

$$\vec{s} = \begin{pmatrix} 8 \\ 5 \\ 10 \end{pmatrix} + 3 \cdot \begin{pmatrix} -1 \\ 1 \\ -1 \end{pmatrix} = \begin{pmatrix} 5 \\ 8 \\ 7 \end{pmatrix}$$

Somit schneiden sich g und h im Punkt $S(5 \mid 8 \mid 7)$.
Um zu zeigen, dass g und h orthogonal zueinander sind, berechnet man das Skalarprodukt der beiden Richtungsvektoren:

$$\begin{pmatrix} 1 \\ 4 \\ 3 \end{pmatrix} \cdot \begin{pmatrix} -1 \\ 1 \\ -1 \end{pmatrix} = 1 \cdot (-1) + 4 \cdot 1 + 3 \cdot (-1) = -1 + 4 - 3 = 0$$

Da das Skalarprodukt der beiden Richtungsvektoren Null ergibt, sind die beiden Geraden orthogonal zueinander.
Somit schneiden sich g und h orthogonal.

Stochastik

3.1 Wenn man zehn Überraschungseier nacheinander zufällig auswählt und der Anteil der Überraschungseier mit einer Figur 25% beträgt, so beträgt der Anteil der Überraschungseier ohne Figur 75%.
Man bezeichnet mit F: Figur enthalten und mit $\overline{\text{F}}$: keine Figur enthalten. Die Wahrscheinlichkeit, dass nur in den letzten beiden Überraschungseiern jeweils eine Figur enthalten ist, erhält man mit Hilfe der Pfadregeln:

$$P\left(\overline{F}\,\overline{F}\,\overline{F}\,\overline{F}\,\overline{F}\,\overline{F}\,\overline{F}\,\overline{F}\,FF\right) = 0,75^8 \cdot 0,25^2$$

3.2 Die Zufallsgröße X gibt an, wie viele dieser Überraschungseier eine Figur enthalten. Da es nur die beiden Ausgänge «Figur enthalten» oder «Figur nicht enthalten» gibt, ist X binomialverteilt mit den Parametern $n = 6$ und $p = 0,25$. Der Erwartungswert von X ist damit $E(X) = \mu = n \cdot p = 6 \cdot 0,25 = 1,5$.
Bei einer binomialverteilten Wahrscheinlichkeitsverteilung gibt es ein Maximum, das sich bei $k \approx \mu$ befindet.
Damit sollte der Maximalwert der Zufallsgröße X bei $k \approx 1,5$ liegen.

Abbildung 1 zeigt die Wahrscheinlichkeitsverteilung von X, da bei k = 1 der Maximalwert ist, während bei Abbildung 2 alle Werte gleich groß sind (keine Binomialverteilung) und bei Abbildung 3 der Maximalwert bei $k = 5$ liegt.

Analysis 2

Es ist $f(x) = x^3 - 6 \cdot x^2 + 11 \cdot x - 6 \;;\; x \in \mathbb{R}$.

4.1 Den Wendepunkt des Graphen von f erhält man mithilfe der 2. und 3. Ableitung von f, die man mit der Potenzregel bestimmt:

$$f'(x) = 3 \cdot x^2 - 12 \cdot x + 11$$
$$f''(x) = 6 \cdot x - 12$$
$$f'''(x) = 6$$

Die notwendige Bedingung $f''(x) = 0$ führt zu $6 \cdot x - 12 = 0 \Rightarrow x = 2$.
Wegen $f'''(2) = 6 \neq 0$ handelt es sich um eine Wendestelle.
Den zugehörigen y-Wert erhält man, indem man $x = 2$ in $f(x)$ einsetzt:

$$y = f(2) = 2^3 - 6 \cdot 2^2 + 11 \cdot 2 - 6 = 0 \Rightarrow \mathrm{W}(2 \mid 0)$$

Der Wendepunkt hat die Koordinaten $\mathrm{W}(2 \mid 0)$.
Um nachzuweisen, dass W auf der Geraden mit der Gleichung $y = x - 2$ liegt, setzt man die Koordinaten von W in die Geradengleichung ein:

$$0 = 2 - 2 \Rightarrow 0 = 0$$

Aufgrund der wahren Aussage liegt der Wendepunkt von f auf der Geraden mit der Gleichung $y = x - 2$.

4.2 Da der Punkt $(2 \mid 0)$ des Graphen der Funktion f nach der Verschiebung die Koordinaten $(3 \mid 2)$ besitzt, wurde der Graph von f um 1 LE nach rechts und um 2 LE nach oben verschoben. Damit gilt:

$$h(x) = f(x-1) + 2 = (x-1)^3 - 6 \cdot (x-1)^2 + 11 \cdot (x-1) - 4$$

Somit hat h die Gleichung $h(x) = (x-1)^3 - 6 \cdot (x-1)^2 + 11 \cdot (x-1) - 4$.

Abitur 2019

Tipps ab Seite 220, Lösungen ab Seite 221

Landesabitur 2019 Mathematik Grundkurs
Prüfungsteil 1 (hilfsmittelfreier Teil) – Vorschlag A

Analysis Niveau 1

1 In Material 1 sind der Graph der Funktion g mit $g(x) = \frac{1}{3}x^2 - \frac{2}{3}x + \frac{4}{3}$ sowie der Graph einer weiteren Funktion f dargestellt.

1.1 Berechnen Sie $\int_0^3 g(x)\mathrm{d}x$ und zeichnen Sie die Fläche, deren Inhalt mit dem Integral berechnet wird, in Material 1.

(3 BE)

1.2 Entscheiden Sie nur anhand der Abbildung in Material 1, ob der Wert des Integrals $\int_2^5 (f(x) - g(x))\,\mathrm{d}x$ eine positive Zahl, eine negative Zahl oder gleich Null ist.

(2 BE)

Material 1

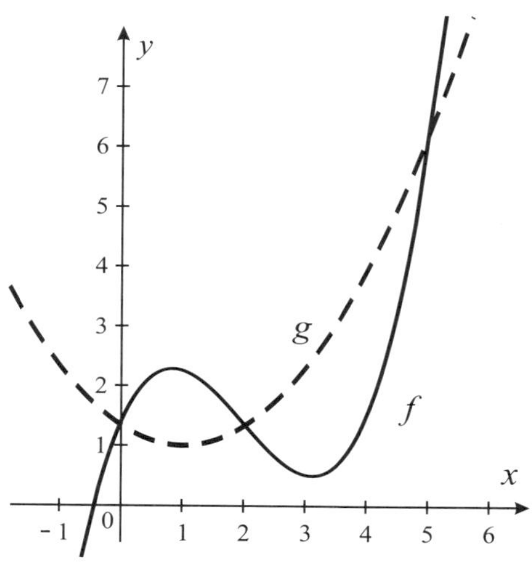

Landesabitur 2019 Mathematik Grundkurs
Prüfungsteil 1 (hilfsmittelfreier Teil) – Vorschlag A

Stochastik Niveau 1

2 In einem Behälter befinden sich 2 blaue und 3 weiße Kugeln.

2.1 Zwei Kugeln werden nacheinander zufällig ohne Zurücklegen gezogen. Geben Sie für die folgenden Ereignisse jeweils einen Term zur Berechnung der Wahrscheinlichkeit an:
A: «Beide Kugeln sind blau.»
B: «Mindestens eine Kugel ist weiß.»
C: «Eine Kugel ist weiß und eine blau.»

(3 BE)

2.2 Bestimmen Sie, wie viele grüne Kugeln zusätzlich in den Behälter gelegt werden müssen, damit die Wahrscheinlichkeit, beim einmaligen Ziehen zufällig eine grüne Kugel zu ziehen, $\frac{2}{3}$ beträgt.

(2 BE)

Lineare Algebra/ Analytische Geometrie Niveau 1

3 Gegeben sind die Punkte $A(5 \mid 7 \mid 2)$, $B(3 \mid 10 \mid 3)$, $C(4 \mid 7 \mid 7)$ und $D(6 \mid 4 \mid 6)$.

3.1 Zeigen Sie, dass das Viereck ABCD ein Parallelogramm, aber kein Rechteck ist.

(3 BE)

3.2 Bestimmen Sie die Koordinaten des Mittelpunkts M der Diagonalen $\overline{AC}$.

(2 BE)

Lineare Algebra/ Analytische Geometrie Niveau 2

4 Gegeben sind die Punkte $A(-6 \mid 8 \mid 1)$ und $B(-3 \mid 8 \mid -5)$ sowie eine Gleichung der Geraden g mit

$$g: \vec{x} = \begin{pmatrix} -1 \\ 2 \\ 1 \end{pmatrix} + r \cdot \begin{pmatrix} 2 \\ -3 \\ 1 \end{pmatrix}, \ r \in \mathbb{R}.$$

Bestätigen Sie, dass die Strecke $\overline{AB}$ von der Geraden g geschnitten wird.

(5 BE)

Tipps Abitur 2019

1.1 Um das gegebene Integral zu berechnen, verwenden Sie den Hauptsatz der Differential- und Integralrechnung: $\int_a^b f(x)\mathrm{d}x = \left[\mathrm{F}(x)\right]_a^b = \mathrm{F}(b) - \mathrm{F}(a)$. Beachten Sie, dass die Fläche vom Graphen von f, der x-Achse und zwei vertikalen Geraden begrenzt wird.

1.2 Beachten Sie, dass der Inhalt der Fläche zwischen dem Graphen von f und der x-Achse im Intervall $[2; 5]$ durch das Integral $\int_2^5 f(x)\mathrm{d}x$ und der Inhalt der Fläche zwischen dem Graphen von g und der x-Achse im Intervall $[2; 5]$ durch das Integral $\int_2^5 g(x)\mathrm{d}x$ berechnet wird. Vergleichen Sie die Größen der beiden Flächen und bestimmen Sie damit den Wert des gegebenen Integrals.

2.1 Um die Wahrscheinlichkeiten zu berechnen, erstellen Sie zuerst ein Baumdiagramm. Beachten Sie, dass sich beim Ziehen ohne Zurücklegen die Wahrscheinlichkeiten bei jedem Zug ändern. Die Wahrscheinlichkeit des Ereignisses A erhalten Sie mithilfe der 1. Pfadregel. Die Wahrscheinlichkeit des Ereignisses B erhalten Sie mithilfe der 1. und 2. Pfadregel. Alternativ können Sie auch mit der Wahrscheinlichkeit des Gegenereignisses rechnen: $\mathrm{P}(\mathrm{B}) = 1 - \mathrm{P}\left(\overline{\mathrm{B}}\right)$. Die Wahrscheinlichkeit des Ereignisses C erhalten Sie mit der 1. und 2. Pfadregel.

2.2 Legen Sie n als Anzahl der grünen Kugeln fest und bestimmen Sie damit die gesamte Anzahl der Kugeln. Berechnen Sie die Wahrscheinlichkeit, beim einmaligen Ziehen zufällig eine grüne Kugel zu ziehen. Stellen Sie eine Gleichung auf und lösen Sie diese nach n auf.

3.1 Um zu zeigen, dass das Viereck ABCD ein Parallelogramm ist, berechnen Sie die Verbindungsvektoren gegenüberliegender Seiten. Falls jeweils zwei gleich sind, handelt es sich um ein Parallelogramm. Um zu zeigen, dass das Viereck ABCD kein Rechteck ist, prüfen Sie beispielsweise, ob bei Punkt A ein rechter Winkel vorhanden ist. Hierzu verwenden Sie das Skalarprodukt der beiden zugehörigen Verbindungsvektoren. Falls das Ergebnis nicht Null ist, ist kein rechter Winkel vorhanden.

3.2 Die Koordinaten des Mittelpunkts M der Diagonalen $\overline{\mathrm{AC}}$ erhalten Sie mithilfe einer Vektorkette.

4 Um zu bestätigen, dass die Strecke $\overline{\mathrm{AB}}$ von der Geraden g geschnitten wird, stellen Sie zuerst die Gleichung der Geraden h durch A und B auf und berechnen anschließend den Schnittpunkt S von g und h durch Gleichsetzen. Lösen Sie das entstandene lineare Gleichungssytem und bestimmen Sie damit die Koordinaten von S. Wenn die Strecke $\overline{\mathrm{AB}}$ von der Geraden g geschnitten wird, muss der Schnittpunkt S zwischen A und B liegen. Beachten Sie die erhaltenen Parameter. Alternativ können Sie auch die Koordinaten von A, B und S vergleichen oder die Vektoren $\overrightarrow{\mathrm{AS}}$ und $\overrightarrow{\mathrm{AB}}$ betrachten.

Lösungen Abitur 2019

Es ist $g(x) = \frac{1}{3}x^2 - \frac{2}{3}x + \frac{4}{3}$.

1.1 Um das Integral $\int_0^3 g(x)\mathrm{d}x$ zu berechnen, verwendet man den Hauptsatz der Differential- und Integralrechnung:

$$\begin{aligned}\int_0^3 g(x)\mathrm{d}x &= \int_0^3 \frac{1}{3}x^2 - \frac{2}{3}x + \frac{4}{3}\mathrm{d}x \\ &= \left[\frac{1}{9}x^3 - \frac{1}{3}x^2 + \frac{4}{3}x\right]_0^3 \\ &= \frac{1}{9}\cdot 3^3 - \frac{1}{3}\cdot 3^2 + \frac{4}{3}\cdot 3 - \left(\frac{1}{9}\cdot 0^3 - \frac{1}{3}\cdot 0^2 + \frac{4}{3}\cdot 0\right) \\ &= \frac{1}{9}\cdot 27 - \frac{1}{3}\cdot 9 + 4 - 0 \\ &= 4\end{aligned}$$

Mithilfe des Integrals wird der Inhalt der Fläche zwischen dem Graphen von g und der x-Achse sowie den Geraden $x = 0$ und $x = 3$ berechnet:

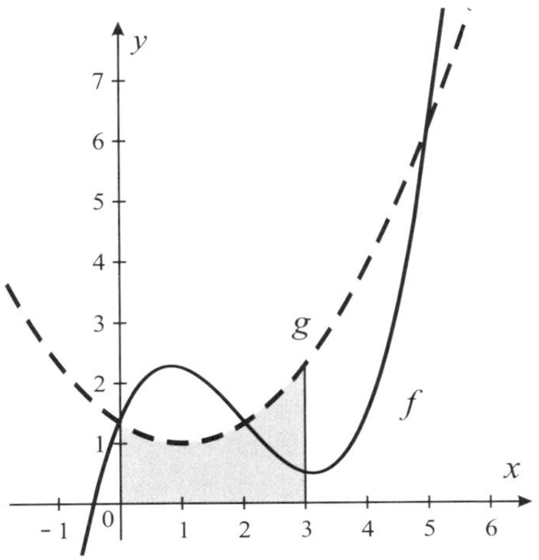

1.2 Der Wert des Integrals $\int_2^5 (f(x) - g(x))\,\mathrm{d}x$ ist eine negative Zahl, da der Graph von f für $2 < x < 5$ unterhalb des Graphen von g verläuft. Der Inhalt der Fläche zwischen dem Graphen von f und der x-Achse im Intervall $[2;5]$, welche durch das Integral $\int_2^5 f(x)\mathrm{d}x$ berechnet wird, ist kleiner als der Inhalt der Fläche zwischen dem Graphen von g und der x-Achse im Intervall $[2;5]$, welche durch das Integral $\int_2^5 g(x)\mathrm{d}x$ berechnet wird. Damit gilt:

$$\int_2^5 (f(x) - g(x))\,\mathrm{d}x = \int_2^5 f(x)\mathrm{d}x - \int_2^5 g(x)\mathrm{d}x < 0$$

2.1 Um die Wahrscheinlichkeiten zu berechnen, erstellt man zuerst ein Baumdiagramm. Da es sich um Ziehen ohne Zurücklegen handelt, ändern sich die Wahrscheinlichkeiten bei jedem Zug:

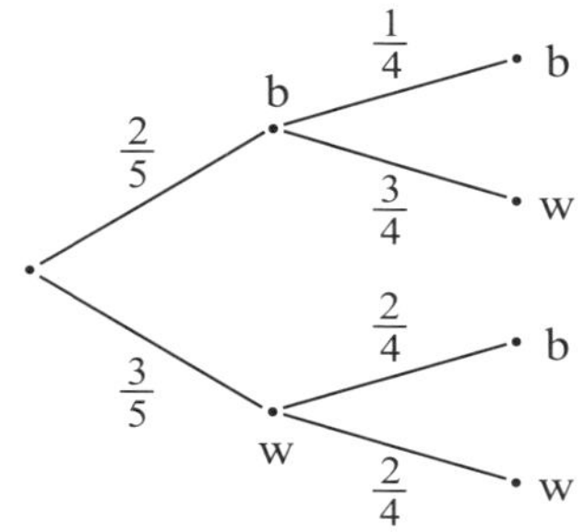

Die Wahrscheinlichkeit des Ereignisses A: «Beide Kugeln sind blau.» erhält man mithilfe der 1. Pfadregel (nach Aufgabenstellung reicht es, wenn ein Term zur Berechnung angegeben wird):

$$P(A) = P(bb) = \frac{2}{5} \cdot \frac{1}{4}$$

Die Wahrscheinlichkeit des Ereignisses B: «Mindestens eine Kugel ist weiß.» erhält man mithilfe der 1. und 2. Pfadregel:

$$P(B) = P(wb) + P(bw) + P(ww) = \frac{3}{5} \cdot \frac{2}{4} + \frac{2}{5} \cdot \frac{3}{4} + \frac{3}{5} \cdot \frac{2}{4}$$

Alternativ kann man auch mit der Wahrscheinlichkeit des Gegenereignisses rechnen:

$$P(B) = 1 - P(bb) = 1 - \frac{2}{5} \cdot \frac{1}{4}$$

Die Wahrscheinlichkeit des Ereignisses C: «Eine Kugel ist weiß und eine blau.» erhält man mithilfe der 1. und 2. Pfadregel:

$$P(C) = P(wb) + P(bw) = \frac{3}{5} \cdot \frac{2}{4} + \frac{2}{5} \cdot \frac{3}{4}$$

2.2 Legt man n als Anzahl der grünen Kugeln fest, so gibt es insgesamt $n + 5$ Kugeln. Damit beträgt die Wahrscheinlichkeit, beim einmaligen Ziehen zufällig eine grüne Kugel (g) zu ziehen:

$$P(g) = \frac{n}{n+5}$$

Da diese Wahrscheinlichkeit $\frac{2}{3}$ betragen soll, löst man folgende Gleichung nach n auf:

$$\begin{aligned} \frac{n}{n+5} &= \frac{2}{3} \\ 3n &= 2 \cdot (n+5) \\ 3n &= 2n + 10 \\ n &= 10 \end{aligned}$$

Somit müssen 10 grüne Kugeln dazugelegt werden.

3.1 Um zu zeigen, dass das Viereck ABCD mit den Punkten A (5 | 7 | 2), B (3 | 10 | 3), C (4 | 7 | 7) und D (6 | 4 | 6) ein Parallelogramm ist, berechnet man die Verbindungsvektoren gegenüberliegender Seiten:

$$\overrightarrow{AB} = \begin{pmatrix} -2 \\ 3 \\ 1 \end{pmatrix}, \ \overrightarrow{DC} = \begin{pmatrix} -2 \\ 3 \\ 1 \end{pmatrix}, \ \overrightarrow{BC} = \begin{pmatrix} 1 \\ -3 \\ 4 \end{pmatrix}, \ \overrightarrow{AD} = \begin{pmatrix} 1 \\ -3 \\ 4 \end{pmatrix}$$

Wegen $\overrightarrow{AB} = \overrightarrow{DC}$ und $\overrightarrow{BC} = \overrightarrow{AD}$ ist das Viereck ABCD ein Parallelogramm.

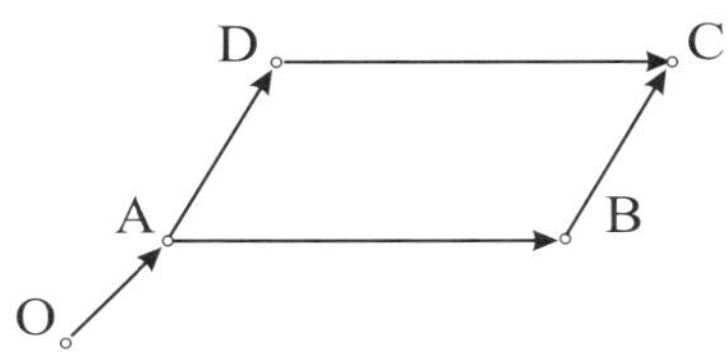

Um zu zeigen, dass das Viereck ABCD kein Rechteck ist, prüft man beispielsweise, ob bei Punkt A ein rechter Winkel vorhanden ist. Hierzu verwendet man das Skalarprodukt:

$$\overrightarrow{AB} \cdot \overrightarrow{AD} = \begin{pmatrix} -2 \\ 3 \\ 1 \end{pmatrix} \cdot \begin{pmatrix} 1 \\ -3 \\ 4 \end{pmatrix} = -2 \cdot 1 + 3 \cdot (-3) + 1 \cdot 4 = -7$$

Wegen $\overrightarrow{AB} \cdot \overrightarrow{AD} \neq 0$ ist bei Punkt A kein rechter Winkel.
Somit ist das Viereck ABCD ein Parallelogramm, aber kein Rechteck.

3.2 Die Koordinaten des Mittelpunkts M der Diagonalen $\overline{AC}$ erhält man mithilfe einer Vektorkette:

$$\overrightarrow{OM} = \overrightarrow{OA} + \frac{1}{2} \cdot \overrightarrow{AC} = \begin{pmatrix} 5 \\ 7 \\ 2 \end{pmatrix} + \frac{1}{2} \cdot \begin{pmatrix} -1 \\ 0 \\ 5 \end{pmatrix} = \begin{pmatrix} 4{,}5 \\ 7 \\ 4{,}5 \end{pmatrix}$$

Somit hat der Punkt M die Koordinaten $M(4{,}5 \mid 7 \mid 4{,}5)$.

4 Gegeben sind die Punkte A (−6 | 8 | 1) und B (−3 | 8 | −5) sowie eine Gleichung der Geraden g mit

$$g\colon \vec{x} = \begin{pmatrix} -1 \\ 2 \\ 1 \end{pmatrix} + r \cdot \begin{pmatrix} 2 \\ -3 \\ 1 \end{pmatrix}, \ r \in \mathbb{R}$$

Um zu bestätigen, dass die Strecke $\overline{AB}$ von der Geraden g geschnitten wird, stellt man zuerst die Gleichung der Geraden h durch A und B auf und berechnet anschließend den

Schnittpunkt von g und h:

$$h\colon \vec{x} = \begin{pmatrix} -6 \\ 8 \\ 1 \end{pmatrix} + t \cdot \begin{pmatrix} 3 \\ 0 \\ -6 \end{pmatrix}$$

Den Schnittpunkt S von g und h erhält man durch Gleichsetzen:

$$\begin{pmatrix} -1 \\ 2 \\ 1 \end{pmatrix} + r \cdot \begin{pmatrix} 2 \\ -3 \\ 1 \end{pmatrix} = \begin{pmatrix} -6 \\ 8 \\ 1 \end{pmatrix} + t \cdot \begin{pmatrix} 3 \\ 0 \\ -6 \end{pmatrix}$$

Dies führt zu folgendem linearen Gleichungssystem:

$$\begin{array}{lccccccc} \text{I} & -1 & + & 2r & = & -6 & + & 3t \\ \text{II} & 2 & - & 3r & = & 8 & & \\ \text{III} & 1 & + & r & = & 1 & - & 6t \end{array}$$

Aus Gleichung II ergibt sich:

$$2 - 3r = 8 \Rightarrow r = -2$$

Setzt man $r = -2$ in Gleichung III ein, erhält man:

$$1 - 2 = 1 - 6t \Rightarrow t = \frac{1}{3}$$

Setzt man $r = -2$ und $t = \frac{1}{3}$ in g bzw. h ein, ergibt sich:

$$\vec{s} = \begin{pmatrix} -1 \\ 2 \\ 1 \end{pmatrix} + (-2) \cdot \begin{pmatrix} 2 \\ -3 \\ 1 \end{pmatrix} = \begin{pmatrix} -5 \\ 8 \\ -1 \end{pmatrix}$$

$$\vec{s} = \begin{pmatrix} -6 \\ 8 \\ 1 \end{pmatrix} + \frac{1}{3} \cdot \begin{pmatrix} 3 \\ 0 \\ -6 \end{pmatrix} = \begin{pmatrix} -5 \\ 8 \\ -1 \end{pmatrix}$$

Somit schneiden sich g und h im Punkt $S(-5 \mid 8 \mid -1)$.
Wenn die Strecke $\overline{AB}$ von der Geraden g geschnitten wird, muss der Schnittpunkt S zwischen A und B liegen.
Wegen $0 < t < 1$ liegt S zwischen A und B, weil der Richtungsvektor mit einem Faktor multipliziert wird, der kleiner als 1 ist.

Alternativ kann man sich auch Folgendes überlegen:
Da der x-Wert von S zwischen den x-Werten von A und B liegt, der y-Wert von S identisch mit dem y-Wert von A und B ist und der z-Wert von S auch zwischen den z-Werten von A und B liegt, liegt S zwischen A und B.
Oder man kann auch die Vektoren $\overrightarrow{AS}$ und $\overrightarrow{AB}$ betrachten:

$$\overrightarrow{AS} = \begin{pmatrix} 1 \\ 0 \\ -2 \end{pmatrix}, \quad \overrightarrow{AB} = \begin{pmatrix} 3 \\ 0 \\ -6 \end{pmatrix}$$

Wegen $\overrightarrow{AS} = \frac{1}{3} \cdot \overrightarrow{AB}$ liegt S zwischen A und B.

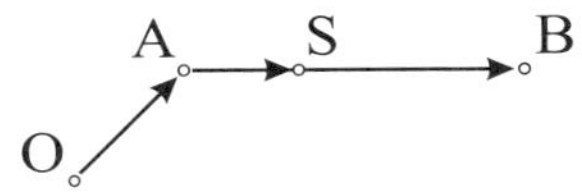

Somit wird die Strecke $\overline{AB}$ von der Geraden g geschnitten.

Abitur 2020

Tipps ab Seite 228, Lösungen ab Seite 229

Landesabitur 2020 Mathematik Grundkurs
Prüfungsteil 1 (hilfsmittelfreier Teil) – Vorschlag A

Stochastik Niveau 1

1 eine Urne enthält 3 rote und 5 gelbe Kugeln.

1.1 Es werden nacheinander zwei Kugeln ohne Zurücklegen gezogen.
Berechnen Sie die Wahrscheinlichkeit p_1, dass die beiden Kugeln gelb sind.
Geben Sie die Wahrscheinlichkeit p_2 dafür an, dass die zweite Kugel gelb ist, wenn die erste bereits gelb war.

(2 BE)

1.2 Es werden nacheinander 5 Kugeln mit Zurücklegen gezogen.
Erläutern Sie im Sachzusammenhang, was mit dem folgenden Term berechnet wird. Gehen Sie dabei auf die einzelnen Faktoren des Terms ein.

$$\binom{5}{2} \cdot \left(\frac{3}{8}\right)^2 \cdot \left(\frac{5}{8}\right)^3$$

(3 BE)

Analysis Niveau 1

2 Gegeben ist die Funktion f mit $f(x) = \left(x^2 - x\right) \cdot e^x$.

2.1 Entscheiden Sie, welcher der drei dargestellten Graphen zur Funktion f gehört.

(I)

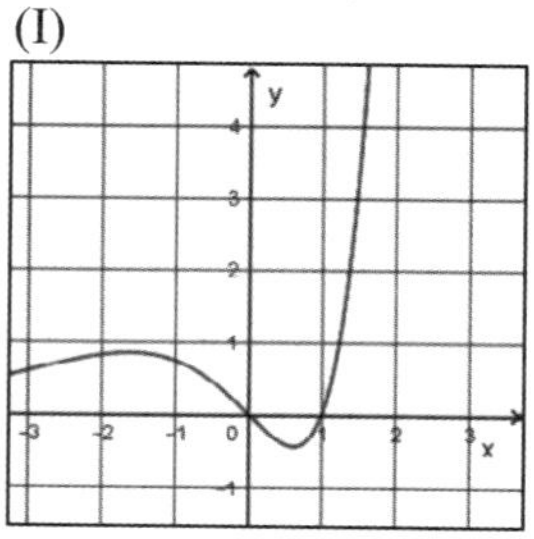

(II)

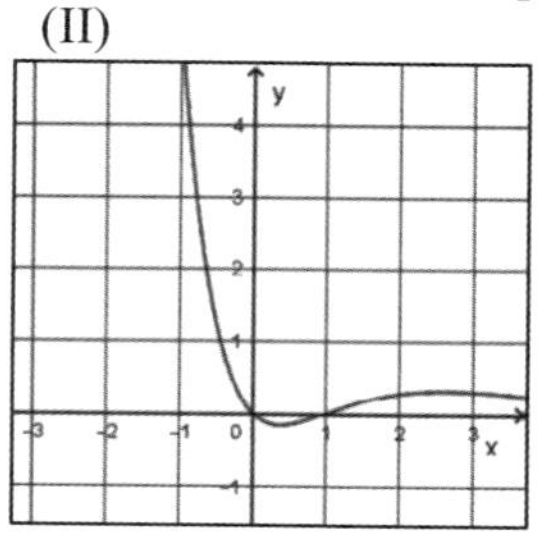

(III)

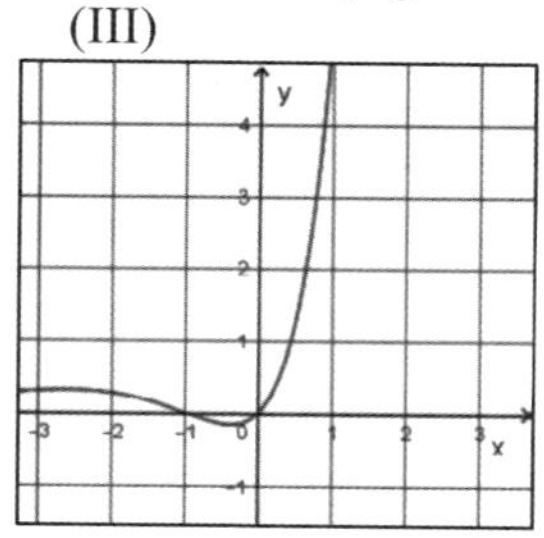

(3 BE)

2.2 Ermitteln Sie die Funktionsgleichung der Ableitungsfunktion f'.
Hinweis: Ein Vereinfachen des Funktionsterms ist nicht erforderlich.

(2 BE)

Landesabitur 2020 Mathematik Grundkurs
Prüfungsteil 1 (hilfsmittelfreier Teil) – Vorschlag A

Lineare Algebra / Analytische Geometrie Niveau 1

3 Berechnen Sie die Lösung des folgenden linearen Gleichungssystems:

$$\begin{array}{lrcrcrcr} \text{I} & 2x & - & 3y & + & 2z & = & 0 \\ \text{II} & -2x & + & y & - & z & = & -1 \\ \text{III} & 6x & - & 10y & + & 2z & = & -14 \end{array}$$

(5 BE)

Lineare Algebra / Analytische Geometrie Niveau 2

4 Gegeben ist die Ebene E mit der Koordinatengleichung E: $x + z = -3$.

4.1 Bestimmen Sie die Koordinaten der Schnittpunkte von E mit den Koordinatenachsen und geben Sie die besondere Lage von E im Koordinatensystem an.

(3 BE)

4.2 Gegeben ist weiterhin die Gerade $g: \vec{x} = \begin{pmatrix} 0 \\ 0 \\ 1 \end{pmatrix} + t \cdot \begin{pmatrix} -1 \\ 0 \\ 1 \end{pmatrix}$, $t \in \mathbb{R}$.

Untersuchen Sie die besondere Lage von g sowohl zu E als auch im Koordinatensystem.

(2 BE)

Tipps Abitur 2020

1.1 Bestimmen Sie die Anzahl der Kugeln in der Urne und damit die Wahrscheinlichkeit, beim ersten Zug eine rote oder eine gelbe Kugel zu ziehen. Beachten Sie, dass nacheinander zwei Kugeln ohne Zurücklegen gezogen werden, so dass sich die Wahrscheinlichkeiten beim zweiten Zug ändern. Erstellen Sie ein Baumdiagramm. Die Wahrscheinlichkeit p_1, dass die beiden Kugeln gelb sind, erhalten Sie mithilfe der 1. Pfadregel. Die Wahrscheinlichkeit p_2, dass die zweite Kugel gelb ist, wenn die erste bereits gelb war, können Sie direkt am Ast des Baumdiagramms ablesen.

1.2 Beachten Sie, dass nacheinander 5 Kugeln mit Zurücklegen gezogen werden und der Term der Bernoulli-Formel $P(X=k)=\binom{n}{k}\cdot p^k\cdot(1-p)^{n-k}$ entspricht. Überlegen Sie, welche Bedeutung p hat.

2.1 Um zu entscheiden, welcher der drei dargestellten Graphen zur Funktion f gehört, bestimmen Sie die Nullstellen und das Verhalten des Graphen für $x \to \infty$.

2.2 Die Ableitungsfunktion f' der Funktion f erhalten Sie mit der Produktregel: $(u\cdot v)'=u'\cdot v+u\cdot v'$.

3 Die Lösung des linearen Gleichungssystems erhalten Sie mithilfe des Gaußverfahrens. Addieren Sie Gleichung I und II und subtrahieren Sie Gleichung III vom 3-fachen von Gleichung I. Anschließend addieren Sie das 2-fache von Gleichung IIIa zu Gleichung IIa. Bestimmen Sie z und damit y und x.

4.1 Die Koordinaten der Schnittpunkte von E: $x+z=-3$ mit den Koordinatenachsen erhalten Sie, indem Sie jeweils zwei Koordinaten gleich Null setzen und in die Ebenengleichung einsetzen. Bei einem Widerspruch existiert kein Spurpunkt und E ist parallel zu einer Achse.

4.2 Um die besondere Lage von g zu E zu untersuchen, setzen Sie den allgemeinen Punkt P_t von g in die Gleichung von E ein. Bei einem Widerspruch ist g parallel zu E. Beachten Sie, dass bei P_t bzw. in der Geradengleichung die y-Koordinate gleich Null ist. Überlegen Sie, in welcher Koordinatenebene die Gerade g damit liegt.

Lösungen Abitur 2020

1.1 In der Urne sind insgesamt 8 Kugeln, 3 rote (r) und 5 gelbe (g) Kugeln. Die Wahrscheinlichkeit, beim ersten Zug eine rote Kugel zu ziehen, beträgt $\frac{3}{8}$, die Wahrscheinlichkeit, beim ersten Zug eine gelbe zu ziehen, beträgt $\frac{5}{8}$.
Da nacheinander zwei Kugeln ohne Zurücklegen gezogen werden, ändern sich die Wahrscheinlichkeiten beim zweiten Zug. Damit erhält man folgendes Baumdiagramm:

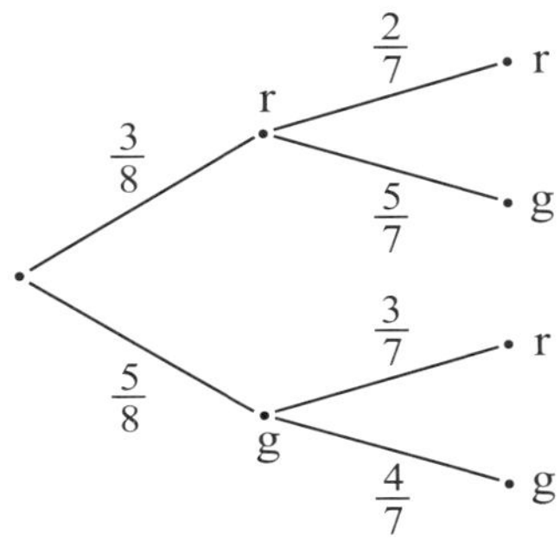

Die Wahrscheinlichkeit p_1, dass die beiden Kugeln gelb sind, erhält man mithilfe der 1. Pfadregel:

$$p_1 = P(gg) = \frac{5}{8} \cdot \frac{4}{7} = \frac{20}{56} = \frac{5}{14}$$

Die Wahrscheinlichkeit p_2, dass die zweite Kugel gelb ist, wenn die erste bereits gelb war, kann man direkt am Ast des Baumdiagramms ablesen:

$$p_2 = \frac{4}{7}$$

1.2 Es werden nacheinander 5 Kugeln mit Zurücklegen gezogen, also ist $n = 5$.
Entsprechend der Bernoulli-Formel $P(X = k) = \binom{n}{k} \cdot p^k \cdot (1-p)^{n-k}$ wird mit dem Term $\binom{5}{2} \cdot \left(\frac{3}{8}\right)^2 \cdot \left(\frac{5}{8}\right)^3$ die Wahrscheinlichkeit berechnet, dass bei fünfmaligem Ziehen genau 2 rote Kugeln gezogen werden, da mit $p = \frac{3}{8}$ die Wahrscheinlichkeit berechnet wird, eine rote Kugel zu ziehen und $k = 2$ ist.
$\binom{5}{2}$ ist die Anzahl der Pfade mit zwei roten und drei gelben Kugeln.
$\left(\frac{3}{8}\right)^2$ ist die Wahrscheinlichkeit, bei zwei Zügen zwei rote Kugeln zu ziehen.
$\left(\frac{5}{8}\right)^3$ ist die Wahrscheinlichkeit, bei drei Zügen drei gelbe Kugeln zu ziehen.

2.1 Um zu entscheiden, welcher der drei dargestellten Graphen zur angegebenen Funktion f mit $f(x) = (x^2 - x) \cdot e^x$ gehört, kann man sich Folgendes überlegen:
Die Nullstellen von f sind $x_1 = 0$ und $x_2 = 1$, da

$$f(0) = (0^2 - 0) \cdot e^0 = 0$$

und

$$f(1) = \left(1^2 - 1\right) \cdot e^1 = 0$$

Daher kommen nur die Graphen (I) und (II) in Frage.
Für $x \to \infty$ geht $f(x) \to \infty$, also gehört nur der Graph (I) zur Funktion f.

2.2 Die Ableitungsfunktion f' der Funktion f mit $f(x) = \left(x^2 - x\right) \cdot e^x$ erhält man mit der Produktregel:

$$f'(x) = (2x - 1) \cdot e^x + \left(x^2 - x\right) \cdot e^x$$

3 Die Lösung des linearen Gleichungssystems

$$\begin{array}{lrcrcrcr} \text{I} & 2x & - & 3y & + & 2z & = & 0 \\ \text{II} & -2x & + & y & - & z & = & -1 \\ \text{III} & 6x & - & 10y & + & 2z & = & -14 \end{array}$$

erhält man mithilfe des Gaußverfahrens.
Addiert man Gleichung I und II und subtrahiert man Gleichung III vom 3-fachen von Gleichung I, ergibt sich:

$$\begin{array}{lrcrcrcr} \text{I} & 2x & - & 3y & + & 2z & = & 0 \\ \text{IIa} & & - & 2y & + & z & = & -1 \\ \text{IIIa} & & & y & + & 4z & = & 14 \end{array}$$

Addiert man das 2-fache von Gleichung IIIa zu Gleichung IIa, erhält man:

$$\begin{array}{lrcrcrcr} \text{I} & 2x & - & 3y & + & 2z & = & 0 \\ \text{IIa} & & - & 2y & + & z & = & -1 \\ \text{IIIb} & & & & & 9z & = & 27 \end{array}$$

Aus Gleichung IIIb ergibt sich: $z = 3$.
Setzt man $z = 3$ in Gleichung IIa ein, erhält man: $-2y + 3 = -1 \Rightarrow y = 2$.
Setzt man $z = 3$ und $y = 2$ in Gleichung I ein, ergibt sich: $2x - 3 \cdot 2 + 2 \cdot 3 = 0 \Rightarrow x = 0$.
Somit erhält man die Lösung: $x = 0$, $y = 2$, $z = 3$.

4.1 Die Koordinaten der Schnittpunkte von $E: x + z = -3$ mit den Koordinatenachsen erhält man, indem man jeweils zwei Koordinaten gleich Null setzt:
Den Schnittpunkt von E mit der x-Achse erhält man, indem man $y = 0$ und $z = 0$ in E einsetzt:

$$x + 0 = -3 \Rightarrow x = -3 \Rightarrow S_x(-3 \mid 0 \mid 0)$$

Den Schnittpunkt von E mit der y-Achse erhält man, indem man $x = 0$ und $z = 0$ in E einsetzt:

$$0 + 0 = -3 \Rightarrow 0 = -3$$

Aufgrund des Wiederspruchs gibt es keinen Spurpunkt S_y, damit ist E parallel zur y-Achse. Den Schnittpunkt von E mit der z-Achse erhält man, indem man $x = 0$ und $y = 0$ in E einsetzt:

$$0 + z = -3 \Rightarrow z = -3 \Rightarrow S_z(0 \mid 0 \mid -3)$$

Somit ist E parallel zur y-Achse.

4.2 Um die besondere Lage von $g: \vec{x} = \begin{pmatrix} 0 \\ 0 \\ 1 \end{pmatrix} + t \cdot \begin{pmatrix} -1 \\ 0 \\ 1 \end{pmatrix}$, $t \in \mathbb{R}$ zu E zu untersuchen, setzt

man den allgemeinen Punkt $P_t(-t \mid 0 \mid 1 + t)$ von g in die Gleichung von $E: x + z = -3$ ein:

$$-t + 1 + t = -3 \Rightarrow 1 = -3$$

Aufgrund des Widerspruchs ist g parallel zu E.

Da die y-Koordinate des allgemeinen Punktes P_t bzw. der Geraden g gleich Null ist, verläuft die Gerade g in der x-z-Ebene.

Abitur 2021

Tipps ab Seite 234, Lösungen ab Seite 235

Landesabitur 2021 Mathematik Grundkurs
Prüfungsteil 1 (hilfsmittelfreier Teil) – Vorschlag A

Analysis Niveau 1

1 Gegeben ist die Funktion f mit $f(x) = 2x^3 - 6x$. Der Graph von f ist in der Abbildung im Material dargestellt.

1.1 Berechnen Sie $\int_0^2 f(x)\mathrm{d}x$ und begründen Sie mithilfe der Abbildung, warum der Wert dieses Integrals negativ ist.

(4 BE)

1.2 Geben Sie den Wert des Integrals $\int_{-a}^{a} f(x)\mathrm{d}x$ an.

(1 BE)

Material

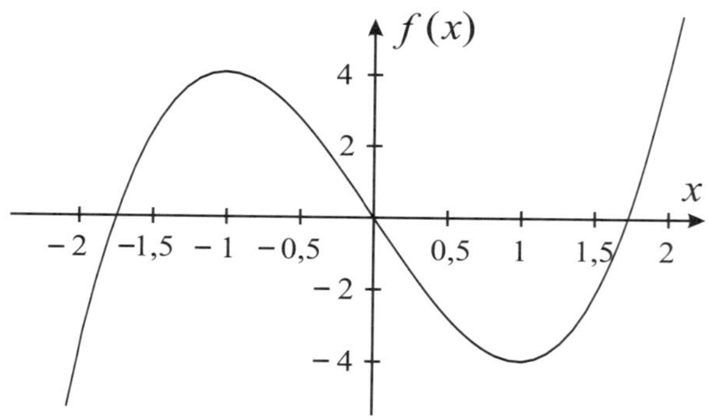

Lineare Algebra / Analytische Geometrie Niveau 1

2 Gegeben ist das Dreieck ABC mit den Punkten $A(2 \mid 3 \mid -4)$, $B(-1 \mid 1 \mid 0)$ und $C(2 \mid 1 \mid -4)$.

2.1 Zeigen Sie rechnerisch, dass das Dreieck im Punkt C einen rechten Winkel hat.

(3 BE)

2.2 Berechnen Sie den Flächeninhalt der Dreiecksfläche.

(2 BE)

Landesabitur 2021 Mathematik Grundkurs
Prüfungsteil 1 (hilfsmittelfreier Teil) – Vorschlag A

Stochastik Niveau 1

3 Feline besitzt eine Kiste mit den sechs gleichartigen Kugeln ①❷❸④❺❻ und führt zwei verschiedene Experimente durch.

3.1 Sie zieht zweimal hintereinander zufällig eine Kugel und legt jede Kugel nach dem Zug wieder zurück in die Kiste. Berechnen Sie die Wahrscheinlichkeit für das Ereignis

A: Mindestens eine Kugel ist mit einer geraden Zahl beschriftet.

(2 BE)

3.2 Sie zieht dreimal hintereinander zufällig eine Kugel, ohne diese zurückzulegen. Berechnen Sie die Wahrscheinlichkeit für das Ereignis

B: Unter den gezogenen Kugeln ist genau eine weiße Kugel.

(3 BE)

Stochastik Niveau 2

4 In einem Kindergarten mit 120 Kindern, darunter 68 Mädchen und 52 Jungen, befinden sich 14 Mädchen und 10 Jungen, die eine Brille tragen.
Eine Umfrage unter den Eltern aller Kinder ergibt, dass bei 30 Kindern beide Elternteile eine Brille tragen. Unter diesen 30 Kindern tragen 8 eine Brille.

4.1 Ermitteln Sie den Anteil der Kinder, die eine Brille tragen, unter allen Kindern dieses Kindergartens.

(2 BE)

4.2 Prüfen Sie die beiden folgenden Ereignisse A und B auf stochastische Unabhängigkeit:

A: Beide Elternteile tragen eine Brille.
B: Kind trägt eine Brille.

Hinweis: Zwei Ereignisse sind stochastisch unabhängig, falls gilt:
$P(B) = P_A(B)$ bzw. $P(A \cap B) = P(A) \cdot P(B)$

(3 BE)

Tipps Abitur 2021

1.1 Das angegebene Integral erhalten Sie mithilfe des Hauptsatzes der Differential- und Integralrechnung: $\int_a^b f(x)\mathrm{d}x = \left[\mathrm{F}(x)\right]_a^b = \mathrm{F}(b) - \mathrm{F}(a)$, wobei F eine Stammfunktion von f ist. Beachten Sie, dass der Wert des Integrals dem orientierten Flächeninhalt der Fläche zwischen dem Graphen von f und der x-Achse im Intervall $[a\,;b]$ entspricht. Betrachten Sie die Flächeninhalte unterhalb und oberhalb der x-Achse.

1.2 Beachten Sie, dass der Graph von f punktsymmetrisch zum Ursprung ist und somit die Flächeninhalte oberhalb und unterhalb der x-Achse im Intervall $[-a\,;a]$ jeweils gleich groß sind.

2.1 Um zu zeigen, dass das Dreieck im Punkt C einen rechten Winkel hat, berechnen Sie das Skalarprodukt der Verbindungsvektoren, die den Winkel bei C einschließen. Falls das Skalarprodukt der beiden Vektoren Null ergibt, stehen sie senkrecht aufeinander.

2.2 Den Flächeninhalt der Dreiecksfläche erhalten Sie mit der Formel $\mathrm{A}_{\text{Dreieck}} = \frac{1}{2} \cdot g \cdot h$. Als Grundseite g wählen Sie die Strecke $\overline{\mathrm{CA}}$, als zugehörige Höhe h die Strecke $\overline{\mathrm{CB}}$. Dazu berechnen Sie die Beträge der entsprechenden Verbindungsvektoren.

3.1 Bestimmen Sie die Wahrscheinlichkeit, bei einem Zug eine Kugel, die mit einer geraden Zahl beschriftet ist, zu ziehen. Bezeichnen Sie mit g: gerade Zahl und mit $\overline{g}$: ungerade Zahl, und zeichnen Sie ein Baumdiagramm. Damit erhalten Sie die Wahrscheinlichkeit für das Ereignis A mithilfe der Pfadregeln.

3.2 Beachten Sie, dass sich die Wahrscheinlichkeiten bei jedem Zug ändern, da ohne Zurücklegen gezogen wird. Bezeichnen Sie mit w: weiße Kugel und mit $\overline{w}$: schwarze Kugel, und zeichnen Sie ein Baumdiagramm. Damit erhalten Sie die Wahrscheinlichkeit für das Ereignis B ebenfalls mithilfe der Pfadregeln.

4.1 Überlegen Sie, wie viele Kinder insgesamt eine Brille tragen und teilen Sie diese Anzahl durch die Gesamtzahl der Kinder, um den gesuchten Anteil zu bestimmen.

4.2 Bestimmen Sie die Wahrscheinlichkeit $\mathrm{P_A(B)}$, dass ein Kind eine Brille trägt, unter der Voraussetzung, dass beide Elternteile eine Brille tragen. Verwenden Sie die Wahrscheinlichkeit $\mathrm{P(B)}$ aus der vorhergehenden Aufgabe und prüfen Sie, ob $\mathrm{P(B)} = \mathrm{P_A(B)}$, um zu ermitteln, ob A und B stochastisch unabhängig sind.

Lösungen Abitur 2021

1 Es ist $f(x) = 2x^3 - 6x$.

1.1 Das angegebene Integral erhält man mithilfe des Hauptsatzes der Differential- und Integralrechnung:

$$\begin{aligned}\int_0^2 f(x)\mathrm{d}x &= \int_0^2 \left(2x^3 - 6x\right)\mathrm{d}x\\ &= \left[\frac{2}{4}x^4 - \frac{6}{2}x^2\right]_0^2\\ &= \left[\frac{1}{2}x^4 - 3x^2\right]_0^2\\ &= \frac{1}{2}\cdot 2^4 - 3\cdot 2^2 - \left(\frac{1}{2}\cdot 0^4 - 3\cdot 0^2\right)\\ &= 8 - 12 - 0\\ &= -4\end{aligned}$$

Der Wert des Integrals entspricht dem orientierten Flächeninhalt der Fläche zwischen dem Graphen von f und der x-Achse im Intervall $[0; 2]$. Da der Flächeninhalt unterhalb der x-Achse größer ist als der Flächeninhalt oberhalb der x-Achse und der Flächeninhalt unterhalb der x-Achse negativ orientiert ist, ist die Flächenbilanz insgesamt negativ orientiert.

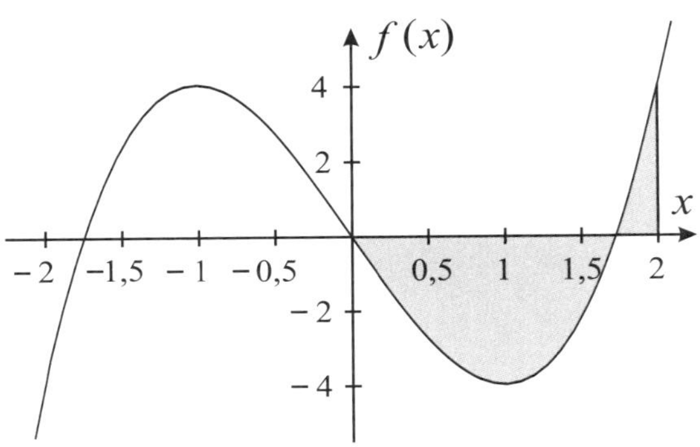

1.2 Da alle Exponenten von f ungerade sind, ist der Graph von f punktsymmetrisch zum Ursprung. Somit sind die Flächeninhalte oberhalb und unterhalb der x-Achse im Intervall $[-a; a]$ jeweils gleich groß, so dass der orientierte Flächeninhalt insgesamt Null ergibt. Damit gilt:

$$\int_{-a}^{a} f(x)\mathrm{d}x = 0$$

2 Das Dreieck ABC hat die Eckpunkte $A(2 \mid 3 \mid -4)$, $B(-1 \mid 1 \mid 0)$ und $C(2 \mid 1 \mid -4)$.

2.1 Um zu zeigen, dass das Dreieck im Punkt C einen rechten Winkel hat, berechnet man das Skalarprodukt der Verbindungsvektoren, die den Winkel bei C einschließen:

$$\overrightarrow{CA} \cdot \overrightarrow{CB} = \begin{pmatrix} 0 \\ 2 \\ 0 \end{pmatrix} \cdot \begin{pmatrix} -3 \\ 0 \\ 4 \end{pmatrix} = 0 \cdot (-3) + 2 \cdot 0 + 0 \cdot 4 = 0$$

Da das Skalarprodukt der beiden Vektoren Null ergibt, stehen sie senkrecht aufeinander. Somit hat das Dreieck ABC bei C einen rechten Winkel.

2.2 Den Flächeninhalt A_{Dreieck} der Dreiecksfläche erhält man mit der Formel $A_{\text{Dreieck}} = \frac{1}{2} \cdot g \cdot h$. Als Grundseite g wählt man die Strecke $\overline{CA}$, als zugehörige Höhe h die Strecke $\overline{CB}$. Dazu berechnet man die Beträge der entsprechenden Verbindungsvektoren:

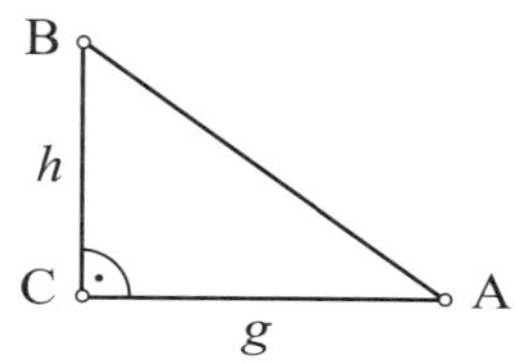

$$g = \overline{CA} = \left|\overrightarrow{CA}\right| = \left|\begin{pmatrix} 0 \\ 2 \\ 0 \end{pmatrix}\right| = \sqrt{0^2 + 2^2 + 0^2} = \sqrt{4} = 2$$

$$h = \overline{CB} = \left|\overrightarrow{CB}\right| = \left|\begin{pmatrix} -3 \\ 0 \\ 4 \end{pmatrix}\right| = \sqrt{(-3)^2 + 0^2 + 4^2} = \sqrt{25} = 5$$

Damit gilt:

$$A_{\text{Dreieck}} = \frac{1}{2} \cdot g \cdot h = \frac{1}{2} \cdot 2 \cdot 5 = 5$$

Der Flächeninhalt des Dreiecks ABC beträgt 5 FE.

3.1 Die Wahrscheinlichkeit, bei einem Zug eine Kugel, die mit einer geraden Zahl beschriftet ist, zu ziehen, beträgt $\frac{3}{6} = \frac{1}{2}$. Die Wahrscheinlichkeit, bei einem Zug eine Kugel, die mit einer ungeraden Zahl beschriftet ist, zu ziehen, beträgt ebenfalls $\frac{3}{6} = \frac{1}{2}$. Bezeichnet man mit g: gerade Zahl und mit $\overline{g}$: ungerade Zahl, so ergibt sich folgendes Baumdiagramm:

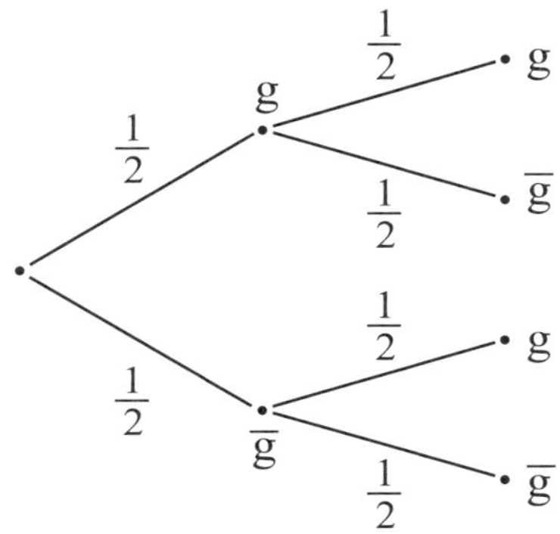

Damit erhält man die Wahrscheinlichkeit für das Ereignis A: «Mindestens eine Kugel ist mit einer geraden Zahl beschriftet.» mithilfe der Pfadregeln:

$$P(A) = P(g\,\overline{g}) + P(\overline{g}\,g) + P(g\,g) = \frac{1}{2}\cdot\frac{1}{2} + \frac{1}{2}\cdot\frac{1}{2} + \frac{1}{2}\cdot\frac{1}{2} = \frac{1}{4} + \frac{1}{4} + \frac{1}{4} = \frac{3}{4}$$

Die Wahrscheinlichkeit für das Ereignis A beträgt $\frac{3}{4}$.

Alternativ kann man mit dem Gegenereignis $\overline{A}$ «Es ist keine Kugel mit einer geraden Zahl beschriftet» rechnen:

$$P(\overline{A}) = P(\overline{g}\,\overline{g}) = \frac{1}{2}\cdot\frac{1}{2} = \frac{1}{4}$$

Damit ergibt sich wie oben:

$$P(A) = 1 - P(\overline{A}) = \frac{3}{4}$$

3.2 Da dreimal hintereinander ohne Zurückzulegen gezogen wird, ändern sich die Wahrscheinlichkeiten bei jedem Zug.

Bezeichnet man mit *w*: weiße Kugel und mit $\overline{w}$: schwarze Kugel, so erhält man folgendes Baumdiagramm:

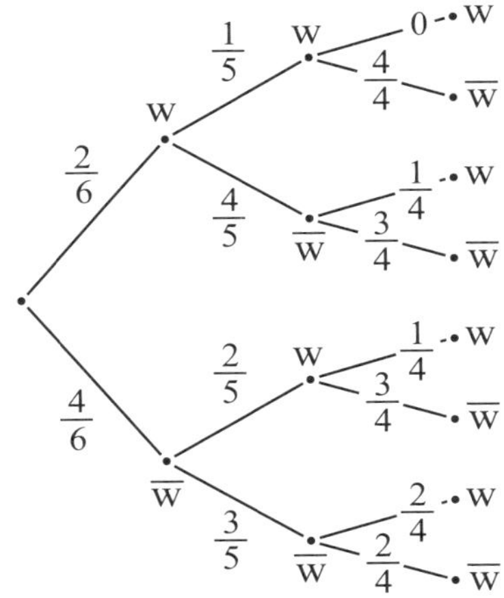

Damit erhält man die Wahrscheinlichkeit für das Ereignis B: «Unter den gezogenen Kugeln ist genau eine weiße Kugel» mithilfe der Pfadregeln:

$$\begin{aligned}P(B) &= P(w\overline{w}\,\overline{w}) + P(\overline{w}w\overline{w}) + P(\overline{w}\,\overline{w}w)\\ &= \frac{2}{6}\cdot\frac{4}{5}\cdot\frac{3}{4} + \frac{4}{6}\cdot\frac{2}{5}\cdot\frac{3}{4} + \frac{4}{6}\cdot\frac{3}{5}\cdot\frac{2}{4}\\ &= \frac{1}{5} + \frac{1}{5} + \frac{1}{5}\\ &= \frac{3}{5}\end{aligned}$$

Die Wahrscheinlichkeit für das Ereignis B beträgt $\frac{3}{5}$.

4.1 Von 120 Kindern tragen 14 Mädchen und 10 Jungen, also insgesamt 24 Kinder, eine Brille. Damit beträgt der Anteil p der Kinder, die eine Brille tragen, unter allen Kindern dieses Kindergartens:

$$p = \frac{24}{120} = \frac{1}{5}$$

Der Anteil beträgt $\frac{1}{5}$.

4.2 Die Wahrscheinlichkeit für das Ereignis B beträgt $P(B) = \frac{24}{120} = \frac{1}{5}$ (siehe 4.1).
Unter der Voraussetzung, dass beide Elternteile eine Brille tragen, beträgt die Wahrscheinlichkeit, dass ein Kind eine Brille trägt, $P_A(B) = \frac{8}{30} = \frac{4}{15}$.
Wegen $\frac{1}{5} = \frac{3}{15} \neq \frac{4}{15}$ gilt:

$$P(B) \neq P_A(B)$$

Somit sind die Ereignisse A und B nicht stochastisch unabhängig.

Stichwortverzeichnis